Python数据分析与挖掘（微课视频版）

王丽丽　戎丽霞◎主编

于学斗　郑文艳　蒋勇　裴霞◎副主编

清華大学出版社

北京

内容简介

本书在介绍 Python 语言基本知识的基础上，着重介绍了 Python 语言在数据获取、数据分析与数据挖掘等方面的应用。本书设置一个实战项目贯穿全书内容，每章引导读者综合运用本章知识点解决或改进本项目的某些任务，从数据的获取、处理、分析、可视化到知识的挖掘，逐步完成一个数据分析与挖掘项目。这是一本适应新工科、应用型人才培养的数据分析与挖掘的案例式图书。

本书共 9 章，包括 Python 语言概述、Python 编程基础、Python 爬虫技术、科学计算库(Numpy)、数据分析处理库(Pandas)、数据展示库(Matplotlib)、数据挖掘基础、Scikit-learn 数据挖掘实战、初识深度学习等内容。本书体系完整，重点突出，资源丰富。

本书适合计算机科学与技术、数据科学与大数据技术、人工智能以及相关理工专业的本科生、研究生使用，也适合从事数据咨询、研究或分析等人士参考使用。

图书在版编目(CIP)数据

Python 数据分析与挖掘：微课视频版/王丽丽，戎丽霞主编. —北京：清华大学出版社，2023.5
(2024.8重印)(清华开发者书库. Python)
ISBN 978-7-302-63187-3

Ⅰ.①P… Ⅱ.①王… ②戎… Ⅲ.①软件工具－程序设计 Ⅳ.①TP311.561

中国国家版本馆 CIP 数据核字(2023)第 054377 号

责任编辑：张　玥
封面设计：刘　键
责任校对：徐俊伟
责任印制：刘　菲

出版发行：清华大学出版社
网　　址：https://www.tup.com.cn，https://www.wqxuetang.com
地　　址：北京清华大学学研大厦 A 座　　**邮　　编**：100084
社 总 机：010-83470000　　**邮　　购**：010-62786544
投稿与读者服务：010-62776969，c-service@tup.tsinghua.edu.cn
质量反馈：010-62772015，zhiliang@tup.tsinghua.edu.cn
课件下载：https://www.tup.com.cn，010-83470236
印 装 者：三河市龙大印装有限公司
经　　销：全国新华书店
开　　本：185mm×260mm　　**印　　张**：17.5　　**字　　数**：425 千字
版　　次：2023 年 5 月第 1 版　　**印　　次**：2024 年 8 月第 3次印刷
定　　价：59.80 元

产品编号：100060-02

前言

PREFACE

数据分析与数据挖掘是综合性非常强的学科领域，从事相关工作的人员既要掌握线性代数、统计学、机器学习等理论知识，又要熟悉编程语言及相关软件的使用。在众多的编程语言中，Python语言非常适合数据分析和数据挖掘，其具有简洁的语法、强大的功能、丰富的扩展库以及开源免费、易学易用等特点，因此成为众多领域不可替代的编程语言。本书从Python语言的基础技术入手，以实际数据分析与挖掘项目为主线，重点讲解Python语言在数据获取、数据分析与挖掘中的应用。

本书是一本既有理论性又具有实践性的数据分析与挖掘教材，具有以下特色。

（1）采用层进式思路组织课程内容。以项目案例为载体，采用"提出问题—分析问题—解决问题"的思路，逐步引导读者使用编程语言解决实际问题。

（2）以综合项目贯穿课程实践。本书设置一个综合实战项目"房屋租金数据的获取、分析与挖掘"贯穿教学内容，每学习完一章，即可综合运用本章知识点解决或改进本项目的某些功能，循序渐进，逐步实现数据的获取、处理、分析、可视化及知识的挖掘，提高分析问题、解决问题的能力。

（3）教学与科研有机融合。书中部分案例来自国家自然科学基金项目（11903008），同时也是山东省本科高校教学改革研究项目面上项目（M2021156）的成果。教学与科研的结合有助于培养读者的创新能力和计算思维。

（4）理论知识讲解细致。本书增加了相关理论内容，讲解数据挖掘和深度学习的基础理论，以帮助读者理解数据挖掘和深度学习案例的算法原理。

（5）融入思政元素。本书深度挖掘思政素材，将课程思政有机融入课程教学中。通过数据分析案例理解"差之毫厘，谬以千里"，培养读者严谨细致、精益求精的工匠精神。

（6）校际合作、校企合作。本书的编者团队由德州学院、枣庄学院、青软创新科技集团股份有限公司的一线优秀教师和实践技能熟练的工程师组成，保证本书案例来自于真实的项目，具有一定的实用性和可操作性。

全书共分9章，章节安排以综合实战项目的实现为主线展开。首先介绍Python语言概述和编程基础，其次介绍Python爬虫技术，以及三个重要的扩展库：科学计算库（Numpy）、数据分析处理库（Pandas）和数据展示库（Matplotlib），然后介绍数据挖掘基础知识以及使用Scikit-learn库进行数据挖掘实战，最后介绍深度学习的理论知识以及深度学习在星系图像分类中的应用案例。内容讲解由浅入深，层次清晰，通俗易懂。

本书提供了配套教学大纲、教学日历、电子教案、教学课件、程序源码、教学视频及课后习题的参考答案，读者可以登录清华大学出版社官方网站下载使用。

本书由王丽丽、戎丽霞担任主编，于学斗、郑文艳、蒋勇、裴霞担任副主编，参与编写的还有扈钰、赵丽丽，硕士研究生王海超、孟荣伟参与了本书的校对工作。本书在出版过程中得到了清华大学出版社张玥编辑的大力支持，在此表示诚挚的感谢。

由于编者水平有限，书中难免会有不足之处，欢迎专家和读者朋友给予批评和指正。

编　者

2023 年 1 月

目　录

CONTENTS

第1章

Python 语言概述

Python 作为发展最迅猛的计算机编程语言之一，在数据分析与挖掘领域应用潜力巨大。本章主要介绍 Python 基本知识、开发工具及编码规范，通过一个 Python 实例介绍 Spyder 的使用。

本章学习目标

- 了解 Python 的特点及应用领域。
- 了解 Python 的常用开发工具。
- 掌握 Python 编程规范。
- 掌握标准库、扩展库的安装与升级。
- 掌握标准库、扩展库对象的导入方法。
- 掌握 Spyder 编写 Python 程序的方法。

本章思维导图

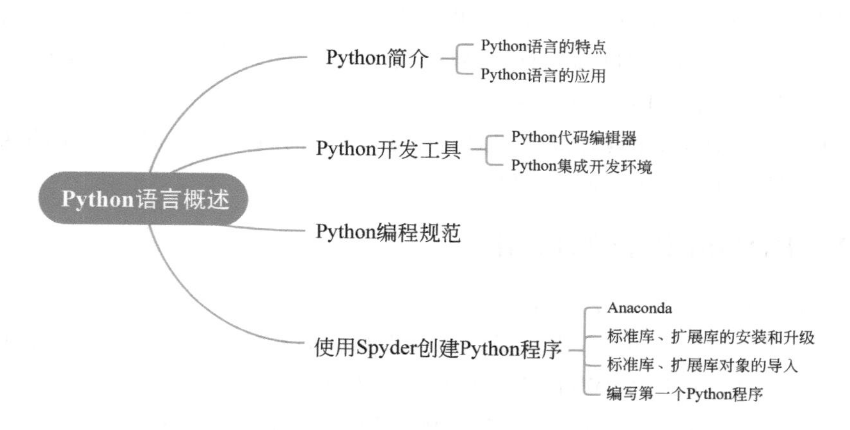

1.1 Python 简介

Python 由荷兰人 Guido von Rossum 发明。在编程过程中，Guido 计划设计一种计算机语言，既能像 C 语言那样全面调用计算机的功能接口，又能像 UNIX 中的 Shell 一样，如同胶水将许多需要的功能连接在一起，实现简单轻松地编程。Guido 在总结了 ABC 语言优劣的基础上，于 1989 年圣诞节假期开始编写 Python 语言的编译器。1991 年实现了第一个

Python 编译器，里面具有类、函数、异常处理等，还包含表、词典等核心数据类型以及以模块为基础的拓展系统。

Python 将许多机器层面上的细节问题交给编译器处理，让编程者着重考虑逻辑层面的编程问题。Python 秉持开放原则，容易拓展，其用户分布在很多领域。由此，Python 得到了快速传播发展，其标准库功能强大，并不断得到完善，已经拓展到第三方库，如 Django、wxPython、Numpy、Matplotlib、PIL 等。

Python 的版本有 Python 2.x 系列和 Python 3.x 系列。Python 3.x 系列发布于 2008 年。相对于 Python 的早期版本，Python 3.x 版本是一次较大的升级。为了不给系统带入过多的负担，Python 3.x 在设计时没有考虑向下兼容，即 Python 3.x 和 Python 2.x 是不兼容的。Python 官网宣布，2020 年 1 月 1 日之后不再对 Python 2.x 版本进行维护。所以，现在 Python 官网只对 3.x 版本进行维护，同时，大量工具也放弃了对 2.x 的支持。本书中所有代码适用于 Python 3.7 以及更高版本。

1.1.1 Python 语言的特点

Python 是一种跨平台的计算机程序设计语言，相较于其他高级语言，具有简单易学、免费开源、可移植性、可扩展性等特点。

(1) 简单易学。Python 的关键字只有 31 个，结构简单，语法简洁，学习更加容易。

(2) 易于阅读。Python 代码使用空格或制表符进行强制缩进，结构更清晰，阅读更方便，也易于维护。

(3) 库资源丰富。Python 的标准库涉及多个领域，几乎可以处理所有工作，符合 Python 的“功能齐全”理念。

(4) 可移植性好。Python 具有开源特性，使其可以被移植到许多平台上。如果 Python 程序没有使用依赖于特定系统的特性，那么该程序无须修改就可以在几乎所有平台上面运行。

(5) 可扩展性好。如果对代码的运行效率要求比较高，或者某些算法不愿公开，则可以使用其他语言编写后再用 Python 调用。

(6) 面向对象。Python 具有很强的面向对象特性，而且简化了面向对象的实现。它消除了保护类型、抽象类、接口等面向对象的元素。

1.1.2 Python 语言的应用

随着 Python 语言的不断发展，其应用领域也越来越多。

(1) 常规软件开发。Python 支持函数式编程和面向对象编程，能够承担任何种类软件的开发工作，还能进行数据库、Web、多媒体应用以及黑客等方面的编程。

(2) 科学计算。随着 Numpy、SciPy、Matplotlib、Pandas 等众多第三方库的加入，Python 越来越适合做科学计算、绘制高质量的 2D 和 3D 图像。与 MATLAB 相比，Python 是一门通用的程序设计语言，比 MATLAB 采用的脚本语言的应用范围更广泛，有更多的第三方库的支持。

(3) 自动化运维。Python 是 Linux 运维工程师的首选编程语言，包含服务器端、客户端、Web、Android、Client 端的自动化测试。

(4) 云计算。云计算管理平台 OpenStack 是由 Python 语言编写的，可以看出，云计算和 Python 编程语言有着必然的联系。

(5) Web 开发。基于 Python 的 Web 开发框架很多,比如 Django、Tornado、Flask。其中的 Python+Django 架构应用范围非常广,开发速度非常快,学习门槛比较低,能够快速地搭建可用的 Web 服务。

(6) 网络爬虫。也称网络蜘蛛,是大数据行业获取数据的核心工具。能够编写网络爬虫的编程语言不少,但 Python 绝对是其中的主流语言之一。

(7) 数据分析。在大量数据的基础上,结合科学计算、机器学习等技术,对数据进行清洗、去重、规格化和针对性的分析是大数据行业的基石。Python 语言成为数据分析师的首选,并且极大地提高了效率。

(8) 人工智能。Python 在人工智能领域内的机器学习、神经网络、深度学习等方面都是主流的编程语言,得到广泛的支持和应用。

1.2 Python 开发工具

Python 开发工具可以分为 Python 代码编辑器和 Python 集成开发环境两种,将这两者配合使用,可以极大地提高编程效率。下面介绍几种常用的代码编辑器和集成开发环境,读者可以根据自己的工作需求选择适合的开发工具。

1.2.1 Python 代码编辑器

(1) Sublime Text。Sublime Text 是一个文本编辑器,也可以用作代码编辑器。可以实现拼写检查、书签等功能。支持包括 Python 在内的多种编程语言的语法高亮、代码自动完成和代码片段功能,支持 Windows、Linux、macOS 等操作系统,具有良好的兼容性。

(2) Vim。UNIX 系统最初的编辑器采用 vi,它使用控制台图形模式来模拟文本编辑窗口,允许文本编辑操作,后来开发人员对 vi 在可扩展模型和就地代码构建等方面进行了一些改进,可用于各种 Python 开发任务,并将其重命名为 vi improved 或 vim。

(3) Atom。Atom 是 GitHub 推出的一款编辑器,可以兼容所有平台,拥有时尚的界面、文件系统浏览器和扩展插件市场,使用 Electron 构建,其运行时安装的扩展插件可支持 Python 语言。

(4) Visual Studio Code。Visual Studio Code 运行于 Windows、Linux 和 macOS 之上,适用于编写 Web 和云应用的跨平台源代码编辑器,可扩展并且可以对几乎所有任务进行配置,在 Visual Studio Code 中安装插件就可以实现对 Python 的支持。

1.2.2 Python 集成开发环境

(1) IDLE。IDLE(Integrated Development and Learning Environment)是 Python 自带的开发环境,初学者可以利用它方便地创建、运行、测试和调试 Python 程序。

安装好 Python 后,在开始菜单的搜索框(或者直接按 Win 键弹出搜索框)输入"idle",打开 IDLE 后出现 IDLE 默认的交互命令行解释器窗口,如图 1-1 所示。

在 IDLE 交互环境中,">>>"表示提示符,可以在提示符后面输入代码,然后按回车键执行。如果包含多行的复合语句,如选择结构、循环结构等,输入完毕之后按两次回车键才会

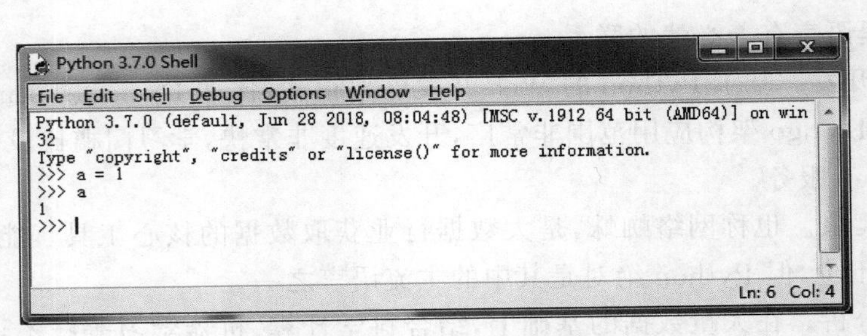

图 1-1　IDLE 交互式开发环境

运行。

如果要运行简短的、不需要保存的代码,可以使用 IDLE 交互模式,输入代码后按回车键即可运行,而且其下会立即输出表达式的返回值。

(2) PyCharm。PyCharm 是一款专门面向 Python 的集成开发环境,有付费和免费开源两个版本。具备一般集成开发环境具备的调试、语法高亮、Project 管理、代码跳转、智能提示、自动完成、单元测试、版本控制等功能,还提供了用于 Django 开发的功能,并支持 Google App Engine 和 IronPython,支持源码管理和项目,并且其拥有众多便利和支持社区,使读者能够快速掌握学习使用。

(3) Eclipse+PyDev。PyDev 是 Eclipse 集成开发环境的一个插件,支持 Python 调试、代码补全和交互式 Python 控制台等。PyDev 提供了语法错误提示、源代码编辑助手、Quick Outline、Globals Browser、Hierarchy View、运行和调试等功能。在 Eclipse 中安装 PyDev 非常便捷,PyDev 可以轻松上手。

(4) Visual Studio。Visual Studio 是一款集成开发平台,提供了免费版和付费版,可以支持各种平台的开发,且附带了自己的扩展插件市场。Visual Studio 支持 Python 智能感知、调试和其他工具。

(5) Spyder。Spyder 是一款用于数据科学工作的、免费开源的 Python 集成开发环境,它是附在 Anaconda 软件包管理器发行版中的。Spyder 拥有大部分集成开发环境该具备的功能,如高亮功能的代码编辑器、Python 代码补全以及集成文件浏览器。和其他的 Python 开发环境相比,它最大的优点就是模仿 MATLAB 的"工作空间"功能,可以很方便地观察和修改数组的值,适合科学计算。

本书主要使用 Anaconda3 提供的 Spyder 作为开发环境介绍 Python 语言的使用,部分章节使用 IDLE 交互式开发环境运行程序。

1.3　Python 编程规范

图 1-2 展示了两段代码。

对比这两段代码不难发现,它们包含的代码是完全相同的。但是图 1-2(b)的代码编写格式看上去明显比图 1-2(a)的代码更加规范,阅读起来更加轻松、畅快,因为它遵循了最基本的 Python 代码编写规范。一个好的 Python 程序不仅是正确的,还应该是漂亮的、可读性强的。编写 Python 程序时应该遵守一些规范。

```
# 输入身高和体重
height = float(input("请输入您的身高(m): "))
weight = float(input("请输入您的体重(kg): "))
bmi = weight/(height * height)            #计算BMI指数
print("您的BMI指数为: " + str(bmi))       #输出BMI指数
# 判断身材是否合理
if bmi < 18.5:print("体重过轻 ~@_@~")
if bmi >= 18.5 and bmi < 24.9:
    print("正常范围，注意保持 (-_-)")
if bmi >= 24.9 and bmi < 29.9:print("体重过重 ~@_@~")
if bmi >= 29.9:print("肥胖 ~@_@~")
```

(a)

```
# 输入身高和体重
height = float(input("请输入您的身高(m): "))
weight = float(input("请输入您的体重(kg): "))
bmi = weight/(height * height)            #计算BMI指数
print("您的BMI指数为: " + str(bmi))       #输出BMI指数

# 判断身材是否合理
if bmi < 18.5:
    print("体重过轻 ~@_@~")
if bmi >= 18.5 and bmi < 24.9:
    print("正常范围，注意保持 (-_-)")
if bmi >= 24.9 and bmi < 29.9:
    print("体重过重 ~@_@~")
if bmi >= 29.9:
    print("肥胖 ~@_@~")
```

(b)

图 1-2　Python 代码示例

(1) 缩进。Python 对代码缩进是硬性规定，要求属于同一作用域的各行代码的缩进量必须一致，每一级缩进建议使用 4 个空格。

(2) 导入模块。导入应该放在文件顶部。每个 import 语句只导入一个模块，尽量避免一次导入多个模块。

(3) 空格的使用。在运算符两侧、函数参数之间以及逗号两侧，建议使用空格分隔。这一规范不是必须遵守，在实际编程时可以灵活运用。

(4) 注释。Python 有两种常用的注释形式：# 和三引号。# 用于单行注释，三个连续的单引号'''或者三个连续的双引号"""注释多行内容。

(5) 标识符命名。模块名、类名、函数名、变量名和常量名统称为标识符。标识符应该遵守下面的命名规范。

① 标识符可以包含汉字、英文字母、数字和下画线，标识符不能以数字开头。

② 模块命名尽量使用小写字母，尽量短小。

③ 类名使用驼峰(CamelCase)命名风格，首字母大写，例如 MyClass。

④ 函数名一律小写，如有多个单词，用下画线隔开，例如 func、get_data。

⑤ 变量名尽量小写，如有多个单词，用下画线隔开。

⑥ 常量大写，如有多个单词，使用下画线隔开。

学习 Python 时严格遵守编程规范，养成一个好的编程习惯，有助于养成精益求精的工匠精神和职业素养。

1.4　使用 Spyder 创建 Python 程序

1.4.1　Anaconda

Anaconda 集成了多种 Python 工具和第三方库，可以便捷地获取库并进行管理，还可以对环境进行统一管理。它支持 Windows、Linux 等操作系统，提供了 Spyder 和 Jupyter Notebook 两个开发环境，自带了 180 多种科学库及其依赖项，如果不想安装数以百计的包，可以选择 mini 版安装，只包含 conda、其依赖项和 Python。

Anaconda 的安装比较简单，根据安装提示进行安装。需要注意以下几点。

(1) 下载安装包时不推荐从官网(https://www.anaconda.com/download/)下载，因为

在官网直接下载特别慢,而且通常是安装到一半就出现错误。可以到清华大学镜像站下载安装,网址为 https://mirrors.tuna.tsinghua.edu.cn/anaconda/archive/。

(2) 在安装过程中,大多数情况下按照默认情况即可,但需要注意的是,在如图 1-3 所示的安装步骤中,需要勾选两个复选框,这样可以将 Anaconda 写入到系统的 PATH 环境变量中。

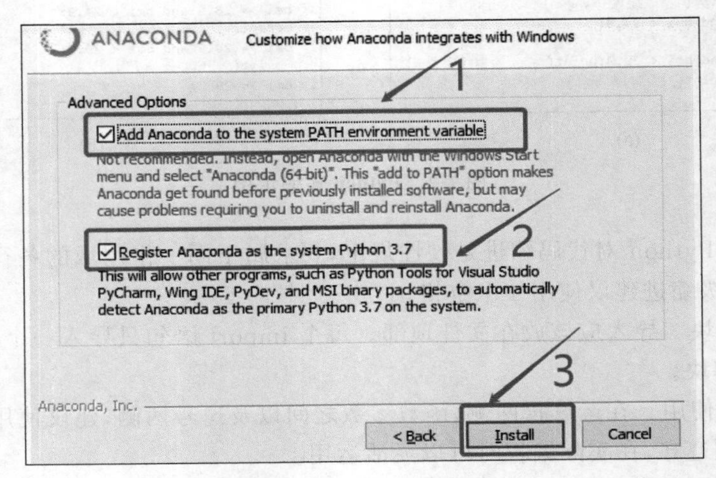

图 1-3 Anaconda 安装

安装完成之后运行 Anaconda,如图 1-4 所示。在图中选择 Spyder,如果没有安装 Spyder,单击 Install 按钮,开始安装 Spyder;如果已经安装完成,则单击 Launch 按钮,运行 Spyder。还可以直接在“开始”菜单中找到 Spyder 的快捷图标,单击运行 Spyder。

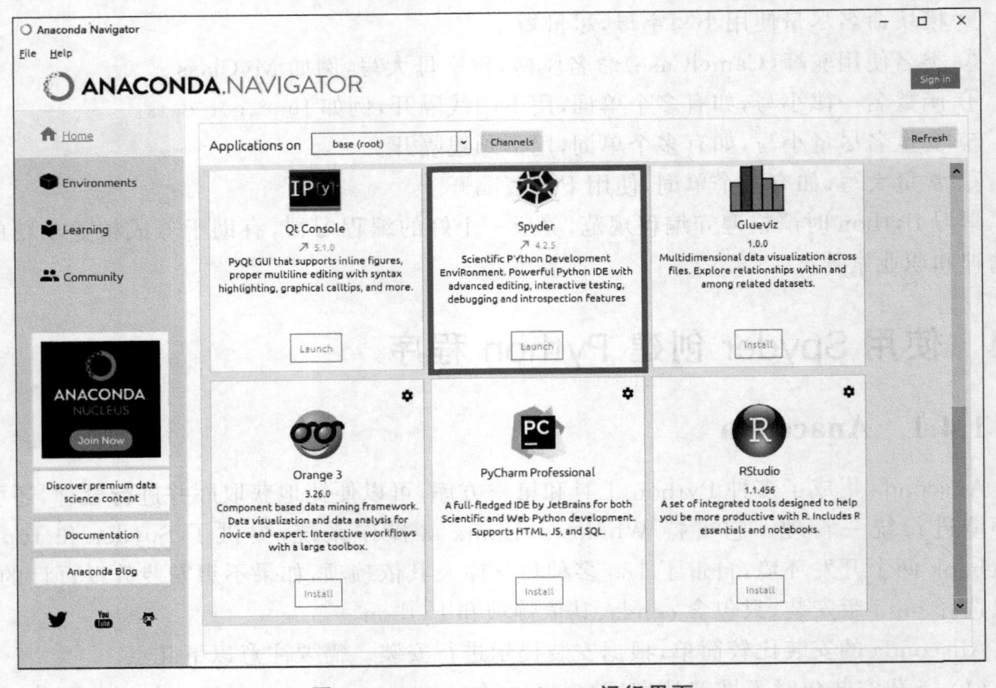

图 1-4 Anaconda Navigator 运行界面

1.4.2　标准库、扩展库的安装和升级

（1）使用 conda 命令安装和更新标准库或扩展库。安装库时可以指定版本号。命令如下。

```
#在线安装库
conda install package[==version]
#在线更新库
conda update package
#卸载库
conda remove package
```

升级通过 Anaconda 安装的标准库或扩展库时，需要在开始菜单中找到“Anaconda Prompt”，并以管理员身份运行，在打开的 Anaconda Prompt 中运行以下命令。

```
#升级 conda
conda update conda
#升级 Anaconda
conda update anaconda
#升级 Spyder
conda update spyder
```

（2）使用 pip 命令安装和更新标准库或扩展库。命令如下。

```
#在线安装库
pip install package[==version]
#在线更新库
pip install package --upgrade
#卸载库
pip uninstall package
```

从上面的内容可以看出，安装库可以使用 conda 和 pip 两种方式，这两种方式有所不同。pip 是 Python 包管理工具，且只能管理 Python 包，使用 pip 命令安装的是 Python wheel 或者源代码的包，从源代码安装时需要有编译器的支持。conda 是一个与语言无关的跨平台软件包和环境管理工具，它不仅适用于管理 Python 包，还可以创建和管理 C、C++ 或 R 语言等编写的包和依赖。不过，并不是每个扩展库都有相应的 conda 版本，conda 可安装的包的数量要远小于 pip。所以可以将 conda 和 pip 结合使用，如果遇到 conda 无法安装的扩展库，再使用 pip 安装即可。

（3）查看环境中的所有库名和版本。

```
#查看使用 pip 命令安装的库
pip list
#查看使用 conda 命令安装的库
conda list
```

1.4.3　标准库、扩展库对象的导入

Python 可以调用的对象包括内置对象、标准库和扩展库，其中内置对象可以直接调用，

但是标准库必须先导入才能使用,而扩展库需要先安装,之后才能导入、使用。而导入不必要的对象会影响程序的运行效率,所以编写程序时只导入用到的标准库和扩展库对象。对象的导入有以下3种方式。

(1) 导入整个模块。语法格式如下。

```
import 模块名 [as 别名]
```

使用这种格式导入模块后,要使用模块内的对象,需要在对象前面加上模块名或者别名作为前缀进行访问。例如,在下面的代码中,导入 random 模块后,要调用模块 random 中的 choices 方法,必须使用 random.choices。这段代码的功能是从 0 到 49 这 50 个数字中随机选择 11 个数,存放到变量 data 中。

```
import random as rd                      #导入模块 random
data=rd.choices(range(50), k=11)         #调用 choices 方法需要加上模块名 rd
print(data)                              #显示输出 data 中的内容
```

输出结果为:

```
[4, 8, 1, 5, 24, 25, 18, 19, 11, 11, 20]
```

(2) 导入模块中的指定对象。语法格式如下。

```
from 模块名 import 对象名 [as 别名]
```

使用这种格式将模块中的指定对象导入程序,而不是将模块中的全部对象导入,这时使用对象时不需要将模块名作为前缀,可以减小文件的体积。例如,在下面的代码中,导入模块 random 中的 choices 对象,这时 choices 方法的调用不能使用 random 作为前缀,如果使用 random.choices 方式进行调用,则会报错。

```
from random import choices               #导入模块 random 中的 choices 对象
data=choices(range(50),k=11)             #choices 方法的调用不用 random 作为前缀
print(data)
```

输出结果为:

```
[41, 4, 45, 0, 29, 3, 11, 33, 39, 48, 46]
```

(3) 导入模块中的所有对象。语法格式如下。

```
from 模块名 import *
```

使用这种格式是将模块中的所有对象一次性导入,调用模块中的对象时不需要将模块名作为前缀,一般不推荐使用本方式导入,因为这种方式没有明确指出用到模块中的哪些对象,并且如果导入的对象名称与程序文件中的对象名称相同,则会引发错误。

扫一扫

1.4.4 编写第一个 Python 程序

启动 Spyder 之后,具体界面布局如图 1-5 所示。可以在本界面中进行程序调试和项目

管理操作。

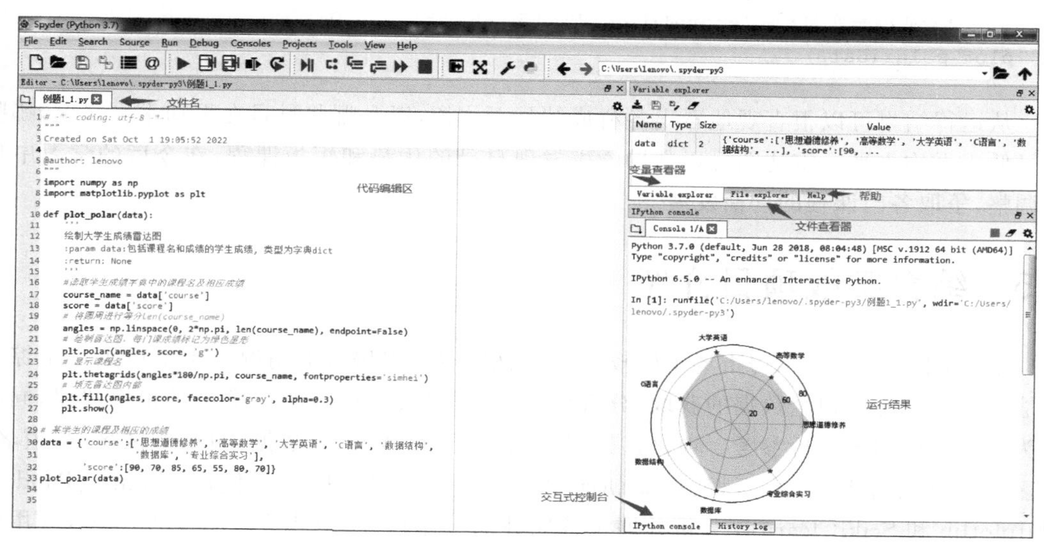

图 1-5　Spyder 运行界面

【例 1.1】　绘制大学生成绩雷达图。成绩体现了大学生某一阶段的学习效果，一般以成绩单的形式给出，但单纯的表格形式的成绩单不能很直观地展示学生的综合能力。将能够体现大学生综合能力的核心课成绩绘制成雷达图，可以很直观地了解学生的综合能力。

程序代码如下。

```
import numpy as np
import matplotlib.pyplot as plt

def plot_polar(data):
    '''
    绘制大学生成绩雷达图
    :param data:课程名和成绩，类型为字典 dict
    :return: None
    '''
    #读取学生成绩字典中的课程名及相应成绩
    course_name=data['course']
    score=data['score']
    #将圆周进行等分，等分为 len(course_name)份
    angles=np.linspace(0, 2*np.pi, len(course_name), endpoint=False)
    #绘制雷达图，每门课成绩标记为绿色星形
    plt.polar(angles, score, 'g*')
    #显示课程名
    plt.thetagrids(angles*180/np.pi, course_name, fontproperties='simhei')
    #填充雷达图内部
    plt.fill(angles, score, facecolor='gray', alpha=0.3)
    plt.show()

#计算机专业某学生的课程及相应的成绩
```

```
data={'course':['思想道德修养', '高等数学', '大学英语', 'C语言', '数据结构', '数据库', '专业综合实习'], 'score':[90, 70, 85, 65, 55, 80, 70]}
plot_polar(data)
```

从运行结果可以很直观地看出各科成绩是否均衡,以及哪些科目在平均水平之上,哪些科目低于平均水平。雷达图可以帮助学生发现自己的优势和短板课程,在今后的学习中加以调整,争取各门课程的均衡发展。

1.5 综合实战项目介绍

如今,很多租客对租房市场了解较少,出现租房难、租房贵的情况。本书设置一个综合实战项目——房屋租金数据的获取、分析与挖掘,可以根据租客的需求提供租房建议,同时也为房主提供租金定价参考。项目首先爬取"北京链家网"租房数据,包括城区名、街道名、小区名、楼层、有无电梯、面积、房屋朝向、户型和租金等信息,然后使用 Numpy、Pandas、Matplotlib 和 Scikit-learn 库分析并展示各属性的分布情况,对租金建立回归模型,利用模型进行租金预测。

1. 任务分析

1) 数据获取

(1) 数据来源:"北京链家网"租房数据。

(2) 使用 Python 爬虫爬取租房数据。

2) 数据分析与展示

(1) 数据预处理:重复值处理、缺失值处理、异常值处理、格式内容清洗、属性构造、数据编码等。

(2) 分析并展示每一属性的数据分布情况。

(3) 分析属性与租金是否存在线性关系。

3) 数据回归分析与预测

使用线性回归模型对租金进行回归分析。

综合实战项目的任务分解图如图 1-6 所示。

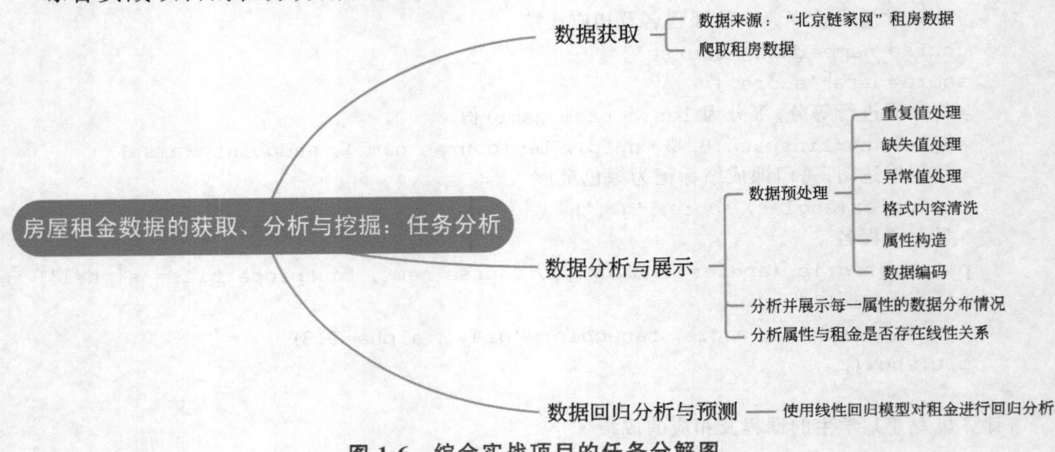

图 1-6 综合实战项目的任务分解图

2. 所用技术

(1) 数据获取：Python 爬虫技术。

(2) 数据分析与展示：Numpy 库、Pandas 库、Matplotlib 库。

(3) 数据回归分析与预测：Scikit-learn 机器学习库。

1.6 本章知识要点

(1) Python 语言是跨平台、开源、免费的编程语言，如同胶水，将需要的许多功能连接在一起，实现简单轻松地编程。

(2) Python 开发工具可以分为 Python 代码编辑器和集成开发环境两种，将这两者配合使用，可以提高编程效率。

(3) Python 是通过缩进来表示程序中代码的从属关系。

(4) 变量名、函数名和类名等的命名，要遵循"见名知意"原则，并且不建议与系统内置的模块名、类型名、函数名、已导入的模块名及其成员名相同，否则会出现问题。

(5) 可以使用 conda 和 pip 两种方式进行扩展库的安装、升级和卸载。

(6) 标准库和扩展库对象必须导入才能使用。

1.7 习题

1. 选择题

(1) 下列选项中，在 Python 中可以用作注释的是(　　)。

A. *　　B. (comment)　　C. #　　D. //

(2) 在 Python 中，下列(　　)标记可以表示多行注释。

A. ///　　B. '''　　C. ###　　D. (comment)

(3) 使用 pip 命令安装扩展库 Numpy 模块的完整命令是(　　)。

A. pip install numpy　　B. pip uninstall numpy

C. install numpy　　D. uninstall numpy

(4) Python 程序文件的扩展名是(　　)。

A. Python　　B. py　　C. pt　　D. pyt

(5) 下列叙述正确的是(　　)。

A. Python 3.x 和 Python 2.x 兼容

B. Python 语言只能以程序方式运行

C. Python 是解释型语言

D. Python 语言出现得晚，具有其他高级语言的一切优点

(6) 下列关于 Python 的 4 种说法中，错误的是(　　)。

A. Python 是从 ABC 语言发展起来的

B. Python 是一门高级的计算机语言

C. Python 是一门只面向对象的语言

D. Python 是一种代表简单主义思想的语言

2. 编程题

搭建 Python 环境，创建属于自己的第一个 Python 程序。

第 2 章

Python 编程基础

Python 常用的数据类型包括数字、字符串、列表、元组、字典和集合。变量在使用过程中不需要事先声明变量名称和类型，Python 会根据赋值语句创建合适的数据类型。Python 简化了很多操作，比如通过推导式和生成器表达式可以简洁快速地得到需要的数据；通过 lambda 表达式可以实现临时、短小的匿名函数；通过函数不同形式的参数传递可以解决参数位置、数量不确定的问题。

本章主要介绍 Python 的基础语法知识，包括数据类型，运算符和表达式，常用内置函数，列表、元组、字典及集合的用法，字符串的用法，选择结构及循环结构的语法格式及应用实例，函数的定义和调用等。

本章学习目标

- 掌握 Python 6 个常用的数据类型。
- 掌握 Python 运算符和表达式的使用。
- 掌握常用的内置函数的使用。
- 掌握列表、元组、字典和集合的创建和基本操作。
- 掌握推导式和生成器表达式的使用。
- 掌握字符串的常用操作和方法。
- 掌握 Python 的选择结构和循环结构的语法和应用。
- 掌握函数调用时参数的传递方式。
- 掌握 lambda 表达式的使用。

本章思维导图

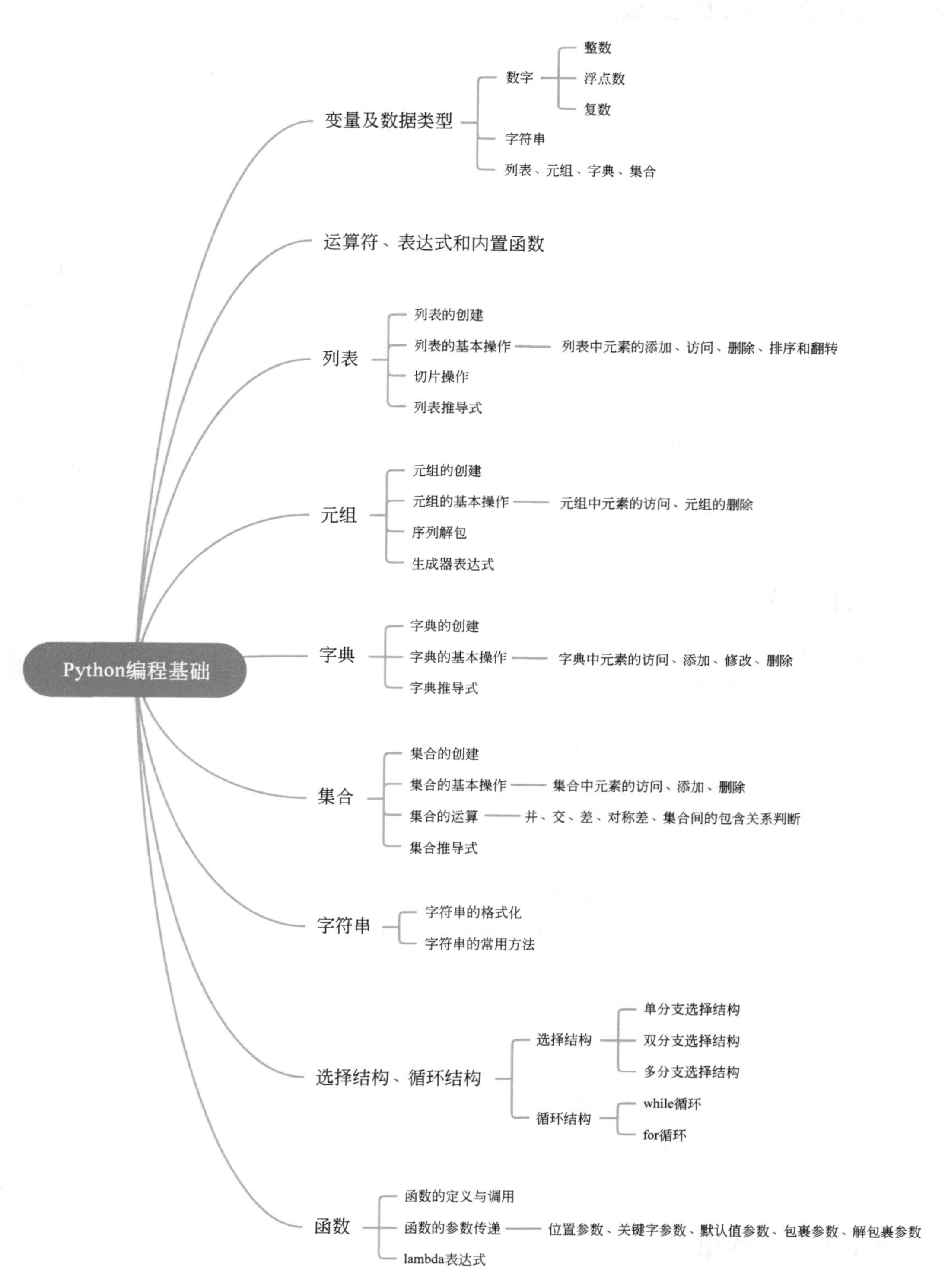
Python编程基础
变量及数据类型
数字
整数
浮点数
复数
字符串
列表、元组、字典、集合
运算符、表达式和内置函数
列表
列表的创建
列表的基本操作
列表中元素的添加、访问、删除、排序和翻转
切片操作
列表推导式
元组
元组的创建
元组的基本操作
元组中元素的访问、元组的删除
序列解包
生成器表达式
字典
字典的创建
字典的基本操作
字典中元素的访问、添加、修改、删除
字典推导式
集合
集合的创建
集合的基本操作
集合中元素的访问、添加、删除
集合的运算
并、交、差、对称差、集合间的包含关系判断
集合推导式
字符串
字符串的格式化
字符串的常用方法
选择结构、循环结构
选择结构
单分支选择结构
双分支选择结构
多分支选择结构
循环结构
while循环
for循环
函数
函数的定义与调用
函数的参数传递
位置参数、关键字参数、默认值参数、包裹参数、解包裹参数
lambda表达式

扫一扫

2.1 变量及数据类型

在 Python 语言中,不需要事先声明变量名及其类型,使用赋值语句可以直接创建任意类型的变量,变量的类型取决于赋值符号右侧表达式的类型,而且变量的值和类型随时可以改变。示例如下。

```
>>> x=1
>>> x='Hello'
```

第 1 条语句创建了变量 x,并赋值为 1,这时 x 的类型为整型,第 2 条语句将 x 赋值为字符串'Hello',这时 x 的类型为字符串类型。

赋值语句的执行过程是:首先把赋值符号右侧表达式的值计算出来,然后在内存中寻找一个位置,把值存放进去,最后创建变量并指向这个内存地址。由此可见,变量不直接存储值,而是存储值的内存地址或者引用,这也是变量类型随时可以改变的原因。

Python3 中有 6 个常用的数据类型:数字(number)、字符串(string)、列表(list)、元组(tuple)、字典(dictionary)、集合(set)。其中不可变数据类型包括数字、字符串、元组 3 个,可变数据类型包括列表、字典、集合 3 个。除此之外,数据类型还包括字节串(bytes)、布尔型(bool)、空类型(NoneType),常用对象类型有异常、文件和可迭代对象。

2.1.1 数字

数字类型可以表示任意大小的数值,包括整数、浮点数和复数。

(1) 整数。常用的整数包括如下几种。

十进制,正常情况下的数字是十进制的,如 0、-6、9、789。

十六进制,以 0x 开头的数字,如 0x1A、0xFE、0xabcdef。

八进制,以 0o 开头的数字,如 0o73、0o10。

二进制,以 0b 开头的数字,如 0b101、0b110。

(2) 浮点数。

如 10.0、0.08、-19.2、1.2e2、31.4159e-2。

(3) 复数。Python 内置支持复数类型及其运算,示例如下。

```
>>> a=3+4j
>>> b=5+6j
>>> c=a+b        #求和运算
>>> c
(8+10j)
>>> c.real       #查看复数实部
8.0
>>> c.imag       #查看复数虚部
10.0
```

2.1.2 字符串

字符串包含若干字符,使用单引号、双引号或三引号作为定界符,其中三引号('''或""")

里面可以包含换行符,并且不同定界符之间可以相互嵌套。如'123'、'中国'、"Python"、'''Tom said,"Let's go"'''都表示字符串。

Python 中的某些字符具有特殊含义,如果要在字符串中出现这些字符,需要对字符进行转义,常用的转义字符见表 2-1。

表 2-1 Python 中常用的转义字符

转义字符	含 义	转义字符	含 义
\b	退格,把光标移动到前一列位置	\\	一个斜线\
\f	换页符	\'	单引号'
\n	换行符	\"	双引号"
\r	回车	\ooo	3 位八进制数对应的字符
\t	水平制表符	\xhh	2 位十六进制数对应的字符
\v	垂直制表符	\uhhhh	4 位十六进制数表示的 Unicode 字符

字符串界定符前面加字母 r 或 R 表示原始字符串,其中的特殊字符不需要进行转义。原始字符串主要应用在正则表达式、文件路径或者 URL 中。示例如下。

```
>>> path='C:\Windows\notepad.exe'          #字符\n 被转义为换行符
>>> print(path)
C:\Windows
otepad.exe
>>> path=r'C:\Windows\notepad.exe'         #加上字母 r 后,变成原始字符串,不转义
>>> print(path)
C:\Windows\notepad.exe
```

2.1.3 列表、元组、字典、集合

Python 的列表、元组、字典、集合都是内置容器对象,这 4 种类型具有不同的定界符,具有不同的性质,具体说明参见表 2-2。

表 2-2 列表、元组、字典、集合比较

类型	类型名称	示 例	简 要 说 明
列表	list	[1,2,3],['a','b',['c',2]]	可变数据类型,所有元素放在一对**方括号**中,元素之间使用逗号分隔,其中的元素可以是任意类型
元组	tuple	(2,-4,8),(9,)	不可变数据类型,所有元素放在一对**圆括号**中,元素之间使用逗号分隔,**如果元组中只有一个元素,后面的逗号不能省略**
字典	dict	{1:'a',2:'b',3:'c'}	可变数据类型,所有元素放在一对**大括号**中,元素之间使用逗号分隔,元素形式为"**键:值**"
集合	set	{'a','b','c'}	可变数据类型,所有元素放在一对**大括号**中,元素之间使用逗号分隔,**元素不允许重复**

扫一扫

2.2 运算符、表达式和内置函数

Python 具有与其他语言一样的运算符,Python 的常用运算符以及说明参见表 2-3。

表 2-3 Python 常用运算符

运算符	功能说明	特殊示例或说明
+	算术加法;正号; 列表、元组、字符串合并与连接	示例 1:"Dezhou"+"University",结果:"DezhouUniversity" 示例 2:[19,71]+[20,21],结果:[19,71,20,21] 示例 3:(1,2)+(3,),结果:(1,2,3)
−	算术减法;相反数; 集合差集	示例 1:{1,2,3}−{3,4,5},结果:{1,2}
*	算术乘法; 序列重复	示例 1:'ab' * 2,结果:'abab' 示例 2:[1,2] * 2,结果:[1,2,1,2] 示例 3:(1,2) * 2,结果:(1,2,1,2)
/	除法	示例 1:21/4,结果:5.25
//	求整商	示例 1:21//4,结果:5 示例 2:21//4.0,结果:5.0
%	求余数; 字符串格式化	示例 1:导入 import math 后,print("PI=%f" % math.pi),结果:PI=3.141593
**	幂运算	幂运算具有右结合性,2**3**3 与 2**(3**3)的值相等,都是 134217728
＜、＜=、 ＞、＞=、 ==、!=	大小比较(可以连用); 集合的包含关系比较	示例 1:1＜3＜5,结果:True 示例 2:[1,2,3]＜[1,2,4],结果:True 示例 3:{1,2,3} ＜{1,2,3,4},结果:True 示例 4:'Hello' ＞ 'Hello world',结果:False
or、and、not	逻辑或、与、非	or 和 and 具有惰性求值或者称为短路求值的特点,编程过程中充分利用这一点可以提高运行效率。注意,运算符 and 和 or 并不一定会返回 True 或 False,而是得到最后一个被计算的表达式的值。 示例 1:10-10 and 10-5,结果:0 示例 2:10-10 or 10-5,结果:5 示例 3:not 10,结果:False
in	成员测试	示例 1:3 in [1,2,3],结果:True 示例 2:3 in (1,2,3),结果:True 示例 3:'abc' in 'abcdefg',结果:True
is	对象同一性测试,即测试是否为同一个对象或内存地址是否相同	示例 1:如果 x=[100,100],则 x[0] is x[1],结果:True 示例 2:如果 x=[1,2],y=[1,2],则 x is y,结果:False

续表

运算符	功能说明	特殊示例或说明
|、^、&、<<、>>、~	位或、位异或、位与、左移位、右移位、位求反	执行过程为：首先将整数转换为二进制数，然后右对齐，必要的时候左侧补 0，按位进行运算，最后再把计算结果转换为十进制数返回。
&、|、^、-	集合交集、并集、对称差集、差集	示例 1：{1,2,3} & {3,4,5}，结果：{3} 示例 2：{1,2,3} |{3,4,5}，结果：{1,2,3,4,5} 示例 3：{1,2,3} ^ {3,4,5}，结果：{1,2,4,5} 示例 4：{1,2,3}-{3,4,5}，结果：{1,2}

Python 已经定义了一些函数，用户可以直接使用这些内置函数，不需要导入任何模块。下面详细介绍几个常用的内置函数。

(1) input()。input()函数接收键盘输入数据，将所有输入默认为字符串处理，返回字符串类型。语法格式如下。

扫一扫

```
input([prompt])
```

其中，prompt 表示在用户输入数据之前显示的提示信息。示例如下。

```
>>> a=input('请输入一个整数: ')
请输入一个整数: 123
>>> a
123
>>> type(a)
<class 'str'>
```

可以看到，输入一个整数 123 赋值给 a，但 a 的类型是字符串类型，因为 input()函数将所有的输入当作字符串。如果将整数 123 赋值给 a，可以使用两种方法：一种使用 int()函数，另一种使用 eval()函数。代码如下。

```
>>> a=int(input('请输入一个整数: '))
请输入一个整数: 123
>>> type(a)
<class 'int'>
>>> b=eval(input('请输入一个整数: '))
请输入一个整数: 123
>>> type(b)
<class 'int'>
```

(2) print()。print()函数用于打印输出。语法格式如下。

```
print(*objects, sep=' ', end='\n', file=sys.stdout, flush=False)
```

主要参数说明如下。

- objects：表示可以一次输出多个对象。输出多个对象时，需要用“,”分隔。
- sep：用来间隔多个对象，默认值是空格。

• end：用来设定以什么结尾。默认值是换行符"\n",可以换成其他字符串。

示例如下。

```
>>> print("www","dzu","edu","cn")
www dzu edu cn
>>> print("www","dzu","edu","cn",sep=".")        #设置间隔符
www.dzu.edu.cn
```

(3) eval()。eval()函数用来计算一个字符串表达式的值,并返回表达式的值,也可以用于类型转换。示例如下。

```
>>> x=2
>>> eval('3*x')                  #计算表达式 3*2 的值,返回 6
6
>>> eval('[1,2,3]')              #将由列表组成的字符串转换为列表
[1, 2, 3]
>>> x=eval(input())              #将从键盘输入的值转换为相应的类型
1.2
```

扫一扫

(4) max()和 min()。max()和 min()函数表示求给定序列的最大值和最小值,在这两个函数中还可以使用 key 参数指定排序规则,key 参数的值可以是函数、lambda 表达式等。示例如下。

```
>>> data=[5, 4, 11]
>>> max(data)                 #求 data 列表中的最大值
11
>>> max(data, key=str)        #key=str 表示将 data 列表中每个元素看作字符串
5
```

(5) sorted()。sorted()函数对所有可迭代的对象进行排序操作,返回新列表。可以使用 key 参数指定排序规则,另外 reverse 参数用于指定升序还是降序,reverse=True 表示降序,reverse=False 表示升序,默认情况是升序。示例如下。

```
>>> data=[5, 4, 11]
>>> print(sorted(data))                              #升序排序
[4, 5, 11]
>>> print(sorted(data, key=str))                     #将每个元素看作字符串升序排序
[11, 4, 5]
>>> print(sorted(data, key=str, reverse=True))       #降序排序
[5, 4, 11]
```

(6) reversed()。reversed()函数对所有可迭代的对象进行翻转操作,返回 reversed 对象。参数可以是列表、元组、字符串,且不改变原对象,返回的是一个把序列值经过反转之后的迭代器。

reversed 对象需要 next()方法,或转换成列表、元组等对象才能获取其中的值。迭代器对象具有惰性求值的特点,即迭代器仅仅在迭代至某个元素时才计算该元素,并且使用该元

素之后，该元素被销毁。也就是说迭代器中的元素只能遍历一次。例如，在下面的代码中，data_r 是一个迭代器对象，使用 next(data_r)获取序列中的第一个元素 11，这时元素 11 在 data_r 中被销毁，data_r 只剩下 4 和 5 两个元素了，所以 list(data_r)的结果为[4,5]。

```
>>> data=[5, 4, 11]
>>> data_r=reversed(data)          #将 data 序列翻转得到[11,4,5]
>>> data_r                         #直接输出 reversed 对象,不能看到其中的值
<list_reverseiterator object at 0x000000002F62A90>
>>> next(data_r)                   #next()方法可以取得 reversed 对象的一个值
11
>>> list(data_r)                   #list()方法将 reversed 对象转换成列表
[4,5]
```

next()方法一次只能取得 reversed 对象的一个值，如果用 next()方法取得 reversed 对象的所有值，可以使用循环结构。

(7) range()。range()函数用于生成一系列连续的整数。语法格式如下。

```
range(start, stop[, step])
```

返回一个 range 对象，其中包含[start，stop)内以 step 为步长的整数。注意 range()函数的返回值为一个 range 对象，直接输出此对象不会显示其中的元素值，所以要输出 range 对象内的元素，一般将 range 对象转换成列表或元组。示例如下。

```
>>> range(5)                   #返回 range 对象
range(0, 5)
>>> list(range(5))             #将 range 对象转换成列表
[0, 1, 2, 3, 4]
>>> list(range(0,5,1))         #返回[0, 5),步长为 1 的序列
[0, 1, 2, 3, 4]
>>> list(range(5,0,-1))        #返回步长为-1 的序列
[5, 4, 3, 2, 1]
```

(8) enumerate()。enumerate()函数将一个可迭代的数据对象（如列表、元组或字符串）组合为一个索引序列，其中每个元素为包含下标和值的元组，一般用在 for 循环当中。示例如下。

```
>>> for item in enumerate('abc'):
        print(item)
(0, 'a')
(1, 'b')
(2, 'c')
```

(9) zip()。zip()函数将可迭代的对象作为参数，将对象中对应的元素打包成元组，然后返回由这些元组组成的列表。例如，在下面的代码中，使用 zip(aList，bList)生成一个包含(x，y)形式的元组的 zip 对象，其中 x 值取自 aList 列表，y 值取自 bList 列表。

```
>>> aList=[1, 2, 3]
>>> bList=[4, 5, 6]
>>> dList=zip(aList, bList)          #返回 zip 对象
>>> dList
<zip object at 0x0000000002F7EB88>
>>> list(dList)
[(1, 4), (2, 5), (3, 6)]
```

(10) map()。map()函数会根据提供的函数对可迭代序列做映射。语法格式如下。

```
map(function, iterable)
```

其中,function 参数提供了一个函数,map()函数将 function 函数作用在 iterable 的每个元素上,并返回一个可迭代的 map 对象。

【例 2.1】 将列表[1,2,3,4]中的每个元素转换成字符串['1','2','3','4']。代码如下。

```
>>> data=str([1,2,3,4])              #str()将列表作为参数
>>> data
'[1, 2, 3, 4]'
>>> len(data)
12
>>> data_m=map(str, [1,2,3,4])       #使用 map()函数
>>> list(data_m)
['1', '2', '3', '4']
```

第一条语句使用 str()函数将列表作为参数,这时得到的字符串是整个列表,包括列表中的方括号、数字和数字间的逗号、空格,所以 data 字符串的长度为 12。由此可见,直接将列表送入 str()函数中不能完成题目的要求。而 map()函数将 str()函数作为参数,对列表[1,2,3,4]中的每一个元素都执行 str()函数。

2.3 列表

列表属于可变序列,所有元素放在一对中括号中,各元素之间用逗号隔开,元素之间有顺序关系。当对列表中的元素进行增加或删除时,列表会自动对存储内存进行扩展或收缩,以保证元素之间无缝排列。一个列表中每一个元素的数据类型可以不相同,例如,列表['Python',2021,[−8,20]]中的元素既有字符串,又有整数,还有列表。

2.3.1 列表的创建

扫一扫

(1) 使用[ ]直接创建,示例如下。

```
>>> a_list=['Python', 'C语言']        #直接赋值创建
>>> a_list
['Python', 'C语言']
>>> a_list=[]                          #创建空列表
>>> a_list
[]
```

（2）使用 list()函数，示例如下。

```
>>> a_list=list((3,5,7))          #将元组转换成列表
>>> a_list
[3, 5, 7]
>>> list('Python')                #将字符串转换成列表
['P', 'y', 't', 'h', 'o', 'n']
>>> x=list()                      #创建空列表
```

2.3.2　列表的基本操作

（1）增加列表元素。可以使用以下几种方式为列表增加元素。

① 使用 append()方法，示例如下。

```
>>> a_list=[2,0,2]
>>> a_list.append(3)
>>> a_list
[2, 0, 2, 3]
```

② 使用"＋"，示例如下。

```
>>> b_list=[2,0,2]
>>> b_list=b_list + [3]
>>> b_list
[2, 0, 2, 3]
```

说明：使用 append()方法在列表的尾部追加元素，属于原地操作，速度较快。使用"＋"号并不是真的为原列表添加元素，而是创建了一个新列表，并将原列表中的元素和新元素依次复制到新列表的内存空间，由于涉及列表全部元素的复制，该操作速度较慢。

③ 使用 extend()方法。该方法可以将另一个列表或者元组的元素添加至该列表的尾部，属于原地操作。示例如下。

```
>>> a_list=[2,0,2,3]
>>> a_list.extend(['Python', 'C语言'])
>>> a_list
[2, 0, 2, 3, 'Python', 'C语言']
```

④ 使用 insert()方法。该方法可以将元素添加至列表的指定位置。示例如下。

```
>>> a_list.insert(5,'和')              #将"和"插入到下标为5的位置
>>> a_list
[2, 0, 2, 3, 'Python', '和', 'C语言']
```

⑤ 使用乘号扩展列表。该方法是将列表与整数相乘，生成一个新列表，新列表是原列表中元素的整体重复。示例如下。

```
>>> a_list=[2,0,2,3]
>>> a_list=a_list*3
>>> a_list
[2, 0, 2, 3, 2, 0, 2, 3, 2, 0, 2, 3]
```

综上所述,append()方法用于向列表尾部添加一个元素,insert()方法用于向列表任意指定位置插入一个元素,extend()方法用于将另一个列表的所有元素追加到当前列表的尾部。

注意:这3个方法都是在原列表上添加元素,且都没有返回值,或者说返回值为None。例如,在下面的代码中,使用x.append(4)向x列表中添加4,但print(x.append(4))的结果为None,因为这条语句输出的不是x列表的值,而是x.append()方法的返回值None。

```
>>> x=[1,2,3]
>>> print(x.append(4))
None
>>> print(x)
[1, 2, 3, 4]
```

(2) 列表元素的访问。可以使用以下几种方式访问列表的元素。

① 使用下标访问。下标序号从0开始。示例如下。

```
>>>  a_list=[2, 0, 2, 3, 'Python', 'C语言']
>>> a_list[4]
'Python'
```

② 使用index()方法。该方法获取指定元素首次出现的下标。示例如下。

```
>>> a_list=[2, 0, 2, 3, 'Python', 'C语言']
>>> a_list.index('Python')
4
```

③ 使用count()方法。该方法统计指定元素在列表中出现的次数。示例如下。

```
>>> a_list=[2, 0, 2, 3, 'Python', 'C语言', 'Python']
>>> a_list.count('Python')
2
```

(3) 删除列表元素。可以使用以下几种方式删除列表的元素。

① 使用del命令,示例如下。

```
>>> a_list=[2, 0, 2, 3, 'Python', 'C语言', 'Python']
>>> del a_list[4]                    #删除列表下标为4的元素
>>> a_list
[2, 0, 2, 3, 'C语言', 'Python']
```

② 使用pop()方法。该方法删除并返回指定位置(默认为最后一个)上的元素。示例如下。

```
>>> a_list=list((3,5,7,9,11))
>>> a_list.pop()                   #默认删除最后一个元素
11
>>> a_list
[3, 5, 7, 9]
>>> a_list.pop(1)                  #删除下标为 1 上的元素
5
>>> a_list
[3, 7, 9]
```

③ 使用 remove()方法。该方法删除列表中首次出现的指定元素，如果不存在该元素，则抛出异常。示例如下。

```
>>> a_list=[3,5,7,9,5,11]
>>> a_list.remove(5)
>>> a_list
[3, 7, 9, 5, 11]
```

(4) 删除列表。删除整个列表使用 del 命令。比如删除上面创建的列表 a_list。示例如下。

```
>>> del a_list
>>> a_list
Traceback(most recent call last):
    File "<pyshell #141>", line 1, in <module>
      a_list
NameError: name 'a_list' is not defined
```

(5) 列表元素的排序和翻转。

① sort()方法表示按照指定规则对列表元素进行排序，支持 key 参数和 reverse 参数。语法格式如下。

```
sort(key=None, reverse=False)
```

其中，key 用来指定排序规则；reverse 用来指定升序还是降序：False 表示升序，True 表示降序，默认值为 False。示例如下。

```
>>> data=[5, 3, 7, 4, 11]
>>> data.sort()
>>> data
[3, 4, 5, 7, 11]
>>> data.sort(key=str)          #按照元素转换为字符串后的大小进行排序
>>> data
[11, 3, 4, 5, 7]
```

列表的 sort()方法与 Python 的内置函数 sorted()不同，列表的 sort()方法是原地排序，该方法没有返回值，内置函数 sorted()的返回值是排序好的序列，不会改变原序列的顺序，而是生成一个新的排序后的序列。示例如下。

```
>>> data=[5, 3, 7, 4, 11]
>>> data_new=sorted(data)       #内置函数 sorted()生成一个新的排序后的序列
>>> data                        #原序列的顺序不变
[5, 3, 7, 4, 11]
>>> data_new
[3, 4, 5, 7, 11]
```

② reverse()方法表示将列表元素翻转。列表的 reverse()方法与 Python 的内置函数 reversed()也是不同的,列表的 reverse()方法是原地翻转,内置函数 reversed()不会改变原序列的顺序,而是生成一个新的翻转后的序列。示例如下。

```
>>> data=[5, 3, 7, 4, 11]
>>> data.reverse()
>>> data
[11, 4, 7, 3, 5]
```

扫一扫

2.3.3 切片操作

切片是获取有序序列中部分元素的一种操作,适用于列表、元组、字符串、range 对象等类型,可以使用切片来截取序列中的任何部分,得到一个新的序列。此处以列表为例进行说明。切片操作的语法格式如下。

```
[起始位置:终止位置:步长]
```

其中,起始位置表示切片的开始位置(默认为 0),终止位置表示切片的截止位置(但不包含,默认为列表长度),步长默认为 1,当步长省略时可以省略最后一个冒号。步长可以为正整数或负整数,步长为正整数表示从左向右切片,步长为负整数表示反向切片。示例如下。

```
>>> a_list=[2, 4, 6, 8, 10, 11, 13, 15, 17]
>>> a_list[::]          #起始位置为 0,终止位置为列表长度,步长为 1
[2, 4, 6, 8, 10, 11, 13, 15, 17]
>>> a_list[::2]         #起始位置为 0,终止位置为列表长度,步长为 2
[2, 6, 10, 13, 17]
>>> a_list [3:6]        #起始位置为 3,终止位置为 6(不包括 6),步长为 1
[8, 10, 11]
>>> a_list[5:1:-1]      #起始位置为 5,终止位置为 1(不包括 1),步长为-1
[11, 10, 8, 6]
```

扫一扫

2.3.4 列表推导式

列表推导式可以根据给定条件,利用列表、元组、range 对象、字典和集合等可迭代对象,生成满足特定需求的列表。列表推导式的语法格式如下。

```
[表达式 for 迭代变量 in 可迭代对象 [if 条件表达式]]
```

关于列表推导式,有以下几点说明。

① 列表推导式在内部实际上是一个循环结构,表达式是 for 循环中的循环体。其执行顺序如下:

```
for 迭代变量 in 可迭代对象
    表达式
```

② if 条件表达式不是必需的,可以使用,也可以省略。

③ 列表推导式将循环过程中表达式的一系列计算结果组成一个列表。

【例 2.2】 计算列表中每一个数的平方。代码如下。

```
>>> a_range=range(10)                    #生成 0 到 9 的 10 个整数
>>> a_list=[x * x for x in a_range]      #使用列表推导式
>>> a_list                               #输出 a_list 中的内容
[0, 1, 4, 9, 16, 25, 36, 49, 64, 81]
```

上面代码的功能可以使用下面的循环结构实现,但使用列表推导式的代码更简洁。代码如下。

```
>>> a_list=[]
>>> a_range=range(10)
>>> for item in a_range:
        a_list.append(item * item)
>>> a_list
```

如果对上例中所有的奇数求平方,这时需要在列表推导式中用到 if 条件表达式。代码如下。

```
>>> a_range=range(10)
>>> a_list=[x * x for x in a_range if x % 2==1]   #带 if 条件的列表推导式
>>> a_list
[1, 9, 25, 49, 81]
```

列表推导式中支持 for 循环嵌套。代码如下。

```
>>> b_list=[(x, y) for x in range(5) for y in ['a','b','c']]
>>> b_list
[(0, 'a'), (0, 'b'), (0, 'c'), (1, 'a'), (1, 'b'), (1, 'c'), (2, 'a'), (2, 'b'), (2,
'c'), (3, 'a'), (3, 'b'), (3, 'c'), (4, 'a'), (4, 'b'), (4, 'c')]
```

在上面的代码中,x 是遍历 range(5)的迭代变量(计数器),可迭代 5 次;y 是遍历列表['a','b','c']的迭代变量(计数器),可迭代 3 次。因此,(x,y)表达式一共迭代 15 次。上面代码的功能可以使用下面的循环结构实现。代码如下。

```
>>> b_list=[]
>>> for x in range(5):
        for y in ['a','b','c']:
                b_list.append((x, y))
```

2.4 元组

2.4.1 元组的创建

元组使用一对圆括号界定,属于不可变序列,其定义方式和列表相同。

(1) 使用()直接创建,示例如下。

```
>>> a_tuple=('Python', 'C语言')
>>> a_tuple
('Python', 'C语言')
>>> a=(10,)                          #包含一个元素的元组,最后必须多写一个逗号
>>> a
(10,)
>>> x=()                             #空元组
```

(2) 使用 tuple()函数,示例如下。

```
>>> tuple('Python')                  #把字符串转换成元组
('P', 'y', 't', 'h', 'o', 'n')
>>> aList=[-1, -2, 5, 7.5,10]
>>> tuple(aList)                     #把列表转换为元组
(-1, -2, 5, 7.5,10)
>>> bTuple=tuple()                   #空元组
>>> bTuple
()
```

2.4.2 元组的基本操作

(1) 元素的访问。元组中元素的访问同列表一样,通过下标访问指定位置的元素,示例如下。

```
>>> aTuple=tuple('Python')          #把字符串转换成元组
>>> aTuple[1]                       #访问下标为1的元素
'y'
```

(2) 删除元组。del 命令可以删除不需要的元组,具体用法与列表相同。示例如下。

```
>>> del aTuple
>>> aTuple
Traceback(most recent call last):
  File "<pyshell #205>", line 1, in <module>
    aTuple
NameError: name 'aTuple' is not defined
```

元组与列表的很多操作类似,但是因为列表属于可变序列,而元组属于不可变序列,所以两者又具有很多不同。具体比较如下。

① 使用 del 可以删除元组对象,但是不能删除元组中的元素。

② 因为元组属于不可变序列，所以一旦定义就不允许更改，也就没有相应的增加元素和删除元素的操作，对需要保护的数据，采用元组方式更安全。

③ 如果只是遍历一系列数据，那么采用元组的速度比采用列表更快。

④ 元组可用作字典的“键”，列表不能作为字典的“键”，并且包含列表等可变对象的元组也不能做字典的“键”。

2.4.3 序列解包

把多个值赋给一个变量时，Python 会自动将多个值封装成元组，这就是序列封包。而将元组或列表根据其元素个数直接赋值给相应的多个变量，这时元组或者列表中的元素会被依次赋值给每个变量，这叫序列解包。示例如下。

```
>>> programing='Python','C语言'        #2个字符串赋值给 programing 变量
>>> programing                         #序列封包
('Python', 'C语言')
>>> xx, yy=programing                  #序列解包
>>> xx
'Python'
>>> yy
'C语言'
```

2.4.4 生成器表达式

扫一扫

生成器表达式的语法格式如下。

```
(表达式 for 迭代变量 in 可迭代对象 [if 条件表达式])
```

生成器表达式虽然使用圆括号界定，但它的结果既不是列表，也不是元组，而是一个生成器对象。此对象使用惰性求值的机制，只在需要时产生新元素，访问过此元素后不可以再次访问，除非再次生成。因为效率高，占用资源少，所以适用于大数据处理。

使用生成器对象的元素时，可以利用 list()函数或者 tuple()函数将其转换成列表或者元组再访问，或者使用生成器对象的__next__()方法以及内置函数 next()来访问。示例如下。

```
>>> gen=((i+7) for i in range(10))     #创建生成器对象
>>> gen
<generator object <genexpr> at 0x000023312ED1A50>
>>> list(gen)                          #将生成器对象转换为列表
[7, 8, 9, 10, 11, 12, 13, 14, 15, 16]
>>> list(gen)                          #再次使用 list 遍历生成器对象，返回空列表
[]
>>> gen=((i+7) for i in range(10))     #重新创建生成器对象
>>> gen.__next__()                     #读取第一个元素
7
>>> gen.__next__()                     #获取下一个元素
8
>>> next(gen)                          #使用函数 next()获取生成器对象中的元素
9
```

2.5 字典

字典是 Python 中具有映射关系的一种数据结构。比如描述张三这个人的信息,可以用如下方式表示,姓名:张三,性别:男,身高:192,籍贯:山东德州。为了表示这种映射关系,Python 利用"key:value"形式存放数据,这就是字典,表示为 dictname={key1:value1,key2:value2,…… }。

其中键(key)的数据类型必须是不可变的数据类型,如字符串、数字或元组,并且取值唯一。值(value)的数据类型可以是任意类型。

扫一扫

2.5.1 字典的创建

(1) 使用{}直接创建,示例如下。

```
>>> dictname={"姓名":"张三","性别":"男","身高":192,"籍贯":"山东德州"}
>>> dictname
{'姓名': '张三', '性别': '男', '身高': 192, '籍贯': '山东德州'}
>>> x={}        #空字典
>>> x
{}
```

(2) 使用 dict()函数,示例如下。

```
>>> d=dict(name="张三", 身高=192)
>>> d
{'name': '张三', '身高': 192}
>>> keys=["姓名","性别", "身高", "籍贯"]
>>> values=["张三","男",192,"山东德州"]
>>> d=dict(zip(keys, values))
>>> print(d)
{'姓名': '张三', '性别': '男', '身高': 192, '籍贯': '山东德州'}
>>> x=dict()          #空字典
>>>x
{}
```

(3) 使用 dict.fromkeys()方法创建指定键,值为 None 的字典,该方法的参数可以用元组,也可以用列表。示例如下。

```
>>> adict=dict.fromkeys(("姓名", "性别", "身高","籍贯"))
>>> adict
{'姓名': None, '性别': None, '身高': None, '籍贯': None}
```

扫一扫

2.5.2 字典的基本操作

(1) 字典元素的访问。可以使用以下几种方式访问字典的元素。

① 以键为下标访问字典的元素。示例如下。

```
>>> dictname={"姓名":"张三","性别":"男","身高":192,"籍贯":"山东德州"}
>>> dictname["姓名"]                              #以键作为下标读取字典元素
'张三'
>>> dictname["年龄"]                              #若键不存在,则抛出异常
Traceback(most recent call last):
  File "<pyshell#250>", line 1, in <module>
    dictname['年龄']
KeyError: '年龄'
```

② 使用 get()方法。使用字典对象的 get()方法获取指定键对应的值,并且可以在键不存在的时候返回指定值。示例如下。

```
>>> print(dictname.get("年龄"))
None
>>> print(dictname.get("年龄", 20))
20
```

③ 使用 items()、keys()、values()方法。字典对象的 items()方法用于返回字典的元素,包括键和值,keys()方法返回字典的"键",values()方法返回字典的"值"。示例如下。

```
>>> dictname={"姓名":"张三","性别":"男","身高":192,"籍贯":"山东德州"}
>>> for item in dictname.items():         #输出字典中的所有元素
        print(item)
('姓名', '张三')
('性别', '男')
('身高', 192)
('籍贯', '山东德州')
>>> for key in dictname:                    #dictname 后面不加方法名,默认输出"键"
        print(key)
姓名
性别
身高
籍贯
>>> dictname.keys()                           #返回所有"键"
dict_keys(['姓名', '性别', '身高', '籍贯'])
>>> dictname.values()                         #返回所有"值"
dict_values(['张三', '男', 192, '山东德州'])
```

(2) 字典元素的添加和修改。可以使用字典的键或 update()方法添加或修改字典元素。

① 以指定键为下标添加或修改字典元素。如果键存在,则修改该键对应的值,如果键不存在,则在字典中增加一个键值对。示例如下。

```
>>> dictname={"姓名":"张三","性别":"男","身高":192,"籍贯":"山东德州"}
>>> dictname["身高"] = 188                    #修改元素值
>>> dictname
{'姓名': '张三', '性别': '男', '身高': 188, '籍贯': '山东德州'}
>>> dictname["年龄"] = 20                     #在字典中增加新的键值对
>>> dictname
{'姓名': '张三', '性别': '男', '身高': 188, '籍贯': '山东德州', '年龄': 20}
```

② 使用 update()方法添加或修改字典元素。字典对象的 update()方法可以将另一个字典的键值对添加到当前字典中。示例如下。

```
>>> dictname.update({"专业": "计算机", "成绩": [98,96]})
>>> dictname
{'姓名': '张三', '性别': '男', '身高': 188, '籍贯': '山东德州', '年龄': 20, '专业':
'计算机', '成绩': [98, 96]}
```

(3) 字典元素的删除与字典的删除。可以使用 del 命令删除某个字典元素，也可以删除整个字典。示例如下。

```
>>> dictname={"姓名":"张三","性别":"男","身高":192,"籍贯":"山东德州"}
>>> del dictname["籍贯"]    #删除键是“籍贯”的元素(包括键以及对应的值)
>>> dictname.clear()        #清空字典的所有条目
>>> del dictname            #删除字典
```

【例 2.3】 统计字符串中大写字母和小写字母的数量。代码如下。

```
s='Hello World! '
d={"upper":0, "lower":0}
for c in s:
    if c.isupper():
        d["upper"]+=1
    elif c.islower():
        d["lower"]+=1
    else:
        pass
print ("大写字母个数: ", d["upper"])
print ("小写字母个数: ", d["lower"])
```

输出结果为：

```
大写字母个数: 2
小写字母个数: 8
```

2.5.3 字典推导式

字典推导式跟列表推导式类似，可以快速生成一个字典，语法格式如下。

```
{键表达式:值表达式 for 循环}
```

示例如下。

```
#在 10 到 100 之间,随机选取 4 个数作为字典的值,以序号作为键
>>> import random
>>> suijishu={i : random.randint(10, 100) for i in range(1, 5)}
>>> suijishu
{1: 70, 2: 81, 3: 32, 4: 10}
```

2.6　集合

集合是用一对大括号界定的无序、可变的数据类型，集合中的元素具有唯一性。集合中的元素都是不可变类型，即只能包含数字、字符串、元组等不可变类型的数据，不能包含列表、字典、集合等可变类型的数据。

2.6.1　集合的创建

扫一扫

(1) 使用{}直接创建。示例如下。

```
>>> school={'教室', '图书馆', '食堂', '宿舍', '教室', 1971}
>>> print(school)
{'教室', '图书馆', 1971, '宿舍', '食堂'}
```

集合的重要性质之一就是集合内每个元素都是唯一的，不允许重复。如果原来的数据中存在重复元素，在转换为集合时自动去除重复元素。

(2) 使用 set()函数。注意，集合的创建可以使用{}或者 set()函数，但是创建一个空集合必须用 set()函数而不能使用{}，因为{}用于创建一个空字典。示例如下。

```
>>> aSet=set(range(10))                 #使用 set()函数将其他类型数据转换为集合
>>> aSet
{0, 1, 2, 3, 4, 5, 6, 7, 8, 9}
>>> bSet=set([0, 1, 1, 3, 3, 9])        #自动去除重复
>>> bSet
{0, 1, 3, 9}
>>> cSet=set()                          #创建空集合必须用 set()函数
>>> cSet
set()
```

2.6.2　集合的基本操作

扫一扫

(1) 集合元素的访问。集合是无序的，不能通过引用索引或键来访问集合中的元素。但是，可以使用 for 循环遍历集合中的元素。示例如下。

```
>>> thisset=set(("apple", "banana", "orange"))
>>> for x in thisset:
        print(x)
banana
orange
apple
```

因为集合是无序的，所以上面代码的输出元素顺序与定义集合时元素的顺序可能不一样。

另外，可以使用 in 关键字判断集合中是否存在指定值，示例如下。

```
>>> 'apple' in thisset
True
>>> 'pear' in thisset
False
```

（2）集合元素的添加。使用 add()方法将元素添加到集合中，如果元素已存在，则不进行任何操作。update()方法可以将列表、元组、字典等添加到已存在的集合中。示例如下。

```
>>> thisset=set(("apple", "banana", "orange"))
>>> thisset.add("pear")              #将元素"pear"添加到集合 thisset 中
>>> print(thisset)
{'banana', 'orange', 'apple', 'pear'}
>>> thisset.update({1,3})            #update()方法将集合添加到已存在的集合中
>>> print(thisset)
{'banana', 'pear', 1, 'orange', 3, 'apple'}
>>> thisset.update([1,4],[5,6])  #update()方法将列表添加到已存在的集合中
>>> print(thisset)
{1, 'orange', 3, 4, 5, 6, 'pear', 'banana', 'apple'}
```

（3）删除集合中的元素。pop()方法随机删除并返回集合中的一个元素，remove()方法删除指定元素，clear()方法清空集合。示例如下。

```
>>> x={2020, 2035, 2019, 2018, 2021, 2050, 2000}
>>> x.pop()                          #随机删除元素
2018
>>> x
{2019, 2020, 2021, 2050, 2000, 2035}
>>> x.remove(2020)                   #删除指定的元素
>>> x
{2019, 2021, 2050, 2000, 2035}
>>> x.clear()                        #清空集合
>>> x
set()
```

（4）删除集合。使用 del 删除集合，用法与列表相同。

扫一扫

2.6.3 集合的运算

集合的基本运算包括并、交、差、对称差、判断集合间的包含关系。

（1）并。使用集合的 union()方法或运算符"|"实现两个集合的并运算。示例如下。

```
>>> dataScientist=set(['Python', 'R', 'SQL', 'Git', 'Tableau', 'SAS'])
>>> dataEngineer=set(['Python', 'Java', 'Scala', 'Git', 'SQL', 'Hadoop'])
>>> dataScientist.union(dataEngineer)       #使用 union()方法实现并的操作
{'Python', 'Git', 'Hadoop', 'Tableau', 'R', 'Scala', 'SQL', 'SAS', 'Java'}
>>> dataScientist| dataEngineer             #使用运算符"|"实现并的操作
{'Python', 'Git', 'Hadoop', 'Tableau', 'R', 'Scala', 'SQL', 'SAS', 'Java'}
```

(2) 交。使用集合的 intersection()方法或运算符“&”实现两个集合的交运算。示例如下。

```
>>> dataScientist.intersection(dataEngineer)
{'SQL', 'Python', 'Git'}
>>> dataScientist & dataEngineer
{'SQL', 'Python', 'Git'}
```

(3) 差。使用集合的 difference()方法或运算符“-”实现两个集合的差运算。示例如下。

```
>>> dataScientist.difference(dataEngineer)
{'Tableau', 'R', 'SAS'}
>>> dataScientist - dataEngineer
{'Tableau', 'R', 'SAS'}
```

(4) 对称差。集合 A 与集合 B 的对称差集定义为集合 A 与集合 B 中所有不属于 $A \cap B$ 的元素的集合。使用集合的 symmetric_difference()方法或运算符“^”实现两个集合的对称差运算。示例如下。

```
>>> dataScientist.symmetric_difference(dataEngineer)
{'Hadoop', 'Tableau', 'R', 'Scala', 'SAS', 'Java'}
>>> dataScientist ^ dataEngineer
{'Hadoop', 'Tableau', 'R', 'Scala', 'SAS', 'Java'}
```

(5) 集合间的包含关系判断。比较运算符用于集合运算时可以判断两个集合是否存在包含关系。示例如下。

```
>>> x={2019, 2020, 2021}
>>> y={2019, 2020, 2022}
>>> z={2019, 2020, 2021, 2035}
>>> x<y                          #判断集合 x 是否包含于集合 y 中
False
>>> z>x                          #判断集合 z 是否包含集合 x
True
>>> {1, 2} <= {1, 2}             #判断是否是子集
True
```

2.6.4　集合推导式

集合推导式与列表推导式类似，只是将中括号换成了大括号。示例如下。

```
>>> pingfang={x**2 for x in range(-3,3)}      #求 range 对象中每一个元素的平方
>>> pingfang                                  #根据集合的性质，可以自动去重
{0, 9, 4, 1}
```

2.7 字符串

字符串的常见编码主要有UTF-8、UTF-16、UTF-32、GB2312、GBK、CP936等。其中GB2312是我国制定的中文编码,使用1B表示英语,2B表示中文;GBK是GB2312的扩充,而CP936是微软在GBK基础上开发的编码方式。GB2312、GBK和CP936都是使用2B表示中文。UTF-8是一种变长的编码方式,使用1~4B表示一个符号,它是国际化标准文字编码,包含全世界所有国家需要用到的字符,不同的语言用到的字节数不同,英文使用1B,中文使用3B。编码格式不同意味着字符的表示和存储形式不同,还原信息时采用的解码方式也不同。Python 3.x对字符的编码方式默认采用UTF-8编码格式。

扫一扫

2.7.1 字符串的格式化

(1) 采用format()方法。该方法返回一个新的字符串,参数从0开始编号。其语法格式如下。

```
<模板字符串>.format(<逗号分隔的参数>)
```

其中模板字符串使用{}和:来指定占位符,示例如下。

```
>>> "{}:{}对CPU占用率为{}".format("2016-12-31","PYTHON",0.1)
'2016-12-31:PYTHON对CPU占用率为0.1'
```

如果字符串中需要大括号,则用"{{"表示"{","}}"表示"}"。示例如下。

```
>>> "圆周率{{{1}{2}}}是{0}".format("无理数",3.1415926,"...")
'圆周率{3.1415926...}是无理数'
```

<模板字符串>中的大括号除了可以包含参数序号,还可以包含格式控制信息。格式控制信息的语法格式如下。

```
{[参数序号]:[格式控制标记]}
```

其中,[格式控制标记]用来控制参数显示时的格式,按顺序包括填充、对齐、宽度、逗号、精度、类型6个字段,这些字段都是可选字段,下面分别说明。

① 填充:指在<宽度>范围内除了参数外的字符采用什么方式表示,默认采用空格。

② 对齐:指在<宽度>范围内参数输出时的对齐方式,分别使用<、>和^表示左对齐、右对齐和居中对齐。

③ 宽度:指为输出字符设定的宽度,如果输出字符串的长度大于指定宽度,则按照字符串的实际长度输出。如果输出字符串的长度小于指定宽度,则使用"填充"中指定的字符进行补充。

示例如下。

```
>>> s="PYTHON"
>>> s
'PYTHON'
>>> "{0:30}".format(s)          #大括号中的"0"表示 format 中的第"0"个参数,"30"是为
                                 参数指定的输出宽度
'PYTHON                        '
>>> "{0:>30}".format(s)         #":"后边有两个参数,">"是对齐方式,"30"是为参数指定的
                                 输出宽度
'                        PYTHON'
>>> "{0:*^30}".format(s)        #":"后边有三个参数,分别对应填充、对齐和宽度,用*填充
'************PYTHON************'
```

④ 逗号：表示数字的千位分隔符。

```
>>> "{0:-^20,}".format(1234567890)
'---1,234,567,890----'
```

⑤ 精度：由小数点“.”引导。对于浮点数，精度表示小数部分输出的有效位数；对于字符串，精度表示输出的最大长度。

```
>>> "{0:*^20.3f}".format(12345.67890)
'*****12345.679******'
>>> "{0:.4}".format("PYTHON")
'PYTH'
```

⑥ 类型：表示输出整数和浮点数类型的格式规则。

- 对于整数类型，输出格式包括6种。

b：输出整数的二进制方式。

c：输出整数对应的 Unicode 字符。

d：输出整数的十进制方式。

o：输出整数的八进制方式。

x：输出整数的小写十六进制方式。

X：输出整数的大写十六进制方式。

示例如下。

```
>>> "{0:b},{0:c},{0:d},{0:o},{0:x},{0:X}".format(425)
'110101001,Σ,425,651,1a9,1A9'
```

- 对于浮点数类型，输出格式包括4种。

e：输出浮点数对应的小写字母 e 的指数形式。

E：输出浮点数对应的大写字母 E 的指数形式。

f：输出浮点数的标准浮点形式。

%：输出浮点数的百分形式。

浮点数输出时尽量使用精度表示小数部分的宽度，有助于更好地控制输出格式。示例如下。

```
>>> "{0:e},{0:E},{0:f},{0:%}".format(3.14)
'3.140000e+00,3.140000E+00,3.140000,314.000000%'
>>> "{0:.2e},{0:.2E},{0:.2f},{0:.2%}".format(3.14)
'3.14e+00,3.14E+00,3.14,314.00%'
```

(2) 在字符串前加字母 f。从 Python 3.6.x 开始支持在字符串前加字母 f,含义与字符串对象 format()方法类似。示例如下。

```
>>> width=8
>>> height=6
>>> print(f'Rectangle of {width} * {height}\nArea:{width * height}')
Rectangle of 8 * 6
Area:48
```

扫一扫

2.7.2 字符串的常用方法

(1) 字符的编码。内置函数 ord()可以把字符转换成对应的 Unicode 码;用内置函数 chr()可以把十进制数字转换成对应的字符。

(2) 查找和计数。字符串查找方法有 find()、rfind()、index()、rindex(),计数方法是 count()方法。find()和 rfind()方法分别用来查找一个字符串在另一个字符串指定范围中首次和最后一次出现的位置,如果不存在,则返回−1。index()和 rindex()方法用来返回一个字符串在另一个字符串指定范围中首次和最后一次出现的位置,如果不存在,则抛出异常。count()方法用来返回一个字符串在当前字符串中出现的次数。示例如下。

```
>>> s="apple,peach,banana,peach,pear"
>>> s.find("peach")
6
>>> s.find("peach",7,20)
-1
>>> s.index('p')
1
>>> s.index('ppp')
Traceback(most recent call last):
  File "<pyshell #11>", line 1, in <module>
    s.index('ppp')
ValueError: substring not found
>>> s.count('p')
5
```

(3) 分割。字符串分割方法包括 split()、rsplit()、partition()、rpartition()等。split()和 rsplit()方法表示使用指定字符为分隔符,把当前字符串从左往右或从右往左分隔成多个字符串,并返回包含分隔结果的列表。partition()和 rpartition()方法表示使用指定字符串为分隔符,将原字符串分隔为 3 部分,即分隔符前的字符串、分隔符字符串、分隔符后的字符串。如果指定的分隔符不在原字符串中,则返回原字符串和两个空字符串。示例如下。

```
>>> s="apple,peach,banana,pear"
>>> s.split(",")
['apple', 'peach', 'banana', 'pear']
>>> s.partition(',')
('apple', ',', 'peach,banana,pear')
>>> s="2017-10-31"
>>> t=s.split("-")
>>> print(t)
['2017', '10', '31']
```

对于 split()和 rsplit()方法，如果不指定分隔符，则字符串中的任何空白符号(空格、换行符、制表符等)都将被认为是分隔符，并删除结果中的空字符串。示例如下。

```
>>> s='hello world \n\n My name is Dong   '
>>> s.split()
['hello', 'world', 'My', 'name', 'is', 'Dong']
>>> s='\n\nhello world \n\n\n My name is Dong   '
>>> s.split()
['hello', 'world', 'My', 'name', 'is', 'Dong']
```

(4) 字符串连接。join()方法使用指定的字符串作为连接符，对若干字符串进行连接。示例如下。

```
>>> li=["apple", "peach", "banana", "pear"]
>>> ','.join(li)                    #使用,连接多个字符串
'apple,peach,banana,pear'
>>> ''.join(li)                     #直接连接多个字符串,没有连接符
'applepeachbananapear'
```

(5) 大小写转换。字符的大小写转换方法包括 lower()、upper()、capitalize()、title()、swapcase()。示例如下。

扫一扫

```
>>> s="What is Your Name?"
>>> s.lower()                    #返回小写字符串'what is your name? '
>>> s.upper()                    #返回大写字符串'WHAT IS YOUR NAME? '
>>> s.capitalize()               #返回字符串,首字符大写'What is your name? '
>>> s.title()                    #返回每个单词的首字母大写'What Is Your Name? '
>>> s.swapcase()                 #返回大小写互换'wHAT IS yOUR nAME? '
```

(6) 替换。replace()方法把字符串中的旧字符串替换成新字符串。示例如下。

```
>>> words=('测试', '非法', '暴力', '话')
>>> text='这句话里含有非法内容'
>>> for word in words:
        if word in text:
            text=text.replace(word, '***')
>>> text
'这句***里含有***内容'
```

(7) 映射。maketrans()方法用来生成字符映射表,translate()方法根据映射表中定义的对应关系转换字符串,并替换其中的字符,使用这两个方法的组合可以同时处理多个字符。示例如下。

```
>>> table=''.maketrans('0123456789', '零一二三四伍陆柒捌玖')
>>> '2018年12月31日'.translate(table)
'二零一捌年一二月三一日'
```

(8) 删除指定字符。包括 strip()、rstrip()、lstrip()方法,指分别删除左右两侧、右侧、左侧的空白符或者指定字符。示例如下。

```
>>> s=" abc  "
>>> s.strip()                              #删除空白字符
'abc'
>>> "aaaassddf".strip("a")                 #删除指定字符
'ssddf'
```

这三个方法指定的参数字符串并不作为一个整体对待,而是在原字符串的两侧、右侧、左侧删除参数字符串中包含的所有字符,一层一层地从外往里删除。示例如下。

```
>>> 'aabbccddeeeffg'.strip('af')    #字母f不在字符串两侧,所以不删除
'bbccddeeeffg'
>>> 'aabbccddeeeffg'.strip('gaf')
'bbccddeee'
```

(9) 判断字符串的开始和结束。startswith()和 endswith()方法分别用于判断字符串是否以指定字符串开始和结束。示例如下。

```
>>> s='Beautiful is better than ugly.'
>>> s.startswith('Be')                #检测整个字符串
True
>>> s.startswith('Be', 0, 5)          #指定检测范围
True
```

(10) 对齐方式。字符串对齐方法包括 center()、ljust()、rjust(),分别表示居中、左对齐或右对齐。如果指定宽度大于字符串长度,则使用指定的字符(默认为空格)填充。示例如下。

```
>>> 'Hello world!'.center(20)            #居中对齐,以空格进行填充
'    Hello world!    '
>>> 'Hello world!'.center(20, '=')       #居中对齐,以字符"="进行填充
'====Hello world!===='
```

(11) 字符类型判断。isalnum()、isalpha()、isdigit()、isdecimal()、isnumeric()、isspace()、isupper()、islower()方法分别用来测试字符串是否为数字或字母、是否为英文字母、是否为数字字符、是否只包含十进制字符、是否只由数字组成、是否为空格字符、是否为大写字母、是否为小写字母。示例如下。

```
>>> '1234abcd'.isalnum()
True
>>> 'abcd'.isalpha()
True
>>> '1234'.isdigit()
True
>>> '九'.isnumeric()                    #isnumeric()方法支持汉字数字
True
>>> 'ⅣⅢⅩ'.isnumeric()                  #支持罗马数字
True
```

2.8 选择结构、循环结构

为了控制程序语句执行的顺序，满足需求功能的多样化，与其他程序设计语言类似，Python 提供了顺序结构、选择结构和循环结构。

顺序结构是程序按照语句的前后顺序依次执行的一种运行方式。选择结构是程序根据条件判断的结果而执行不同分支上的语句，选择结构又分为单分支结构、双分支结构和多分支结构。循环结构是程序根据条件判断结果而重复执行某些语句的结构。

2.8.1 选择结构

扫一扫

选择结构分为单分支结构、双分支结构和多分支结构。

(1) 单分支选择结构。

语法格式如下。

```
if 条件表达式:
    语句块
```

(2) 双分支选择结构。

语法格式 1 如下。

```
if 条件表达式:
    语句块 1
else:
    语句块 2
```

语法格式 2 如下。

```
value1 if condition else value2
```

这个语法格式是这样执行的：当条件表达式 condition 的值与 True 等价时，表达式的值为 value1，否则表达式的值为 value2。在 value1 和 value2 中还可以使用复杂表达式。示例如下。

```
>>> a=5
>>> print(6) if a>3 else print(5)
6
>>> print(6 if a>3 else 5)
6
>>> b=6 if a>13 else 9
>>> b
9
```

这个结构的表达式具有惰性求值的特点。示例如下。

```
>>> a=5
>>> b=1 if a<13 else math.sin(0)
>>> b
1
>>> b=1 if a>13 else math.sin(0)
Traceback(most recent call last):
  File "<pyshell #3>", line 1, in <module>
    b=1 if a>13 else math.sin(0)
NameError: name 'math' is not defined
```

在上面的代码中,第二条语句执行没有出错,变量 b 被赋值为 1,而第四条语句执行出错了,错误是 math 库没有导入。第二条语句和第四条语句非常相似,不同的是第二条语句是 $a<13$,第四条语句是 $a>13$。在第二条语句执行时,$a<13$ 为真,那么 else 没有被执行。在第四条语句执行时,$a>13$ 为假,else 被执行,而 math 库没有被导入,所以出现错误。

(3) 多分支选择结构。

语法格式 1 如下。

```
if 条件表达式 1:
    语句块 1
elif 条件表达式 2:
    语句块 2
elif 条件表达式 3:
    语句块 3
else:
    语句块 4
```

其中,关键字 elif 是 else if 的缩写。

【例 2.4】 利用多分支选择结构将学生成绩从百分制变换到等级制。

```
score=81
if score>100:
    print('wrong score,score must<100')
elif score>=90:
    print('A')
elif score>=80:
    print('B')
elif score>=70:
```

```
    print('C')
elif score>=60:
    print('D')
elif score>=0:
    print('E')
else:
    print('wrong score, score must >0')
```

输出结果为：

```
B
```

语法格式 2 如下。

```
if 条件表达式 1:
    语句块 1
    if 内层条件表达式 2:
        内层语句块 2
    else:
        内层语句块 3
else :
    if 内层表达式 3
        语句块 4
```

注意：缩进必须要正确并且一致。下面的代码是例 2.4 的另外一种解法。

```
degree='DCBAAE'
score=81
if score>100 or score<0:
    print('wrong score,score must between 0 and 100')
else:
    index=(score -60)//10
    if index>=0:
        print(degree[index])
    else:
        print(degree[-1])
```

输出结果为：

```
B
```

2.8.2　循环结构

扫一扫

Python 提供了两种基本的循环结构语句——while 和 for。while 循环一般用于条件循环。for 循环一般用于循环次数可以提前确定的情况，尤其对枚举序列或迭代对象中元素的遍历。相同或不同的循环结构之间都可以互相嵌套，实现更为复杂的逻辑。for 循环和 while 循环都可以带 else。

（1）while 循环。语法格式如下。

```
while 条件表达式:
    循环体
[else:
    else 子句代码块]
```

如果循环结构带有 else 子句,其执行过程是:循环结构遍历完全部元素而自然结束时,则继续执行 else 子句,如果是因为 break 语句提前结束循环,则不执行 else 中的代码。

【例 2.5】 求给定数的阶乘。

```
number=int(input("请输入一个整数: "))
fact=1
i=1
while i<=number:
    fact=fact*i
    i=i+1
print("{}!={}".format(number,fact))
```

如果从键盘输入 5,则上面代码的运行结果为:5!=120。

(2) for 循环。语法格式如下。

```
for 取值 in 序列或迭代对象:
    循环体
[else:
    else 子句代码块]
```

【例 2.6】 计算小于 100 的最大素数。注意 break 语句和 else 子句的用法。

```
for n in range(100, 1, -1):
    for i in range(2, n):
        if n%i==0:
            break                  #break 的作用是提前结束循环
    else:                          #注意 else 的位置
        print(n)
        break                      #break 的作用是提前结束整个循环
```

输出结果为:

```
97
```

删除上面代码中最后一个 break 语句,则可以用来输出 100 以内的所有素数。

```
for n in range(100, 1, -1):
    for i in range(2, n):
        if n%i==0:
            break
    else:
        print(n, end=' ')        #与上面的代码相比,缺少 break
```

输出结果为:

```
97 89 83 79 73 71 67 61 59 53 47 43 41 37 31 29 23 19 17 13 11 7 5 3 2
```

break 语句在 while 循环和 for 循环中都可以使用，一旦 break 语句被执行，整个循环将提前结束。continue 语句的作用是终止当前循环，并忽略 continue 之后的语句，然后回到循环的顶端，提前进入下一次循环。

2.9 函数

扫一扫

【例 2.7】 求两个整数的最大值和求三个整数的最大值(不能使用 Python 的内置函数)。

程序分析：在计算机编程过程中，为了化繁为简，将一个程序分解成为多个难易适中、程序代码长度合适的功能，并将其封装到函数中。

step1：定义求解两个整数中最大整数的方法。

step2：定义求解三个整数中最大整数的方法。

step3：调用求解两个整数中最大整数的方法，传递两个整数作为参数，取得最大值，并且输出到控制台。

step4：调用求解三个整数中最大整数的方法，传递三个整数作为参数，取得最大值，并且输出到控制台。

实现代码如下。

```
def maxForTwo(x, y):
    '''
    返回两个整数的最大值
    :param x:一个整数
    :param y:一个整数
    :return: 最大值
    '''
    if x>=y:
        return x
    elif x<y:
        return y
def maxForThree(x, y, z):
    '''
    返回三个整数的最大值
    :param x:一个整数
    :param y:一个整数
    :param z:一个整数
    :return: 最大值
    '''
    t=0
    if x>y:
        t=x
    else:
        t=y
    if t>z:
        result=f'{x}, {y}, {z}三个整数中最大的为{t}'
        return result
    else:
        result=f'{x}, {y}, {z}三个整数中最大的为{z}'
        return result
#调用函数
```

```
result1=maxForTwo(100, 300)
print(result1)
result2=maxForThree(100, 300, 200)
print(result2)
```

输出结果为：

```
300
100, 300, 200 三个整数中最大的为 300
```

使用两个函数实现题目要求，简单明了。如果不使用函数的思想，而是将求解两个整数最大值和三个整数最大值的程序写在一起，一旦程序出现错误，就要从程序开头开始调试。

实际上，在企业级项目开发中，程序通常由几十万行，多至几百万行甚至更多的代码组成，程序发生错误时，调试起来非常困难。如何有效地调试大的程序呢？

《三国演义》中诸葛亮英年早逝，原因主要在于"事无巨细""事必躬亲"，间接导致"蜀中无大将，廖化当先锋"。现代社会极其排斥这种做法，认为工作必须分工，各司其职，这就是团队协作的思想。一个没有模块化的代码身兼数职，既要求解两个整数的最大值，又要求解三个整数的最大值，相当于诸葛亮，做了很多事情，如果一个地方出错，整个程序都会无法运行，不方便调试程序，因此有必要通过模块化思想来解决这个问题，也就是使用函数。

扫一扫

2.9.1 函数的定义与调用

一个程序员面对一个规模复杂的任务时，可以把大任务划分为小任务，小任务划分为更小的任务，并且提炼出公共任务，分而治之。每一个小任务就是一个函数。

(1) 函数的定义。函数定义的语法格式如下。

```
def 函数名([参数列表]):
    函数体
    [return 语句]
```

关于函数的几点说明如下：

- 函数形参不需要声明类型，也不需要指定函数返回值类型。
- 即使该函数不需要接收任何参数，也必须保留一对空的圆括号。
- 括号后面的冒号必不可少。
- 函数体相对于 def 关键字，必须保持一定的空格缩进。
- 开头部分的注释并不是必需的，但如果为函数的定义加上注释的话，可以为用户提供友好的提示。
- return 标志着函数的结束，用于将函数中的数据返回给函数调用者。如果函数没有返回值，可以省略 return 语句。

(2) 函数的调用。函数调用的语法格式如下。

```
函数名(参数列表)
```

以生成小于 n 的 Fibonacci 数列为例介绍函数的定义和调用。此函数实现如图 2-1 所示。

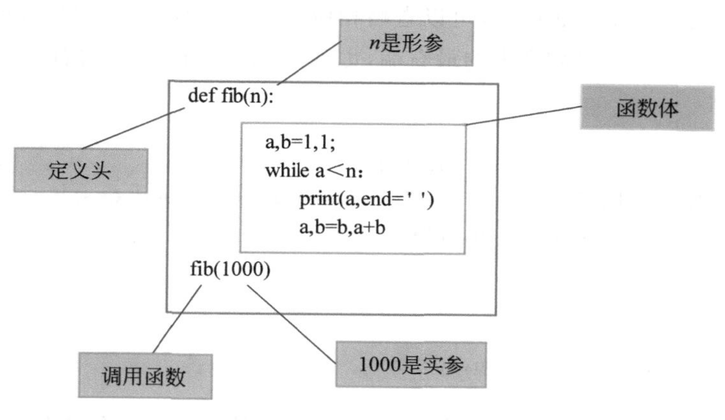

图 2-1　函数定义与调用示例

2.9.2　函数的参数传递

在 Python 中，函数的参数可以分为位置参数、关键字参数、默认值参数、包裹参数、解包裹参数等。

(1) 位置参数。调用函数时，默认按照位置顺序将对应的实参传递给形参，实参和形参的顺序必须严格一致，并且实参和形参的数量必须相同。

```
def weizhi(a, b, c):
    print(a, b, c)
weizhi(1, 2, 3)                          #按位置传递参数
weizhi(1, 2, 3, 4)                       #实参与形参数量不一致会报错
```

输出结果为：

```
1 2 3
TypeError: weizhi() takes 3 positional arguments but 4 were given
```

(2) 关键字参数。关键字参数的传递是通过"形参变量名=实参"的形式，将实参的值传递给形参，该参数传递方式允许实参和形参的顺序不一致。

```
def wangzhi(protocol,address):
    print(r"上网网址是: {}://{}".format(protocol,address))
wangzhi(protocol="http",address="www.dzu.edu.cn")
wangzhi(address="www.dzu.edu.cn",protocol="http")
```

输出结果为：

```
上网网址是: http://www.dzu.edu.cn
上网网址是: http://www.dzu.edu.cn
```

(3) 默认值参数。定义函数时，以"函数名(实参 1,…,实参 n,默认值参数 1=默认值 1,…,默认值参数 m=默认值 m)"的形式给某些参数指定默认值。在调用函数时，既可

以给带有默认值的参数重新赋值,也可以省略相应的实参,使用参数的默认值。但是要求默认值参数必须出现在函数参数列表的最右端,也就是在默认值参数的右边不能再出现非默认值参数。

```
def wangzhi(address,protocol="http"):
    print(r"德州学院网址是: {}://{}".format(protocol,address))
wangzhi(address="www.dzu.edu.cn")
```

输出结果为:

```
德州学院网址是: http://www.dzu.edu.cn
```

(4) 包裹参数。对于参数个数不确定的情况,可以使用参数的包裹传递方式,就是在该参数的前面加上"*"或者"**"。如果参数的前面是"*",则该参数可以接收以元组形式传递过来的一组值,如果参数的前面是"**",则该参数可以接收以关键字形式传递过来的一组值。

```
def student(*stu):
    print(stu)
def writer(**wri):
    print(wri)
student("罗贯中", "小说家", "三国演义")
writer(姓名="罗贯中", 职业="小说家", 作品="三国演义")
```

输出结果为:

```
('罗贯中', '小说家', '三国演义')
{'姓名': '罗贯中', '职业': '小说家', '作品': '三国演义'}
```

(5) 解包裹参数。在调用函数时,如果实参为元组或字典类型,可以对实参进行解包裹。使用"*"可以将元组、列表、字符串等类型解包裹后按位置传递给形参;使用"**"可以将字典类型解包裹后按关键字传递给形参。

```
def nianji(g1,g2,g3,g4):
    print("现在的年级包括{}级,{}级,{}级,{}级。".format(g1,g2,g3,g4))
def zhuanye(prof1,prof2):
    print("专业 1: {},专业 2: {}".format(prof1,prof2))
grad=(2018,2019,2020,2021)
nianji(*grad)
prof={'prof1':"网络工程",'prof2':"人工智能"}
zhuanye(**prof)
```

输出结果为:

```
现在的年级包括 2018 级,2019 级,2020 级,2021 级。
专业 1: 网络工程,专业 2: 人工智能
```

（6）参数的混合传递。有时在函数调用时，会用到以上两种或多种参数传递方式，这时就称为参数的混合传递。用到参数混合传递时，需要注意参数的顺序：先按照位置参数传递，再按照关键字参数传递，最后按照包裹参数传递。

```
def hunhe(university,school='计算机',*grade,**professional):
    print(university)
    print(school)
    print(grade)
    print(professional)
hunhe("德州学院","Computer",2018,2019,2020,2021,专业1="网络工程",专业2="人工智能")
```

输出结果为：

```
德州学院
Computer
(2018, 2019, 2020, 2021)
{'专业1': '网络工程', '专业2': '人工智能'}
```

2.9.3 lambda 表达式

lambda 表达式是 Python 提供的一种特殊形式的函数，既可以匿名，也可以具名，适用于临时使用的小函数。lambda 表达式只包含一个表达式，该表达式可以任意复杂，表达式的计算结果作为函数的返回值。lambda 表达式的语法格式如下。

```
lambda [参数列表]: 表达式
```

说明如下：

- lambda 表达式可以作为具名函数使用：将 lambda 表达式赋值给一个变量时，该变量就可以作为 lambda 表达式的函数名使用。
- 参数列表为可选项，可以没有参数。
- 表达式的值作为 lambda 表达式的返回值。

```
f=lambda x, y, z: x+y+z                           #可以给 lambda 表达式起名字
print(f("Python ","programing ","language"))      #像函数一样调用
L=[(lambda x: x**2),                              #匿名函数
      (lambda x: x**3),
      (lambda x: x**4)]
print(L[0](2),L[1](2),L[2](2))                    #调用 lambda 表达式
```

输出结果为：

```
Python programing language
4 8 16
```

2.10 本章知识要点

(1) Python 3.x 有 6 个常用数据类型。其中不可变数据类型包括数字(number)、字符串(string)、元组(tuple),可变数据类型包括列表(list)、字典(dictionary)、集合(set)。

(2) 用户可以直接调用 Python 的内置函数,不需要导入任何模块。

(3) 列表属于可变序列,当增加或删除列表中的元素时,列表会自动对存储内存进行扩展或收缩,以保证元素之间无缝排列。

(4) 列表的 append()方法在列表的尾部追加元素。extend()方法可以将另一个列表或者元组的元素添加至该列表的尾部。insert()方法可以将元素插入指定的位置。这 3 个方法都属于原地操作。

(5) 列表切片操作起始位置表示切片的开始位置(默认为 0),终止位置表示切片的截止位置(但不包含,默认为列表长度),步长默认为 1。

(6) 元组属于不可变序列,一旦定义就不允许更改,没有相应的增加和删除元素的操作。

(7) 字典是 Python 中具有映射关系的一种数据结构。访问字典元素时可以使用键和 get()方法。

(8) 集合属于可变数据类型,集合中的元素具有唯一性。

(9) Python 3.x 对字符的编码方式默认采用 UTF8 编码格式,采用变长的编码方式,使用 1~4B 表示一个符号。

(10) break 语句在 while 循环和 for 循环中都可以使用,一旦 break 语句被执行,将使得循环提前结束。

(11) Python 在定义函数时不需要指定形参的类型,其类型由调用者传递的实参类型以及 Python 解释器的理解和推断来决定。

(12) lambda 表达式通常作为匿名函数使用,可以将其认为是一个小型函数。

2.11 习题

1. 选择题

(1) 在以下 4 种类型中,Python 不支持的数据类型是(　　)。

A. char　　B. int　　C. float　　D. list

(2) 将字符串 "apple" 中的字母 a 替换为字母 b,以下代码正确的是(　　)。

A. apple.swap('b','a')　　B. apple.replace('a','b')

C. apple.match('b','a')　　D. apple.replace('b','a')

(3) 下列 4 个语句,在 Python 中不合法的是(　　)。

A. x=y=z=1　　B. x=(y=z+1)

C. x+=y　　D. x*=y+1

(4) 对于一个变量 apple,判断它的类型的表达式是(　　)。

A. petty(apple)　　B. Type(apple)　　C. type(apple)　　D. apple.type

(5) 在 Python 语言中，使用字符串对象的(　　)方法可以查看另一个字符串在当前字符串中出现的次数。

A. count()　　B. index()　　C. replace()　　D. center()

(6) 表达式{10,20,30} & {10,30,40}的值为(　　)。

A. {10,30}　　B. {30}　　C. {10}　　D. {}

(7) 下列 Python 语句中，不能创建一个字典的语句是(　　)。

A. dict1={}　　B. dict2={3: 5}

C. dict3={[1,2,3]: "uestc"}　　D. dict4={(1,2,3) : "uestc"}

2. 填空题

(1) 已知 x=list(range(15))，那么语句 print(x[-3:])的输出结果为________。

(2) 表达式{10,20,30}-{10,30,40}的值为________。

(3) 已知 $x=5$ 和 $y=7$，那么执行语句 x,y=y,x 之后，y 的值为________。

(4) 表达式 int(36**0.5)的值为________。

(5) 表达式 max(['21','11','13'])的值为________。

(6) 已知 x=dict(zip('abcd',[97,98,99,100]))，那么 x.get('e',101)的值为________。

(7) 执行循环语句 for i in range(1,7,3) : print(i)，循环体执行的次数是________。

3. 编程题

(1) 给定一个整数 N，编写一个 Python 程序，生成一个包含(i,i * i)的字典，该字典包含 2 到 N 之间的整数，并且打印该字典。

(2) 编写一个 Python 程序，从 2000～6000 找到每一位数字都是偶数的数，比如 4228 这个数的四位数字 4、2、2、8 都是偶数，找出所有这样的数，用逗号分隔，并且按照从小到大的顺序打印在一行上。

(3) 从键盘输入若干个以空格分隔的单词，删除所写单词中重复的单词，并且将这些单词按字母的先后顺序排序后打印出来。

(4) 检查密码字符串是否满足下面要求，并给出相应提示。

① 密码必须至少包含 8 个字符。

② 至少包含字母和数字两种字符。

③ 如果有特殊字符，只能是+、_、? 三种。

④ 不能与用户名相同。

(5) 假设有如下字符串，请按照要求实现每个功能。

```
name= "  aleX is a better!   "
```

① 移除 name 变量对应的值两边的空格，并输出移除后的内容。

② 判断 name 变量中字符“a”首次出现的位置，并输出结果。

③ 判断 name 变量对应的值以“a”进行分割，并输出结果。

④ 判断 name 变量是否以“!”结束，并输出结果。

⑤ 将 name 变量对应的值变为小写，并输出结果。

第3章 Python爬虫技术

在大数据时代，人类社会的数据种类和规模“爆炸式”增长，数据已经渗透到每一个行业和业务领域，挖掘数据背后的知识和价值成为热门研究课题。那么数据从哪里来？可以在网络上搜索企业或政府公开的数据，但公开数据大部分针对某个领域，而且数据量较小，很难满足多样化的数据需求；可以从数据平台购买数据，这样成本比较高。因此，如果想获取多样化的、成本又比较低的数据，可以使用网络爬虫技术获取数据。本章主要介绍 Python 爬虫获取数据的基础知识和常用方法，重点讲解网页下载库 Requests 和网页解析库 lxml 及 XPath 语法。最后将爬虫技术应用于综合实战项目中爬取“北京链家网”的租房数据，爬取的数据用于后续章节的数据分析及数据挖掘。

本章学习目标

- 了解网络爬虫的基本概念。
- 了解爬虫的合法性和 robots 协议。
- 理解网络爬虫的工作原理。
- 掌握网页下载器 Requests 库的使用。
- 掌握网页解析器 lxml 库的使用。
- 掌握网络爬虫在综合实战项目中的应用。
- 掌握多线程的数据爬取。

本章思维导图

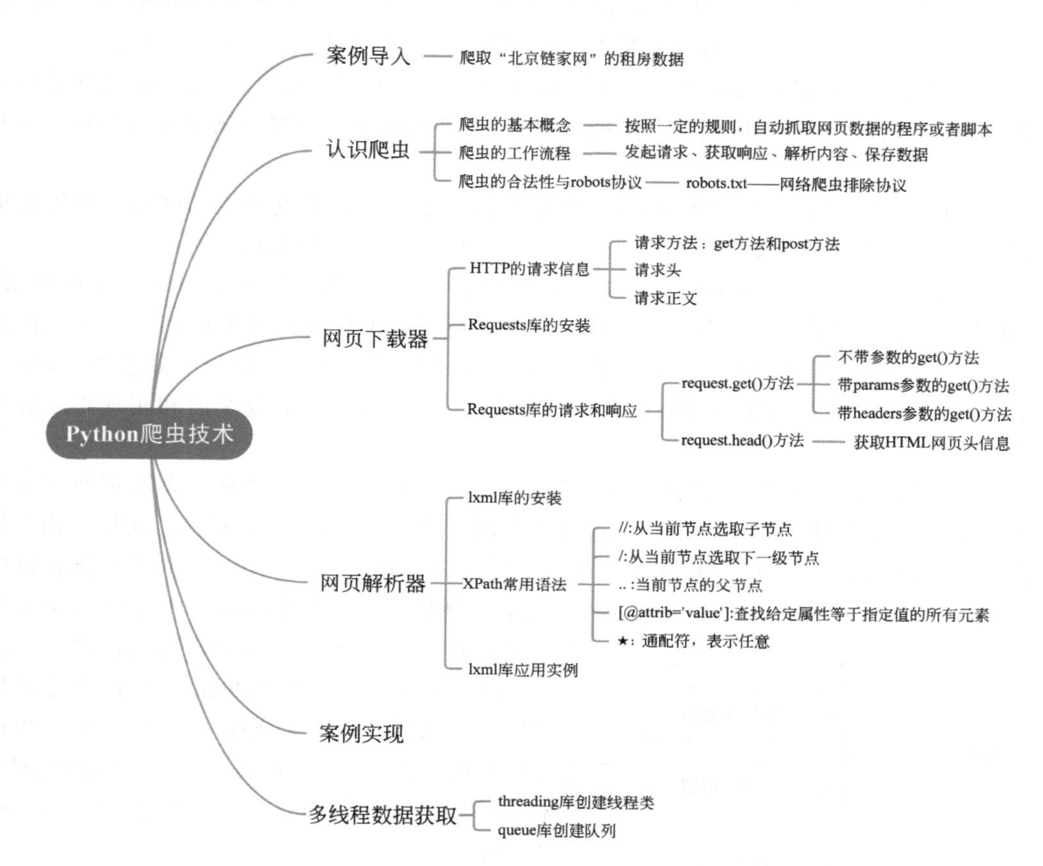

3.1 案例导入

本书综合实战项目为房屋租金数据的获取、分析与挖掘，从本章开始逐步实现该项目的任务要求。首先，该实战项目的数据来自于“北京链家网”的租房数据，网址为 https://bj.lianjia.com/zufang/。

综合实战项目数据获取任务要求如下。

从“北京链家网”爬取租房数据的主要信息，包括城区名(district)、街道名(street)、小区名(community)、楼层信息(floor)、有无电梯(lift)、面积(area)、房屋朝向(toward)、户型(model)和租金(rent)等。

3.2 认识爬虫

3.2.1 爬虫的基本概念

网络爬虫，又称为网页蜘蛛、网络机器人，是按照一定的规则，自动地抓取网页数据的程序或者脚本。浏览器的网页内容由 HTML、JS、CSS 等组成，爬虫就是通过分析 HTML 代码,从中获取想要的文本、图片及视频等资源。

(1) 爬虫的分类。根据实现技术的不同,爬虫一般分为4种类型:通用爬虫、聚焦爬虫、增量式爬虫、深层爬虫。实际的网络爬虫系统通常是几种爬虫技术相结合实现的。

① 通用爬虫:又称全网爬虫,爬取目标是整个Web,数据量庞大。这种爬虫对爬取速度和存储要求比较高,主要应用于大型搜索引擎,提供大而全的内容来满足各种不同需求的用户。

② 聚焦爬虫:又称主题爬虫,选择性爬取与预先定义好的主题相关的网页。聚焦爬虫只爬取某些主题的页面,大大节省爬虫运行时所需的网络资源和硬件资源。

③ 增量式爬虫:在爬取网页的时候,只爬取内容发生变化的网页或者新产生的网页,对于未发生内容变化的网页,则不会爬取。它在一定程度上保证所爬取的网页是尽可能新的网页。例如,电影网站会更新热门电影,增量式爬虫监测此网站的电影更新数据,抓取更新后的页面数据。增量式爬虫抓取的数据量变小了,但爬行算法的复杂度和实现难度有所提高。

④ 深层爬虫:爬取目标是互联网中深层页面的数据。网站页面分为表层页面和深层页面,表层页面是指使用超链接可以到达的静态网页为主构成的Web页面。深层页面是指不能通过静态链接获取的、隐藏在搜索表单后的、只有用户提交一些关键词才能获得的Web页面。例如,用户注册后内容才可见的网页就属于深层页面,深层爬虫就是爬取深层页面的内容。

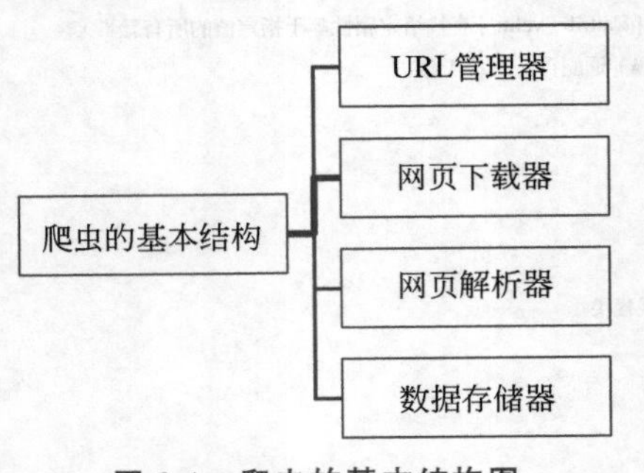

图3-1 爬虫的基本结构图

(2) 爬虫的结构。网络爬虫的主要任务是从网页上抓取目标数据。为了完成这一任务,一个简单的爬虫主要由四个部分组成,分别是URL管理器、网页下载器、网页解析器、数据存储器。爬虫的基本结构如图3-1所示。

① URL管理器:主要功能是存储和获取URL地址以及URL去重。包括待爬取的URL队列和已爬取的URL队列,防止重复抓取URL和循环抓取URL。

爬虫从待抓取的URL队列中读取一个URL,将URL对应的网页下载下来,将URL放进已抓取的URL队列,如果从已下载的网页中解析出其他URL,和已抓取的URL进行比较去重,将不重复的URL放入待抓取的URL队列,从而进入下一个循环。

② 网页下载器:主要功能是下载网页内容。将目标URL地址所对应的网页下载到本地,然后将网页转换成一个字符串。实现HTTP请求功能常用的两个库:urllib库和Requests库。urllib库是Python官方基础模块,可以直接调用。Requests库是一个第三方库,功能丰富,使用方便,本书主要使用Requests库。

③ 网页解析器:主要功能是解析网页内容。将一个网页字符串进行解析,提取出有用的信息。常用的网页解析器有正则表达式、lxml库和Beautiful Soup库。

④ 数据存储器:主要功能是存储数据。将网页解析器提取的信息保存到文件或数据库中。

网页下载器和网页解析器是爬虫的两个核心部分，3.3 节和 3.4 节详细介绍它们的工作过程。

3.2.2　爬虫的工作流程

爬虫的工作流程如图 3-2 所示。

图 3-2　爬虫的工作流程

(1) 发起请求。爬虫首先通过 HTTP 库，向待爬取的 URL 地址对应的目标站点发起请求，即发送 Request，等待服务器响应。

(2) 获取响应。如果服务器正常工作，收到请求后，根据发送内容做出响应，然后将响应内容（response）返回给请求者。返回的内容一般是爬虫要抓取的网页内容，例如 HTML、二进制文件（视频、音频）、文档、JSON 字符串等。

(3) 解析内容。爬虫利用正则表达式、页面解析库（lxml、Beautiful Soup 等）提取目标信息。

(4) 保存数据。解析得到的数据保存到本地，可以以文本、音频、视频等多种形式保存。

3.2.3　爬虫的合法性与 robots 协议

如果一个网站想限制爬虫，一般有两种方式。一种方式是来源审查，即通过 User-Agent 进行限制，只响应某些浏览器或友好爬虫的访问；另一种方式是通过 robots 协议。robots 协议全称为网络爬虫排除协议（robots exclusion protocol），又称为爬虫规则，网站通过 robots 协议告知爬虫程序哪些页面或内容不能被抓取，哪些页面或内容可以被抓取。

robots 协议以文本形式存放于网站根目录下，文件名为 robots.txt（注意均为小写字母）。例如打开浏览器，在地址栏中输入 https://www.baidu.com/robots.txt，就可以看到百度 robots 协议的全部内容，下面列举一部分 robots 协议内容讲解百度设置的爬虫规则。

```
User-agent: Googlebot
Disallow: /baidu
Disallow: /s?
Disallow: /shifen/
Disallow: /homepage/
Disallow: /cpro
Disallow: /ulink?
Disallow: /link?
Disallow: /home/news/data/
Disallow: /bh

User-agent: *
Disallow: /
```

User-agent 用于描述规则对哪些爬虫有效。第一组规则中的 User-agent 是

Googlebot,这是 Google 网页抓取爬虫,也称为信息采集软件,下面列出的规则是针对 Google 爬虫的约束。一般来说,规则由 Allow 和 Disallow 开头,Allow 指定允许访问的网页,Disallow 指定不允许访问的网页。规则是以正斜线“/”开头的特定的网址或模式,例如,Disallow: /baidu 表示不允许爬虫访问网站中名为 baidu 的目录或页面;Disallow: /s? 表示不允许爬虫访问网站中名为“s?”字符串的目录或页面;Disallow: /shifen/表示不允许爬虫访问网站中名为“shifen”的目录及其中的一切;其他规则大家可以自行解释。第二组规则表示所有的爬虫都不能访问的目录(“*”代表所有,“/”代表根目录)。

注意,robots 协议是国际互联网界通行的道德规范,是一个协议,而不是一个命令,不是强制执行,所以需要大家自觉遵守。使用爬虫时严格审查所抓取的内容,如发现涉密信息,应及时停止并删除,避免触碰法律底线。

在大数据时代,人们释放了许多个人隐私信息,带来了一系列问题,例如信息隐私被肆意侵害泄露等。2020 年 7 月,张某通过计算机技术手段入侵了某教育网站的数据库,获取了该网站备份的 12 万余条学生信息,其中包括学生姓名、性别、户籍、身份证号、学历等内容的有效信息 1.8 万余条,并在某论坛上出售这些学生信息。张某非法获取并利用其他公民的相关个人信息,情节尤其严重,构成了非法侵害其他公民的相关个人信息的违法犯罪行为。

从计算机专业技术人员角度来讲,对于大数据的挖掘应该遵守行为规范,加强行业自律,符合伦理道德,不要恶意挖掘用户的信息,尊重个人隐私权。

3.3 网页下载器

网页下载器的主要任务是下载网页内容,那么首先要通过 HTTP 库发起请求,常用库是 urllib 库和 Requests 库。本书主要介绍 Requests 库的使用。

3.3.1 HTTP 的请求信息

爬虫要发起 HTTP 请求,就必须了解 HTTP 的请求信息。一般来说,HTTP 的请求信息包括 3 部分:请求方法、请求头和请求正文。最常用的请求方法是 get 方法和 post 方法。get 方法的作用是请求获取指定页面内容;post 方法向指定网址提交数据,进行处理请求。打开一个网站一般使用 get 方法,如果涉及向网站提交数据,例如登录,就用到了 post 方法。请求头包含客户端的一些信息,例如 User Agent 和 Cookie 等,这些信息经常用于爬虫程序中。

下面打开一个网页,查看浏览器向网站发送的 HTTP 请求。打开 Firefox 浏览器或其他浏览器,在网页空白处右击,在弹出的快捷菜单中选择“检查”,浏览器下方出现子窗口,选择此窗口左侧的“网络”,打开网络监视器。然后在浏览器的地址栏中输入 https://www.baidu.com,可以看到网络监视器中出现很多请求,单击最上面一个请求,右侧出现该请求的详细信息,如图 3-3 所示。这就是当前浏览器向百度服务器发起的 HTTP 请求所包含的信息。

从图 3-3 可以看到,这次 HTTP 请求所用的方法是 get 方法,请求地址为 https://www.baidu.com,状态码为 200,表明请求已经成功。请求头在消息头窗口的下方,其中这

图 3-3 Firefox 浏览器的检查工具

次请求的 User Agent 信息如下：

```
Mozilla/5.0 (Windows NT 6.1; Win64; x64; rv:91.0) Gecko/20100101 Firefox/91.0
```

这个 User Agent 信息表示这次请求的发起者是 Firefox 浏览器，同时显示了浏览器的版本信息。下面列举几个常见的 User Agent 信息。

(1) Mozilla/5.0 (Windows NT 6.1; Win64; x64; rv:91.0) Gecko/20100101 Firefox/91.0。

浏览器名称：Firefox。

浏览器版本号：91.0。

操作系统：Windows。

(2) Mozilla/5.0(Windows NT 6.3; WoW64; Trident/7.0; rv:11.0)like Gecko。

浏览器名称：IE。

浏览器版本号：11。

操作系统：Windows。

(3) Mozilla/5.0(Windows NT 10.0; Win64; x64) appleWebkit/537.36(khtml,like Gecko)chrome/51.0.2704.79 safari/537.36 edge/14.14393。

浏览器名称：Edge。

浏览器版本号：14.14393。

操作系统：Windows。

(4) Mozilla/5.0(compatible; Konqueror/3.5; Linux)KHTML/3.5.5(like Gecko)(Kubuntu)。

浏览器名称：Konqueror。

浏览器版本号：3.5。

操作系统：Kubuntu。

(5) Mozilla/5.0 (X11; Linux i686) AppleWebKit/535.7 (KHTML, like Gecko) Ubuntu/11.04 Chromium/16.0.912.77 Chrome/16.0.912.77 Safari/535.7。

浏览器名称：Chromium。

浏览器版本号：16.0.912.77。

操作系统：Ubuntu。

本节介绍了HTTP请求信息的基本内容，以及在浏览器中检查请求信息的方法，编写爬虫程序时会经常用到这些内容。下面以Requests库为例讲解HTTP请求的实现。

3.3.2 Requests库的安装

Requests库是公认的爬取页面最好的第三方库。它的语法非常简洁，有时可以用一条语句从网页上获取信息。Requests库使用pip安装，命令如下。

```
pip install requests
```

如果已经安装了Anaconda，Requests不需要另行安装，Anaconda默认安装时包含这个库。

安装好Requests库后，在Python开发环境中导入。命令如下。

```
import requests
```

扫一扫

3.3.3 Requests库的请求和响应

Requests库的常用方法如表3-1所示。如果想获取某网址的资源，可以使用get()和head()方法：get()方法获得该网址下的全部资源，head()方法获得该网址页面的头部资源。如果要将资源放到该网址对应的位置上，可以使用post()、put()或patch()方法；如果想删除该网址对应的资源，可以使用delete()方法。这里只介绍本书中用到的get()和head()方法，其他方法读者可查阅相关资料。

表3-1 Requests库的常用方法

方法	说明
requests.request()	构造一个请求，各方法的基础方法
requests.get()	请求获取目标网页资源
requests.head()	请求获取目标网页资源的头部信息
requests.post()	向目标网页提交POST请求
requests.put()	请求向目标网址存储资源
requests.patch()	请求在目标网址进行局部修改
requests.delete()	请求在目标网址删除资源

(1) get()方法。Requests库中get()方法的语法格式如下。

```
requests.get(url,params=None,**kwargs)
```

其中,参数 url 表示目标网页的 URL 链接,params 是以字典或字节流的格式作为参数增加到 URL 中,kwargs 是 12 个控制访问参数,以键值对的形式表示,比较常用的关键字参数是 headers 参数。

① 不带参数的 get()方法。代码如下。

```
r=requests.get("https://www.baidu.com")
print(r.status_code)
```

输出结果为:

```
200
```

上面的代码使用 get()方法获取百度首页,返回了一个包含百度首页内容的响应对象(Response 对象),并赋值给 *r*。

响应对象的属性包括获取本次请求的响应状态、响应头和响应体等信息。例如,在上面的代码中,*r*.status_code 表示响应状态,响应状态码是 200,表示响应成功,404 为找不到页面,502 为服务器错误等。响应对象常用的属性如表 3-2 所示。

表 3-2 响应对象常用的属性

属 性	说 明	属 性	说 明
status_code	HTTP 请求的响应状态	header	响应头信息
text	响应内容的字符串形式	content	响应内容的二进制形式
encoding	响应内容的编码方式以及修改编码		

响应对象的 text 属性可以输出页面内容,encoding 属性可以查看或修改页面的编码形式,例如:

```
r=requests.get("https://www.baidu.com")
print(r.encoding)
print(r.text)
```

输出结果如图 3-4 的(a)图所示,Requests 库使用 ISO-8859-1 解码百度首页的内容,但其中有一些乱码,ISO-8859-1 不能解码其中的某些内容,修改 encoding 属性,使 *r*.text 正常输出网页内容。代码如下。

```
r.encoding='UTF-8'
print(r.encoding)
print(r.text)
```

输出结果如图 3-4 的(b)图所示,这时百度首页内容能够正常输出了,对比两次 *r*.text 的输出结果,出现乱码的原因是中文在 ISO-8859-1 编码方式下不能正常编码。

```
ISO-8859-1
<!DOCTYPE html>
<!--STATUS OK--><html> <head><meta http-equiv=content-type content=text/html;charset=utf-8><meta http-equiv=X-UA-
Compatible content=IE=Edge><meta content=always name=referrer><link rel=stylesheet type=text/css href=https://
ss1.bdstatic.com/5eN1bjq8AAUYm2zgoY3K/r/www/cache/bdorz/baidu.min.css><title>ç™¾åº¦ä¸€ä¸‹ï¼Œä½ å°±çŸ¥é“</title></
head> <body link=#0000cc> <div id=wrapper> <div id=head> <div class=head_wrapper> <div class=s_form> <div
class=s_form_wrapper> <div id=lg> <img hidefocus=true src=//www.baidu.com/img/bd_logo1.png width=270 height=129>
</div> <form id=form name=f action=//www.baidu.com/s class=fm> <input type=hidden name=bdorz_come value=1> <input
type=hidden name=ie value=utf-8> <input type=hidden name=f value=8> <input type=hidden name=rsv_bp value=1>
<input type=hidden name=rsv_idx value=1> <input type=hidden name=tn value=baidu><span class="bg s_ipt_wr"><input
```

(a) ISO-8859-1编码下的网页输出结果

```
UTF-8
<!DOCTYPE html>
<!--STATUS OK--><html> <head><meta http-equiv=content-type content=text/html;charset=utf-8><meta http-equiv=X-UA-
Compatible content=IE=Edge><meta content=always name=referrer><link rel=stylesheet type=text/css href=https://
ss1.bdstatic.com/5eN1bjq8AAUYm2zgoY3K/r/www/cache/bdorz/baidu.min.css><title>百度一下，你就知道</title></head>
<body link=#0000cc> <div id=wrapper> <div id=head> <div class=head_wrapper> <div class=s_form> <div
class=s_form_wrapper> <div id=lg> <img hidefocus=true src=//www.baidu.com/img/bd_logo1.png width=270 height=129>
</div> <form id=form name=f action=//www.baidu.com/s class=fm> <input type=hidden name=bdorz_come value=1> <input
type=hidden name=ie value=utf-8> <input type=hidden name=f value=8> <input type=hidden name=rsv_bp value=1>
<input type=hidden name=rsv_idx value=1> <input type=hidden name=tn value=baidu><span class="bg s_ipt_wr"><input
```

(b) UTF-8编码下的网页输出结果

图 3-4 Response对象的text属性输出页面内容

② 带params参数的get()方法。

如果在百度首页搜索“Python”，搜索结果的URL链接为：

```
https://www.baidu.com/s?ie=UTF-8&wd=Python
```

这个URL中“?”后面有两个参数“ie”和“wd”，分别表示编码形式和搜索关键字。Requests使用params为URL提供这样的参数。params必须是字典形式，例如在百度首页搜索“Python”的URL页面的get()方法编写如下。

```
mypara={'ie':'UTF-8', 'wd':'Python'}
r=requests.get("https://www.baidu.com/s", params=mypara)
print(r.url)
```

输出结果为：

```
https://www.baidu.com/s?ie=UTF-8&wd=Python
```

③ 带headers参数的get()方法。

每一个HTTP请求都包含一个请求头headers，在图3-3中打开百度首页时，本次请求的头部信息headers中记录了请求发起者是Firefox浏览器。很多网站不想让爬虫爬取网站内容，消耗服务器资源，所以设计了反对爬虫策略，最常用的反爬策略就是服务器通过读取headers中的User Agent值来判断访问请求来自于浏览器或其他地址。人们可以使用headers参数自定义请求头信息。headers参数是一个字典形式，示例如下。

```
r=requests.get("https://www.baidu.com")          #不带headers参数的get()方法
print(r.request.headers)                         #查看请求头信息
myheader={'User-Agent': 'Mozilla/5.0 (Windows NT 6.1; Win64; x64; rv:91.0)
Gecko/20100101 Firefox/91.0'}                    #User Agent设置为Firefox浏览器
r=requests.get("https://www.baidu.com", headers=myheader)
                                                 #带headers参数的get()方法
print(r.request.headers)
```

输出结果为：

```
{'User-Agent': 'python-requests/2.23.0', 'Accept-Encoding': 'gzip, deflate',
'Accept': '*/*', 'Connection': 'keep-alive'}
{'User-Agent': 'Mozilla/5.0 (Windows NT 6.1; Win64; x64; rv:91.0) Gecko/20100101
Firefox/91.0', 'Accept-Encoding': 'gzip, deflate', 'Accept': '*/*',
'Connection': 'keep-alive'}
```

可以看出，如果没有修改 headers 中 User Agent 值，User Agent 值是 python-requests，如果传递了 headers 参数到 Requests 请求中，那么请求的头信息被修改为相应值。

(2) head()方法。head()方法主要用于获取 HTML 网页头信息。例如，抓取百度首页的头部信息，示例代码如下。

```
r=requests.head('https://www.baidu.com')
print(r.headers)
```

输出结果为：

```
{'Cache-Control': 'private, no-cache, no-store, proxy-revalidate, no-
transform', 'Connection': 'keep-alive', 'Content-Encoding': 'gzip', 'Content-
Type': 'text/html', 'Date': 'Mon, 19 Sep 2022 09:37:04 GMT', 'Last-Modified':
'Mon, 13 Jun 2016 02:50:01 GMT', 'Pragma': 'no-cache', 'Server': 'bfe/1.0.8.18'}
```

对象 r 是一个响应对象，r.headers 获取响应头信息，也就是拟抓取网页的头信息。返回结果是一个字典，其中包括网页的缓存信息、连接方式、内容编码、内容格式、访问日期等信息。

3.4 网页解析器

从目标网址下载了页面内容后，要从 HTML 源码中提取数据，这就需要对网页进行解析。常用的网页解析工具有正则表达式、lxml 库和 Beautiful Soup 库。正则表达式采用字符串匹配的方式查找目标内容，解析速度快，但语法复杂，如果对解析速度要求比较高的爬虫，可以使用正则表达式。lxml 库支持 HTML 和 XML 的解析，使用 XPath(XML Path Language)，语法简单、解析效率高，推荐新手入门使用。Beautiful Soup 采用 Python 自带的 html.parse 作为解析器，也可以采用 lxml 作为解析器，语法比较简单，但解析速度慢。本节主要讲解 lxml 库以及 XPath 语法。

3.4.1 lxml 库的安装

lxml 不是 Python 的标准库，需要另行安装。使用 pip 安装命令如下。

```
pip install lxml
```

或者用 wheel 文件安装，首先从 http://www.lfd.uci.edu/～gohlke/pythonlibs/#lxml 中下载对应系统版本的 wheel 文件，然后运行如下安装命令。

```
pip install lxml-4.2.1-cp36-cp36m-win_amd64.whl
```

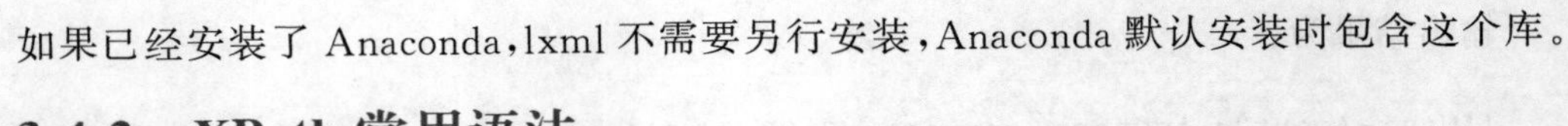

如果已经安装了 Anaconda,lxml 不需要另行安装,Anaconda 默认安装时包含这个库。

扫一扫

3.4.2 XPath 常用语法

XPath 是 XML 的路径语言,可以在 XML 和 HTML 文档中查找内容。XPath 采用了树状结构,提供了非常简明的路径选择表达式。lxml 支持 XPath 语言解析 HTML 文档中的内容,它的大部分功能包含在 lxml.etree 下,所以使用 lxml 时要从 lxml 导入 etree。

XPath 常用语法如表 3-3 所示。

表 3-3 XPath 常用语法

表 达 式	说 明
//	从当前节点选取子孙节点
/	从当前节点选取下一级子节点
..	当前节点的父节点
[@attrib='value']	查找给定属性等于指定值的所有元素
*	通配符,表示任意

下面以一段 HTML 源码为例讲解 XPath 查找并提取文本的语法。

```
from lxml import etree
html_text='''
<body>
<div id='texts'>
    <li class="css1"><a href="text1.html">First text</a></li>
    <li class="css2"><a href="text2.html">Second text </a></li>
    <li class="css3"><a href="text3.html">Third text </a></li>
  </div>
</body>
'''
```

HTML 语言中＜body＞和＜/body＞之间的内容是网页主体,可以从其中提取所需要的信息。例如提取“First text”这段文字,首先给定它在该页面的路径,XPath 就是通过该路径找到文字“First text”,具体代码如下。

(1) 首先将这段源码送入 etree 的 HTML 方法中。代码如下。

```
myelement=etree.HTML(html_text)
print(type(myelement))
```

输出结果为:

```
<class 'lxml.etree._Element'>
```

得到的 myelement 实际上是一个 Element 对象,如果想看到解析的内容,可以使用如下代码。

```
print(etree.tostring(myelement).decode('utf-8'))
```

输出结果为：

```
<class 'lxml.etree._Element'>
<html><body>
<div id="texts">
    <li class="css1"><a href="text1.html">First text</a></li>
    <li class="css2"><a href="text2.html">Second text </a></li>
    <li class="css3"><a href="text3.html">Third text </a></li>
  </div>
</body>
</html>
```

(2) 查找“li”标签。Element 对象 myelement 的 XPath 方法可以查找指定路径，“//”表示从根节点开始查找。

```
li_text=myelement.xpath('//div/li')
print(li_text)
```

输出结果为：

```
<Element li at 0x791c648>, <Element li at 0x950bcc8>, <Element li at 0x950b448>]
```

运行结果是包含 3 个 Element 元素的列表，这是因为 HTML 源码中有 3 个“li”标签。要查找的内容“First text”在第一个“li”标签下，可以使用 li[1]表示，注意 XPath 语法中序号从 1 开始。

(3) 提取文本内容。HTML 源码中“First text”是第一个“li”标签下“a”标签里的文本内容，可以使用 text()获取标签的文本内容。

```
text=myelement.xpath('//div/li[1]/a/text()')
print(text)
```

输出结果为：

```
['First text']
```

输出结果是包含查找文本内容的列表，使用 text[0]即可得到“First text”字符串。

(4) 提取属性值。如果要提取“First text”对应的链接地址“text1.html”，因为链接地址“text1.html”是“a”标签 href 属性的值，可以使用@href 属性获取该链接地址。

```
link_text=myelement.xpath('//div/li[1]/a/@ href')
print(link_text)
```

输出结果为：

```
['text1.html']
```

另外，使用[@attrib='value']可以查找给定属性等于指定值的所有元素，例如第一个“li”标签的路径可以用 li[@class="css1"]，功能等价于 li[1]。使用属性值查找标签比用序号查找更方便些，只要知道标签的属性值，而不用查看这是第几个标签。使用属性值查找方式提取标签文本内容“First text”和链接地址“text1.html”的代码如下。

```
text=myelement.xpath('//div/li[@class="css1"]/a/text()')[0]
print(text)
link_text=myelement.xpath('//div/li[@class="css1"]/a/@href')[0]
print(link_text)
```

输出结果为：

```
First text
text1.html
```

扫一扫

3.4.3 lxml 库应用实例

下面以百度首页为例介绍使用 lxml 库对真实网页源码的解析过程。假设要提取百度首页中的“新闻”一词和它对应的链接地址，lxml 库的使用过程如下。

首先需要了解“新闻”所在的路径。使用 Firefox 浏览器打开百度首页，在页面空白处右击，在弹出的快捷菜单中选择“检查”功能，打开检查窗口，最左端有一个箭头形状的按钮，使用它可以选取页面上的元素，单击箭头按钮，在百度首页上单击“新闻”，这时“查看器”子窗口中就会显示“新闻”在 HTML 源码中的位置，如图 3-5 所示。要想得到“新闻”一词的路径，浏览器提供了一种简便方法：在“查看器”子窗口中突出显示的“新闻”的 HTML 代码上右击，在弹出的快捷菜单中选择“复制”→“XPath”，即可得到“新闻”所对应的 XPath 语法的路径：/html/body/div[1]/div[1]/div[3]/a[1]。这里使用了“div”标签的序号形式来表示路径，即“新闻”一词在 div[1]→div[1]→div[3]目录下。

图 3-5 百度首页的 HTML 源码突出显示“新闻”一词

使用 Firefox 浏览器得到的 XPath 语法路径后，提取百度首页上"新闻"一词和它对应的链接地址代码如下。

```
myheader={'User-Agent': 'Mozilla/5.0 (Windows NT 6.1; Win64; x64; rv:91.0)
Gecko/20100101 Firefox/91.0'}
r=requests.get("https://www.baidu.com", headers=myheader)
myelement=etree.HTML(r.text)
news_link=myelement.xpath('//html/body/div[1]/div[1]/div[3]/a[1]/@href')[0]
news_text=myelement.xpath('//html/body/div[1]/div[1]/div[3]/a[1]/text()')[0]
print(news_link)
print(news_text)
```

输出结果为：

```
http://news.baidu.com
新闻
```

在上面的代码中，XPath 语法的路径使用了"div"标签的序号形式，也可以使用"div"标签的 id 属性值为"s-top-left"查找"新闻"一词所在的路径，例如语句 news_text = myelement.xpath('//div[@id="s-top-left"]/a[1]/text()')[0]的返回值为"新闻"。

值得注意的是，在上面的代码中，发起 Requests 请求时传递了 headers 参数，将 User-Agent 定义为 Firefox 浏览器。如果不设置 User-Agent，"新闻"所在的"div"标签的 id 属性值为"u1"，这时代码需要修改为：

```
r=requests.get("https://www.baidu.com")
r.encoding='UTF-8'          #解析内容能够正常显示汉字
myelement=etree.HTML(r.text)
news_link=myelement.xpath('//div[@id="u1"]/a[1]/@href')[0]
news_text=myelement.xpath('//div[@id="u1"]/a[1]/text()')[0]
print(news_link)
print(news_text)
```

3.5 案例实现

扫一扫

下面以 1.5 节中的综合实战项目为例，从"北京链家网"爬取包括城区名(district)、街道名(street)、小区名(community)、楼层信息(floor)、有无电梯(lift)、面积(area)、房屋朝向(toward)、户型(model)和租金(rent)等租房信息。注意，网站的页面结构可能会被更新，这时需要更新爬虫代码，以适应新的网站结构。例如，当网站结构的标签或 class 发生变化时，需要相应修改 xpath，所以以下代码仅供参考，读者可根据实际网站结构修改。

爬取数据的程序流程图如图 3-6 所示。

(1) 导入库。代码如下。首先导入爬取过程中所需的库，这里仅对库进行简单说明，后面会详细讲解。

```
import csv
import random
import time
import requests
import pandas as pd
from lxml import etree
```

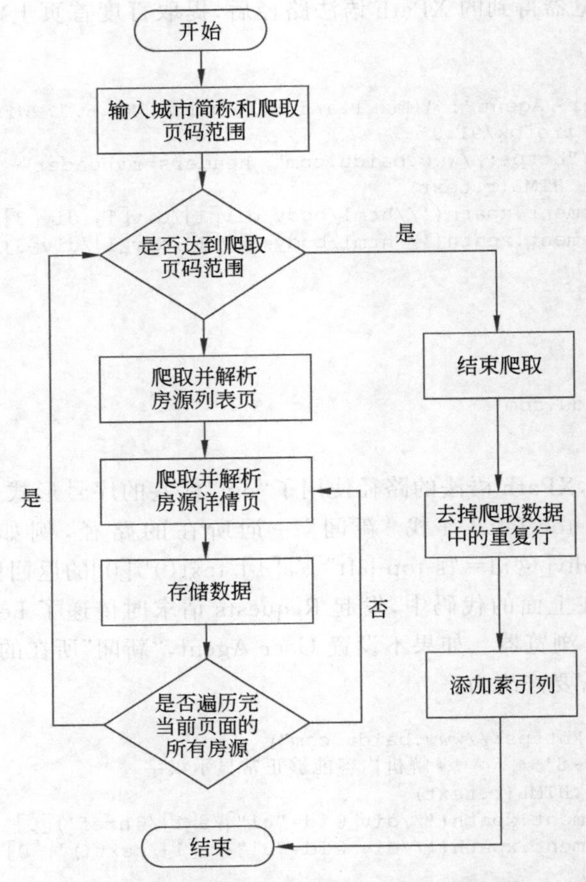

图 3-6 “北京链家网”租房数据爬取流程图

其中，requests 库用于请求指定页面并获取响应，etree 库对返回的页面进行 XPath 解析，以获取指定的数据，random 库和 time 库用于爬取过程中的一些设置，Pandas 库和 csv 库用于处理和保存文件。

(2) 输入“北京链家网”的城市简称和要爬取的房源页面的页码范围。打开租房页面，首先展现的是房源列表页，通过观察不同城市的链家网租房页面的 URL 链接可知，一个房源列表页的 URL 链接主要分为 3 部分：城市的拼音简写、页码和其他相同部分，例如下面给出三个房源列表页的 URL。

```
#北京
https://bj.lianjia.com/zufang/pg4/#contentList
#重庆
https://cq.lianjia.com/zufang/pg5/#contentList
#上海
https://sh.lianjia.com/zufang/pg6/#contentList
```

其中，第一条 URL 中的“bj”表示城市北京的拼音简写，“pg4”表示第 4 页。通过设置房源列表页 URL 的城市拼音简写，除了可以爬取北京的租房数据外，也可以爬取其他城市的租房数据。

本案例使用城市(如 bj)和页码(pg4)的拼音简称构造一条房源列表页的 URL 链接,其中“#contentList”用于页内定位,可以忽略。

(3) 爬取并解析房源列表页。由于本案例拟爬取的房源信息在房源列表页和每一个房源的详情页均有分布,因此首先需要获取每一个房源详情页的 URL 链接。另外,房源列表页中还包含每一个房源所在的地理位置(所在城区、街道和小区)。下面介绍如何对房源列表页的页面信息进行分析,以获得房源详情页的 URL 链接和每一个房源的地理位置。

使用火狐浏览器打开“北京链家网”的租房页面 https://bj.lianjia.com/zufang/,在页面空白位置右击,在弹出的快捷菜单中选择“检查”功能,单击页面最左侧小箭头形状的按钮,随后指向其中的一个房源信息,在“查看器”子窗口中右击蓝色文字的 HTML 代码,选择“复制”→“整体 HTML”,得到如下的 HTML 内容(为简化分析难度,仅保留部分代码)。

```
<div class="content__list">
    <div class="content__list--item">
        <div class="content__list--item--main">
            <p class="content__list--item--title">
                <a class="twoline" target="_blank"
href="/zufang/BJ2840486736310837248.html">
                    整租·长阳国际城二区 3室1厅南/北</a>
            </p>
            <p class="content__list--item--des">
                <a target="_blank" href="/zufang/fangshan/">房山</a>-<a
href="/zufang/changyang1/" target="_blank">长阳</a>-<a
                    title="长阳国际城二区" href="/zufang/c1111053458322/"
target="_blank">长阳国际城二区</a>
                <i>/</i>
                89.00m²
                <i>/</i>南北<i>/</i>
                3室1厅1卫<span class="hide">
            <i>/</i>
            中楼层        (20层)
                </span>
            </p>
        </div>
    </div>
</div>
```

通过观察会发现,房源详情页的 URL 链接包含在<div class="content__list--item">标签中的<a class="twoline">标签的 href 属性中,房源的地理位置(城区名、街道名和小区名)包含在<p class="content__list--item--des">标签中的 3 个“a”标签内。

获得房源的 URL 链接和地理位置的具体过程如下。

① 首先,通过 XPath 获取房源的 URL 链接,路径为//a[@class="content__list--item--aside"]/@href。使用该路径可以获取当前页面中所有 class 属性为“content__list--item--aside”的“a”标签的 href 属性值,得到的结果为当前页面所有房源的 URL 链接列表 detailsUrl。

② 然后，通过 XPath 获取房源的地理位置(城区名、街道名和小区名)，路径为 //p[@class="content__list--item--des"]/a/text()。使用该路径可以获取当前页面中所有 class 属性为“content__list--item--des”的“p”标签下“a”标签的文本内容，得到的结果为当前页面所有房源的地理位置列表 location。需要注意的是，每一个“p”标签下共有 3 个“a”标签，分别对应房源的城区名、街道名和小区名。

③ 最后，通过遍历列表 detailsUrl 和列表 location，将房源详情页 URL 链接和对应的城区名、街道名和小区名存放在字典中。

该部分代码如下。

```
def getPageLines(city, page):
    """
    获取指定城市和页码所在页面中的房源 URL 链接、所在地理位置(district street community),并分别存入 house 字典中
    :param city:城市简称
    :param page:要爬取的页码
    :return:字典列表
    """
    #构造房源列表页的 URL 链接
    URL="https://" + city + ".lianjia.com/zufang/pg"+ str(page)
    #构造房源详情页 URL 链接的公共部分
    baseUrl=URL.split("/")[0] + "//" + URL.split("/")[2]
    #爬取房源列表页,并处理响应信息
    response=requests.get(url=URL)
    #获取页面 HTML,并对其进行解析
    html=response.text
    myelement=etree.HTML(html)
    #提取本页面所有房源的 URL 链接和地理位置
    detailsUrl=myelement.xpath('//a[@class="content__list--item--aside"]/@href')
    location=myelement.xpath('//p[@class="content__list--item--des"]/a/text()')
    detailsUrl = [item for item in detailsUrl if 'zufang' in item]
    #将数据存入字典列表中
    houses=list()
    for i in range(len(detailsUrl)):
        #获取房源详情页的 URL 链接
        detailsLink=baseUrl + detailsUrl[i]
        #获取房源所在地理位置
        lineIndex=i * 3
        district=location[lineIndex]
        street=location[lineIndex + 1]
        community=location[lineIndex + 2]
        #将房源详情页 URL 链接和所在地理位置存入字典
        house={}
        house["detailsLink"]=detailsLink
        house["district"]=district
        house["street"]=street
        house["community"]=community
        houses.append(house)
    return houses
```

(4) 爬取并解析房源详情页。从房源详情页中可以获取房屋楼层、电梯、面积、朝向、户型和租金等信息。在浏览器中打开一个房源详情页，通过火狐浏览器的“检查”功能获取房源详情页面的部分 HTML 源码。房源详情页的部分 HTML 源码如下。

```
<div class="content__aside--title">
    <span>5500</span>元/月
    (季付价)
    <div class="operate-box">……</div>
</div>
<ul class="content__aside__list">
        <li><span class="label">租赁方式: </span>整租</li>
        <li><span class="label">房屋类型: </span>3 室 1 厅 1 卫 89.00m² 精装修</li>
        <li class="floor">
            <span class="label">朝向楼层: </span>
            <span class="">南/北中楼层/20 层</span>
        </li>
        <li>
            <span class="label">风险提示: </span>
            <a href="https://m.lianjia.com/text/disclaimer">用户风险提示</a>
        </li>
        </ul>
    <div class="content__article__info" id="info">
            <h3 id="info">房屋信息</h3>
            <ul>
                <li class="fl oneline">基本信息</li>
                <li class="fl oneline">面积: 89.00m²</li>
                <li class="fl oneline">朝向: 南北</li>
                <li class="fl oneline"> </li>
                <li class="fl oneline">维护: 7 天前</li>
                <li class="fl oneline">入住: 随时入住</li>
                <li class="fl oneline"> </li>
                <li class="fl oneline">楼层: 中楼层/20 层</li>
                <li class="fl oneline">电梯: 有</li>
        …
          </ul>
            …
</div>
```

通过分析该段 HTML 源码可知，房屋租金位于 class 属性为“content__aside--title”的<div>标签下的<span>标签中，房屋户型位于 class 属性为“content__aside__list”的<ul>标签下的第二个“li”标签中，楼层、电梯、面积和朝向 4 个房屋信息都存在于 class 属性为“content__article__info”的<div>标签下的“ul”标签下的“li”标签中。通过 XPath 获取“li”标签中的内容，并对文本内容进行数据清洗，以得到字典类型的目标数据，最后将其存入对应的 house 字典。

获得房源的楼层、电梯、面积、朝向、户型和租金等信息的具体过程如下。

① 在上一步得到的 house 字典中读取房源详情页的 URL 链接，发送请求获取房源详情页面的 HTML 源码，并对其进行解析。

② 通过 XPath 获取房屋租金 rent 和房屋户型 model，得到的结果存入 house 字典。

③ 通过 XPath 获取房屋楼层、电梯、面积和朝向。因为 HTML 内容中解析得到的数据

含有空格,使用 dataCleaning()方法对其进行数据清洗,该方法同时对数据进行类型转换,最终将得到的房屋楼层、电梯、面积和朝向数据存入 house 字典。

至此,所需的数据都保存在 house 字典中,该部分代码如下。

```
def getDetail(house):
    """
    爬取并解析房源详情页的数据,将其存入字典中。
    :param house: 含有房源详情页 URL 链接和地理位置的字典
    :return: 含有案例拟爬取数据的字典
    """
    #读取房源详情页的 URL 链接
    url=house["detailsLink"]
    try:
        agents = ['Mozilla/5.0 (Windows NT 6.1; Win64; x64; rv:91.0) Gecko/
        20100101 Firefox/91.0', 'Mozilla/5.0 (Windows NT 6.3; Wow64; Trident/7.0;
        rv:11.0) like Gecko', 'Mozilla/5.0 (compatible; Konqueror/3.5; Linux)
        KHTML/3.5.5 (like Gecko) (Kubuntu)']
        headers = {"User-Agent": random.choice(agents)}
        time.sleep(random.randint(1,5))
        response=requests.get(url=url, timeout=10)
    except:
        return None,None
    #获取房源详情页面 HTML,并对其进行解析
    myelement=etree.HTML(response.text)
    #获取房屋租金和房屋户型
    house["rent"]=myelement.xpath('//div[@class="content__aside--title"]/
span/text()')[0]
    house["model"]=(myelement.xpath('//ul[@class="content__aside__list"]/li
[2]/text()'))[0].split(" ")[0]
    #获取房屋其他信息:楼层, 电梯, 面积, 朝向
    details=myelement.xpath('//div[@class="content__article__info"]/ul[1]/li/
text()')
    details=dataCleaning(details)
    house["floor"]=details["楼层"]
    house["lift"]=details["电梯"]
    house["area"]=details["面积"]
    house["toward"]=details["朝向"]
    return house,response.status_code
```

在上面的代码中,使用 dataCleaning()函数对一条房屋的信息进行数据清洗,以获取房屋的楼层、电梯、面积和朝向等数据。数据清洗包括两部分:删除数据中的空格'\xa0';将数据由列表类型转换成字典类型,以方便存储。例如,一条房屋信息原本的类型是列表类型:['基本信息','面积:89.00m²','朝向:南','\xa0','维护:5 天前','入住:随时入住','\xa0','楼层:中楼层/28 层','电梯:有','\xa0','车位:暂无数据','用水:暂无数据','\xa0','用电:暂无数据','燃气:有','\xa0','采暖:集中供暖'],经过 dataCleaning()函数后,该房屋类型被转换为字典类型:{'面积':'89.00m²','朝向':'南','维护':'5 天前','入住':'随时入住','楼层':'中楼层/28 层','电梯':'有','车位':'暂无数据','用水':'暂无数据','用电':'暂无数据','燃气':'有','采暖':'集中供暖'}。dataCleaning()函数的具体实现如下。

```
def dataCleaning(details):
    """
    对房屋信息进行清洗
```

```
        :param details: 列表类型,一条房屋信息
        :return: 字典类型,清洗后的房屋信息
        """
        details=details[1:]
        new_details=list()
        for detail in details:
            if detail== "\xa0":
                continue
            detail=str(detail).split(': ')
            new_details.append(detail)
        return dict(new_details)
```

爬取网页时,不可避免会遇到“\xa0”字符串。“\xa0”其实表示空格。“\xa0”属于latin1(ISO/IEC_8859-1)中的扩展字符集字符,代表空白符nbsp(non-breaking space)。latin1字符集可向下兼容ASCII码。

(5) 保存数据。通过Python的内置库CSV实现对字典数据按行保存。该部分代码如下。

扫一扫

```
    def save(row, fileName):
        """
        按行保存数据
        :param row: 字典类型,每一行的数据
        :param fileName: 数据保存的文件名
        """
        with open(fileName, "a+", newline='', encoding='gbk') as f:
            writer=csv.DictWriter(f, fieldnames=fieldnames)
            writer.writerow(row)
```

(6) 主程序。在主函数中,从键盘输入链家网的城市简称和爬取的页码范围,并新建CSV文件,以保存爬取的数据。然后调用上述步骤中的各个函数进行数据爬取。

所有数据爬取完成后,通过第三方库Pandas对数据去除重复行,并在数据中添加一列“ID”作为索引列。至此,爬取任务完成。

该部分代码如下。

```
if __name__ == '__main__':
    city = input("请输入要爬取的城市拼音(如北京: bj,上海: sh): ").strip().lower()
    pageRange=input("请输入要爬取的页码范围(如第 1 页到第 100 页: 1-100): ").strip()
    startPage=int(pageRange.split("-")[0])
    endPage=int(pageRange.split("-")[1]) + 1
    #将爬取的数据保存在 CSV 表
    fileName=city + "_lianJia.csv"
    fieldnames=['floor', 'lift', 'district', 'street', 'community', 'area',
    'toward', 'model', 'rent']
    with open(fileName, "w", newline='') as f:
        #将表头写入 CSV 表
        writer=csv.DictWriter(f, fieldnames=fieldnames)
        writer.writeheader()
    startTime=time.time()
    for page in range(startPage, endPage):
        print("\n--->>正在爬取第" + str(page) + "页")
        houses=getPageLines(city=city, page=page)
        for house in houses:
```

```
                data, statusCode=getDetail(house=house)
                if data== None:
                    continue
                print('响应状态:',statusCode)
                #CSV文件不需要保存链接网址，所以删除detailsLink键值对
                del data["detailsLink"]
                save(data, fileName)
        endTime=time.time()
        print('耗时:', round(endTime - startTime, 2), 's')
        #使用pandas对数据表进行处理
        df=pd.read_csv(fileName, encoding='gbk')
        #删除重复行
        df=df.drop_duplicates()
        index=list()
        for i in range(1, len(df) + 1):
            id="rent" + str(i).zfill(4)
            index.append(id)
        #插入id列
        df.insert(0, "id", index)
        df.to_csv(fileName, index=False, encoding='gbk')
```

扫一扫

3.6 多线程数据获取

如果爬取的数据量比较大，可以采用多线程提高速度。在Python爬虫中导入threading库来创建线程类。多线程可以并发执行，但可能会导致"死锁"等一系列的问题。为了各个线程之间相互协调，使用queue库创建队列，用队列来模拟数据的存取过程，实现多线程的消息管理。

本章案例使用多线程实现的执行过程如下。

(1) 导入相关库。在上一节导入库的基础上再导入两个库，其中，threading用于创建多线程，queue用于创建队列管理数据存取。代码如下。

```
import queue
import threading
```

(2) 封装主程序。对于多线程，原有的主程序已不能满足要求，因此将原有的主程序封装成一个方法，用来爬取指定页码范围的数据，并将每一条数据存入Queue队列。Python的Queue模块提供了同步的、线程安全的队列类，包括FIFO(先入先出)队列Queue、LIFO(后入先出)队列LifoQueue和优先级队列PriorityQueue。这些队列实现了在多线程并发模式下安全地访问数据而不会造成数据共享冲突。该部分代码如下。

```
def run(city,sPage,ePage,name):
    """
    爬取指定页码范围内的数据
    :param city: 城市名
```

```
        :param sPage: 开始爬取的页码
        :param ePage: 结束爬取的页码
        :param name: 线程名称
        """
        #声明全局 Queue 队列变量
        global dataQueue
        for page in range(sPage, ePage+1):
            print("\n["+name+"]--->>正在爬取第" + str(page) + "页")
            houses=getPageLines(city=city, page=page)
            for house in houses:
                data, statusCode=getDetail(house=house)
                if data==None:
                    continue
                print('响应状态:',statusCode)
                dataQueue.put(data)
```

(3) 拆分页码。多线程属于并发执行爬取任务,因此将总的页码拆分成多部分,每一个线程爬取其中一部分页码的数据。

```
def getSplitPages(startPage, endPage,num):
    """
    将总页数平均分成多份,用于多线程数据爬取
    :param startPage:总的起始页码
    :param endPage:总的结束页码
    :param num:每一份包含的页数
    :return: 迭代器,截取一部分的页码列表
    """
    listTemp=list(range(startPage, endPage))
    for i in range(0, len(listTemp), num):
        yield listTemp[i:i + num]
```

(4) 新的主程序。在主程序中,使用 getSplitPages()函数迭代获取页码,通过 threading.Thread()方法创建爬取数据的线程,并将其存入线程列表。当创建完所有线程后,遍历线程列表,启动所有线程,并通过 join()方法控制主线程,等待所有子线程结束后再向下执行。所有子线程结束后,就会从数据队列 dataQueue 中获得爬取的数据,并存入文件中。需要注意的是,变量 number 用于控制每个线程爬取的页码数,当 endPage-startPage<=number 时,getSplitPages()函数只能迭代一次,即相当于单线程执行。当 endPage-startPage>number 时,就会启动多线程进行爬取。该部分代码如下。

```
if __name__ == '__main__':
    city=input("请输入要爬取的城市拼音(如北京: bj,上海: sh): ").strip().lower()
    pageRange=input("请输入要爬取的页码范围(如第 1 页到第 100 页: 1-100): ").strip()
    startPage=int(pageRange.split("-")[0])
    endPage=int(pageRange.split("-")[1]) + 1
    #将爬取的数据保存在 CSV 表
    fileName=city + "_lianJia_th.csv"
    fieldnames=['floor', 'lift', 'district', 'street', 'community', 'area',
    'toward', 'model', 'rent']
```

```
with open(fileName, "w", newline='') as f:
    #将表头写入CSV表
    writer=csv.DictWriter(f, fieldnames=fieldnames)
    writer.writeheader()
startTime=time.time()
#创建队列,用于存放房源数据
dataQueue=queue.Queue()
#标记线程
threadNum=1
#存放生成的多个线程
threadList=list()
for pages in getSplitPages(startPage,endPage,5):
    t=threading.Thread(target=run,args=(city,pages[0],pages[-1],"线程"+
    str(threadNum)))
    threadList.append(t)
    threadNum+=1
#开始所有线程
for t in threadList:
    t.start()
#控制主线程,等待所有子线程结束后再向下执行
for t in threadList:
    t.join()
#从队列中获取数据,并存入文件中
for i in range(dataQueue.qsize()):
    data=dataQueue.get()
    del data["detailsLink"]
    save(data,fileName)
endTime=time.time()
print('耗时:', round(endTime - startTime, 2), 's')
#用pandas对数据表进行处理
df=pd.read_csv(fileName, encoding='gbk')
#删除重复行
df=df.drop_duplicates()
index=list()
for i in range(1, len(df) + 1):
    id="rent" + str(i).zfill(4)
    index.append(id)
#插入id列
df.insert(0, "id", index)
df.to_csv(fileName, index=False, encoding='gbk')
```

3.7 本章知识要点

(1) 根据实现技术的不同,爬虫一般分为4种类型：通用爬虫、聚焦爬虫、增量式爬虫、深层爬虫。

(2) 爬虫的工作流程如下：发起请求,获取响应,解析内容,保存数据。

(3) 爬虫开发者应该遵守robots协议,使用爬虫时严格审查所抓取的内容,避免触碰法

律底线。

(4) 最常用的请求方法是 get 方法和 post 方法。get 方法的作用是请求获取指定页面内容；post 方法向指定网址提交数据，进行处理请求。

(5) 对网页进行解析，有 3 种常用的网页解析工具：正则表达式、lxml 库和 Beautiful Soup 库。

(6) XPath 是 XML 的路径语言，提取信息时需要添加准确的路径。

(7) 在 Python 爬虫中导入 threading 库来创建线程类，可以多线程获取数据。为了各个线程之间相互协调，使用 queue 库创建队列，用队列来模拟数据的存取过程，实现多线程的消息管理。

3.8 习题

1. 填空题

(1) 若想修改/添加 Request 对象中的 headers，可以使用________方法。

(2) ________用于动态地向客户端发送请求。

(3) XPath 即为________路径语言，通过________进行分隔。

(4) 在 XPath 路径规则中，“//”的含义是________。

2. 编程题

(1) 查阅资料，使用 3 种解析方法：正则表达式、lxml 和 Beautiful Soup 在百度新闻网站上获取前 5 条热点要闻，并比较这 3 种方法的运行速度。

(2) 使用所学的知识，结合相关资料，从网址 https://movie.douban.com/top250?start=爬取豆瓣评分前 200 名的电影数据。

第 4 章 科学计算库(Numpy)

Numpy(Numerical Python)是 Python 支持科学计算的扩展库,支持多维数组与矩阵运算,并针对数组运算提供了各种函数,可以非常方便、灵活地实现数组操作。本章重点介绍数组的基本操作及其相关运算,为学习和理解数据分析和机器学习奠定基础。

为了能够直观地展现程序的输出结果,本章代码在 IDLE 中演示。

本章学习目标

- 理解 Numpy 的数组对象 ndarray。
- 掌握 Numpy 数组的创建、索引及切片。
- 掌握数组的修改、排序、合并与分割等操作。
- 掌握数组的相关运算。
- 掌握矩阵的创建方法。
- 掌握矩阵的方差、协方差及相关系数等的计算方法。
- 理解可逆矩阵以及逆矩阵的计算。
- 掌握 Numpy 应用案例的实现方法。

本章思维导图

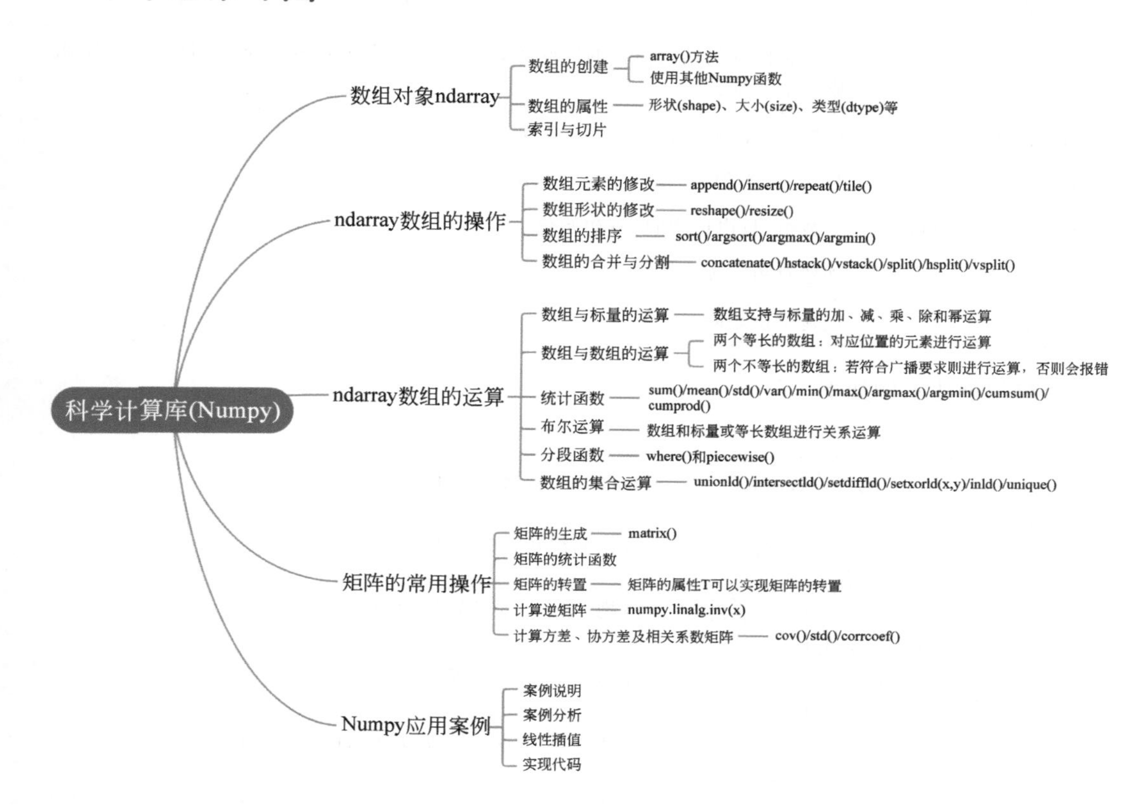

4.1　数组对象 ndarray

数组对象 ndarray 是 Numpy 用来存储若干数据的数据存储器，实现数据的批量运算。和其他编程语言一样，Python 要求数组中每个元素的类型是相同的。

4.1.1　数组的创建

扫一扫

首先导入扩展库 Numpy。代码如下。

```
import numpy as np
```

在 Numpy 中，可以使用多种函数创建数组，常用的函数如表 4-1 所示。

表 4-1　创建数组的函数及说明

函　数	说　明
array	将输入数据(列表、元组等序列类型)转换为数组
arange	类似于 range 函数，返回一个数组

续表

函　数	说　明
linspace、logspace	在起始位置到结束位置的区间均匀地产生指定个数的数字,并将这些数字组成一个一维数组
zeros、zeros_like	根据指定的形状创建一个全0数组
ones、ones_like	与zeros类似,创建一个全1数组
empty、empty_like	空数组,只申请空间,不初始化
diag	创建对角矩阵
identity	创建单位矩阵

数组的创建示例如下。

```
>>> import numpy as np
>>> np.array([1, 2, 3, 4])              #把列表转换为数组
array([1, 2, 3, 4])
>>> np.array((1, 2, 3, 4))              #把元组转换为数组
array([1, 2, 3, 4])
>>> np.array(range(0, 10, 2))           #把 range 对象转换为数组
array([0, 2, 4, 6, 8])
>>> np.arange(5)                        #与 range()函数类似
array([0, 1, 2, 3, 4])
>>> np.linspace(1, 6, 5)                #在 1 到 6 的区间内均匀产生 5 个数字
array([1., 2.25, 3.5, 4.75, 6.  ])
>>> np.logspace(1, 10, 5, base=2) #相当于 2**np.linspace(1, 10, 5)
array([2., 9.51365692, 45.254834, 215.2694823, 1024.])
>>> np.zeros(5)                         #全 0 一维数组
array([0., 0., 0., 0., 0.])
>>> np.ones(5)                          #全 1 一维数组
array([1., 1., 1., 1., 1.])
>>> np.zeros((2, 4))                    #全 0 二维数组,2 行 4 列
array([[0., 0., 0., 0.],
       [0., 0., 0., 0.]])
>>> np.ones((3,4))                      #全 1 二维数组
array([[1., 1., 1., 1.],
       [1., 1., 1., 1.],
       [1., 1., 1., 1.]])
>>> np.identity(3)                      #单位矩阵
array([[1., 0., 0.],
       [0., 1., 0.],
       [0., 0., 1.]])
>>> np.diag([1, 2, 3])                  #对角矩阵
array([[1, 0, 0],
       [0, 2, 0],
       [0, 0, 3]])
>>> np.empty((2,3))                     #空数组,只申请空间,不初始化,其中的元素不一定为 0
```

```
array([[0., 0., 0.],
       [0., 0., 0.]])
>>> np.random.randint(1,20,5)            #1 到 20 的 5 个随机整数
array([3, 8, 6, 9, 6])
>>> np.random.randint(1,10,(3,5))        #1 到 10 的随机整数数组,3 行 5 列
array([[2, 6, 4, 4, 8],
       [5, 4, 5, 7, 1],
       [8, 1, 2, 3, 4]])
>>> np.random.random((3, 5))             #0 到 1 的随机数组,3 行 5 列
array([[0.97193897, 0.19451, 0.2720244, 0.18779401, 0.89332038],
       [0.05986962, 0.49417909, 0.37561546, 0.30350458, 0.41268777],
       [0.2899987, 0.44701718, 0.20960441, 0.35545274, 0.61696751]])
>>> np.random.standard_normal(3)         #随机生成标准正态分布数字
array([-0.11601936,  0.4715842,  0.61204083])
```

4.1.2 数组的属性

扫一扫

Numpy 数组对象的属性主要有形状(shape)、大小(size)、类型(dtype)等,具体如表 4-2 所示。

表 4-2 数组的属性

属性	说明	属性	说明
shape	数组的形状,n 行 m 列	ndim	数组的维度
size	数组的大小,数组所包含的元素个数	itemsize	数组中每个元素所占的字节数
dtype	数组中元素的类型	flags	数组对象的内存信息

关于数组属性的使用,示例如下。

```
>>> arr=np.array([[1, 2, 3], [4, 5, 6]])   #创建二维数组
>>> arr
array([[1, 2, 3],
       [4, 5, 6]])
>>> arr.ndim                               #获取数组的维数
2
>>> arr.shape                              #获取数组的形状
(2, 3)
>>> arr.size                               #获取数组的长度,即数组中元素的个数
6
>>> arr.dtype                              #获取数组元素的类型
dtype('int32')
>>> arr.itemsize                           #获取数组元素所占的字节数
4
```

4.1.3 索引与切片

扫一扫

Numpy 中通过数组的索引和切片进行数据元素的选取。数组的索引和切片与列表的

语法类似。示例如下。

```
>>> arr=np.array(range(10))          #创建一维数组
>>> arr
array([0, 1, 2, 3, 4, 5, 6, 7, 8, 9])
>>> arr[4]                           #取下标为 4 的元素
4
>>> arr[-1]                          #取最后一个元素
9
>>> arr[2:5]                         #取下标 2 到 4 的元素
array([2, 3, 4])
>>> arr[::-1]                        #反向切片
array([9, 8, 7, 6, 5, 4, 3, 2, 1, 0])
>>>arr[::3]                          #隔两个取一个
array([0, 3, 6, 9])
>>> arr=np.array([[1,2,3,4],[5,6,7,8], [9,10,11,12]])     #创建二维数组
>>> arr
array([[1,  2,  3,  4],
       [5,  6,  7,  8],
       [9, 10, 11, 12]])
>>> arr[2,:]                         #取行下标为 2 的元素
array([9, 10, 11, 12])
>>> arr[:,1]                         #取列下标为 1 的元素
array([2, 6, 10])
>>> arr[1, 2:4]                      #取行下标为 1 列下标 2 到 3 的元素
array([7, 8])
```

多维数组中每一个维度都有一个索引,各个维度的索引之间用逗号分隔。

4.2 ndarray 数组的操作

扫一扫

4.2.1 数组元素的修改

Numpy 提供了多种修改数组元素值的方法,其中,append()函数是在数组末尾追加元素并返回新数组;insert()函数是插入元素并返回新数组,可以设定插入的位置。注意,append()函数和 insert()函数都是生成新数组,不会改变原数组。除此之外,还可以用下标的方式直接修改数组中一个或多个元素的值。示例如下。

```
>>> arr=np.arange(0,12,2)        #创建一维数组
>>> arr
array([0,  2,  4,  6,  8, 10])
>>> np.append(arr,12)            #在尾部追加一个元素,返回新数组
array([0,  2,  4,  6,  8, 10, 12])
>>> np.append(arr,[14,16,18]) #在尾部追加多个元素,返回新数组
array([0,  2,  4,  6,  8, 10, 14, 16, 18])
>>> np.insert(arr,3,12)          #在原数组下标为 3 的位置上插入 12,返回新数组
array([0,  2,  4, 12,  6,  8, 10])
>>> arr                          #上述添加元素的操作返回新数组,原数组不变
```

```
array([0,  2,  4,  6,  8, 10])
>>> arr[1]=12                              #使用下标修改数组,原数组发生改变
>>> arr
array([0, 12, 4, 6, 8, 10])
>>> arr[3:]=12                             #使用切片修改多个元素值
>>> arr
array([0, 12, 4, 12, 12, 12])
```

使用下标和切片修改元素值的操作可以参考 4.1.3 小节中索引和切片的使用练习,此处不再赘述。

同时,Numpy 还提供了数组对象的 repeat()方法和 numpy.tile()函数实现数组元素的复制,返回新数组,其中 repeat()方法对数组的元素进行连续重复复制,而 tile()函数则对整个数组进行复制拼接。示例如下。

```
>>> arr=np.array([[1, 2], [3, 4]])
>>> arr
array([[1, 2],
       [3, 4]])
>>> arr.repeat(2)                          #按元素复制
array([1, 1, 2, 2, 3, 3, 4, 4])
>>> arr.repeat(2, axis=0)                  #按照行复制
array([[1, 2],
       [1, 2],
       [3, 4],
       [3, 4]])
>>> arr.repeat(2, axis=1)                  #按照列复制
array([[1, 1, 2, 2],
       [3, 3, 4, 4]])
>>> arr=np.array([1, 2])
>>> arr
array([1, 2])
>>> np.tile(arr, 2)                        #整体复制 2 次
array([1, 2, 1, 2])
>>> np.tile(arr, (3, 2))                   #整体复制 3 行,每行复制 2 次
array([[1, 2, 1, 2],
       [1, 2, 1, 2],
       [1, 2, 1, 2]])
```

4.2.2 数组形状的修改

扫一扫

Python 中数组的形状是可以改变的,对于定义好的数组,Numpy 提供了 reshape()和 resize()两个函数来修改数组的形状,其中,reshape()函数可以改变数组形状,但不能改变原数组中元素的总数量,而 resize()函数不但可以改变数组形状,还可以改变原数组中元素的总数量,并且会根据需要补充和舍弃部分元素。另外,数组的 shape 属性也可以直接修改数组的形状。示例如下。

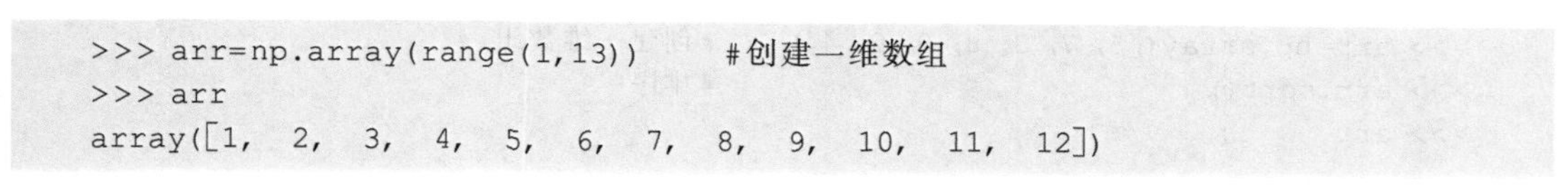

```
>>> arr=np.array(range(1,13))      #创建一维数组
>>> arr
array([1,  2,  3,  4,  5,  6,  7,  8,  9,  10,  11,  12])
```

```
>>> arr.shape=2, 6              #使用 shape 属性将数组改为 2 行 6 列
>>> arr
array([[1,  2,  3,  4,  5,  6],
       [7,  8,  9,  10,  11,  12]])
>>> arr=np.array(range(1,13))
>>> arr.reshape(2, 6)           #使用 reshape()改变数组形状,返回新数组
array([[1,  2,  3,  4,  5,  6],
       [7,  8,  9,  10,  11,  12]])
>>> arr
array([1,  2,  3,  4,  5,  6,  7,  8,  9,  10,  11,  12])
>>> arr.reshape(2, 5)           #reshape()不能改变元素个数
Traceback(most recent call last):
  File "<pyshell#7>", line 1, in <module>
    arr.reshape(2, 5)
ValueError: cannot reshape array of size 12 into shape (2,5)
>>> arr=np.array(range(1,13))
>>> arr.resize((2,5))           #resize()修改数组形状并舍弃了部分元素
>>> arr                         #直接修改原数组
array([[1,  2,  3,  4,  5],
       [6,  7,  8,  9, 10]])
```

注意:上面的代码使用了数组对象的 resize()方法,即 arr.resize()方法修改数组形状,除此之外,Numpy 库还包含一个 resize()函数用于修改数组形状。这两种方法有所不同:如果新数组的元素个数大于原数组,数组对象.resize()使用 0 补全,numpy.resize()使用原数组按顺序填充。示例如下。

```
>>> arr=np.array(range(1,7))    #原数组的元素个数为 6
>>> arr.resize((2,5))           #使用数组对象.resize()修改数组
>>> arr                         #使用 0 补全
array([[1, 2, 3, 4, 5],
       [6, 0, 0, 0, 0]])
>>> arr=np.array(range(1,7))
>>> np.resize(arr, (2,5))       #使用 numpy.resize()修改数组
array([[1, 2, 3, 4, 5],
       [6, 1, 2, 3, 4]])
```

扫一扫

4.2.3 数组的排序

Numpy 的 sort()方法和 argsort()方法可以实现数组的排序,sort()方法直接对原数组进行排序,该方法改变原始数组,argsort()方法返回一个新数组,其中的每个元素是原数组中元素的索引,不改变原始数组。Numpy 还提供了 argmax()方法和 argmin()方法,用来返回数组中最大值和最小值元素的下标。示例如下。

```
>>> arr=np.array([5, 7, 3, 8, 9, 2, 4])    #创建一维数组
>>> arr.sort()                             #排序
>>> arr
```

```
array([2, 3, 4, 5, 7, 8, 9])
>>> arr=np.random.randint(1, 10, (2, 5))          #创建二维数组
>>> arr
array([[8, 7, 2, 4, 7],
       [3, 2, 4, 5, 9]])
>>> arr.sort(axis=1)                 #横向排序,默认为横向排序,axis=0 为纵向排序
>>> arr
array([[2, 4, 7, 7, 8],
       [2, 3, 4, 5, 9]])
>>> arr=np.array([3, 5, 1, 6])  #创建一维数组
>>> arr.argsort()                    #返回排序后元素在原数组中的下标
array([2, 0, 1, 3], dtype=int64)
>>> arr[_]                  #使用 argsort()函数的结果作为下标,获取数组中对应位置的元素
array([1, 3, 5, 6])
>>> arr.argmax(),arr.argmin() #返回最大值和最小值的下标
(3, 2)
```

4.2.4　数组的合并与分割

扫一扫

Numpy 提供了用于实现数组合并与分割的方法。例如,concatenate()函数是最常用的数组合并方法,其参数 axis 用来指定沿哪个方向或维度进行合并。split()函数将一个数组进行分割。Numpy 常用的数组合并与分割的方法如表 4-3 所示。

表 4-3　数组合并与分割函数及说明

函　数	说　明
concatenate	沿指定方向对数组进行合并,参数 axis=0 为行方向,axis=1 为列方向
hstack、vstack	从水平或垂直方向实现数组的合并,并返回新数组
split	沿指定方向对数组进行分割,参数设置与 concatenate 相同
hsplit、vsplit	从水平或垂直方向实现数组的分割,并返回新数组

示例如下。

```
>>> arr1=np.arange(6).reshape(3, 2)
>>> arr1
array([[0, 1],
       [2, 3],
       [4, 5]])
>>> arr2=np.array([[2, 2], [3, 3], [4, 4]])
>>> arr2
array([[2, 2],
       [3, 3],
       [4, 4]])
>>> np.concatenate((arr1, arr2), axis=0)       #按行进行合并
array([[0, 1],
       [2, 3],
       [4, 5],
```

```
        [2, 2],
        [3, 3],
        [4, 4]])
>>> np.concatenate((arr1, arr2), axis=1)    #按列进行合并
array([[0, 1, 2, 2],
       [2, 3, 3, 3],
       [4, 5, 4, 4]])
>>> arr3=np.array([1, 2, 3])
>>> arr4=np.array([4, 5, 6])
>>> np.hstack((arr3, arr4))                 #水平合并
array([1, 2, 3, 4, 5, 6])
>>> np.vstack((arr3, arr4))                 #垂直合并
array([[1, 2, 3],
       [4, 5, 6]])
>>> arr=np.arange(16).reshape(4, 4)
>>> arr
array([[0,  1,  2,  3],
       [4,  5,  6,  7],
       [8,  9, 10, 11],
       [12, 13, 14, 15]])
>>> np.split(arr,2)                         #平均分割原数组为 2 个数组
[array([[0, 1, 2, 3], [4, 5, 6, 7]]),
 array([[8,  9, 10, 11], [12, 13, 14, 15]])]
>>> np.hsplit(arr, 2)                       #横向分割
[array([[0,  1],
        [4,  5],
        [8,  9],
        [12, 13]]),
 array([[2,  3],
        [6,  7],
        [10, 11],
        [14, 15]])]
>>> np.vsplit(arr, 2)                       #纵向分割
[array([[0, 1, 2, 3],
        [4, 5, 6, 7]]),
 array([[8,  9, 10, 11],
        [12, 13, 14, 15]])]
```

4.3 ndarray 数组的运算

4.3.1 数组与标量的运算

扫一扫

Numpy 的数组支持与标量的加、减、乘、除和幂运算，计算结果为一个新数组，新数组的每个元素为标量与原数组中每个元素运算的结果。但标量在前和在后的计算方法是不同的。示例如下。

```
>>> arr=np.arange(1,6)            #创建数组
>>> arr
array([1,  2,  3,  4,  5])
>>> arr * 3                       #数组与数值相乘,返回新数组
array([3,  6,  9,  12,  15])
>>> arr/2                         #数组与数值相除
array([0.5, 1., 1.5, 2., 2.5])
>>> 2/arr                         #分别计算 2/1、2/2、2/3、2/4、2/5 的值
array([2., 1., 0.66666667, 0.5, 0.4 ])
>>> arr//2                        #整除
array([0,  1,  1,  2,  2], dtype=int32)
>>> 10//arr
array([10,  5,  3,  2,  2], dtype=int32)
>>> arr**3                        #幂运算
array([1,  8,  27,  64,  125], dtype=int32)
>>> 3**arr
array([3,  9,  27,  81,  243], dtype=int32)
```

4.3.2 数组与数组的运算

扫一扫

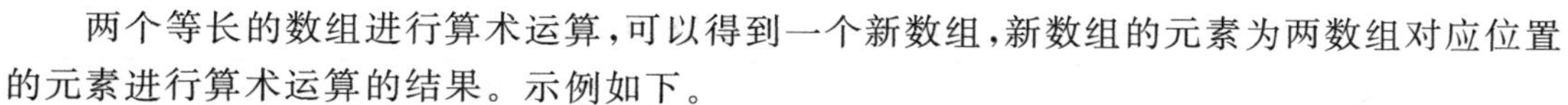

两个等长的数组进行算术运算,可以得到一个新数组,新数组的元素为两数组对应位置的元素进行算术运算的结果。示例如下。

```
>>> arr1=np.array([1, 2, 3, 4])
>>> arr2=np.array([5, 6, 7, 8])
>>> arr1+arr2                     #等长数组相加
array([6,  8,  10,  12])
>>> arr1 * arr2                   #等长数组相乘
array([5,  12,  21,  32])
>>> arr2//arr1                    #等长数组整除
array([5,  3,  2,  2],  dtype=int32)
>>> arr2**arr1                    #等长数组的幂运算
array([5,  36,  343,  4096],  dtype=int32)
```

两个形状不同的数组进行运算,若符合广播要求,则进行运算,否则会报错。广播的实现原理是形状较小的数组在较大的数组上"广播",扩展成与较大数组一样的形状,以便它们具有兼容的形状。广播计算得到的输出数组的形状是输入数组形状的各个维度上的最大值。并不是所有的数组间都能进行广播,两个形状不同的数组能够进行广播,当且仅当它们满足以下条件:它们的维度信息按尾部对齐后是相等的,或者其中之一的维度大小是1。示例如下。广播后,数组 arr1 被扩展为[[1,2,3,4],[1,2,3,4]],与 arr2 维度匹配了,再进行对应的计算。

```
>>> arr1=np.array([1, 2, 3, 4])
>>> arr1.shape
(4,)
>>> arr2=np.array([[1,2,3,4],[5,6,7,8]])
>>> arr2.shape
```

```
(2, 4)
>>> arr1 * arr2                    #arr1.shape与arr2.shape的最后一个值相等,可以进行广播
array([[1,  4,  9, 16],
       [5, 12, 21, 32]])
```

Numpy还提供了dot()函数计算两个数组的内积(即两个等长数组中对应位置元素的乘积之和),同时也可以利用数组对象的dot()方法计算和另一个数组的内积。示例如下。

```
>>> arr1=np.array([1,2,3,4])
>>> arr2=np.array([5,6,7,8])
>>> np.dot(arr1,arr2)          #计算两个数组arr1和arr2的内积
70
>>> arr1.dot(arr2)             #计算数组arr1与数组arr2的内积
70
```

扫一扫

4.3.3 统计函数

为了方便数据分析与处理,Numpy提供了大量的统计分析函数,常用的有sum()、mean()、std()、var()、min()、max()等,具体函数及功能如表4-4所示。

表4-4 Numpy常用的统计函数

函 数	说 明
sum	对数组中全部或某轴向的元素求和。零长度的数组的sum为0
mean	计算算术平均数。零长度的数组的mean为NaN
std、var	计算标准差、方差,自由度可调
max、min	计算最大值、最小值
argmax、argmin	计算最大值、最小值的索引
cumsum	计算所有元素的累计和
cumprod	计算所有元素的累计积

利用统计函数对二维数组进行操作时,要注意计算的方向,axis=0表示计算每一列的值,axis=1表示计算每一行的值,默认是对所有元素进行计算。示例如下。

```
>>> arr=np.arange(12).reshape(3,4)
>>> arr
array([[0,  1,  2,  3],
       [4,  5,  6,  7],
       [8,  9,  10,  11]])
>>> np.sum(arr)         #求和
66
>>> np.mean(arr)        #求均值
5.5
>>> np.std(arr)         #标准差
3.452052529534663
>>> np.var(arr)         #方差
```

```
11.916666666666666
>>> np.max(arr)                        #求最大值
11
>>> np.mean(arr,axis=1)                #计算每一行数组元素的平均值
array([1.5,  5.5,  9.5])
>>> np.mean(arr,axis=0)                #计算每一列数组元素的平均值
array([4.,  5.,  6.,  7.])
>>> np.cumsum(arr)                     #对所有元素累计求和
array([0, 1, 3, 6, 10, 15, 21, 28, 36, 45, 55, 66], dtype=int32)
>>> arr=np.array([[1, 2], [3, 4], [5, 6]])
>>> np.cumprod(arr)                    #对所有元素累计求积
array([1, 2, 6, 24, 120, 720], dtype=int32)
```

4.3.4　布尔运算

扫一扫

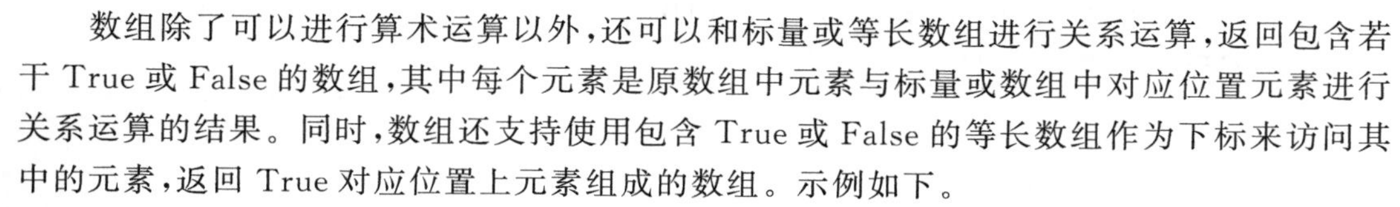
数组除了可以进行算术运算以外,还可以和标量或等长数组进行关系运算,返回包含若干 True 或 False 的数组,其中每个元素是原数组中元素与标量或数组中对应位置元素进行关系运算的结果。同时,数组还支持使用包含 True 或 False 的等长数组作为下标来访问其中的元素,返回 True 对应位置上元素组成的数组。示例如下。

```
>>> arr=np.random.randint(1, 10,size=(1, 8))
>>> arr
array([[4, 3, 6, 4, 1, 7, 8, 6]])
>>> arr>5                              #判断数组中每个元素是否大于 5
array([[False, False, True, False, False, True, True, True]])
>>> arr[arr<5]                         #获取数组中小于 5 的元素
array([4, 3, 4, 1])
>>> np.sum(arr>7)                      #统计数组中大于 7 的元素个数
1
>>> np.all(arr>5)                      #判断数组中所有元素是否都大于 5
False
>>> np.any(arr<10)                     #判断数组中是否存在小于 10 的元素
True
>>> arr[(arr>5)&(arr% 2!=0)]           #获取数组中大于 5 的奇数
array([7])
>>> arr1=np.array([1, 2, 4])
>>> arr2=np.array([3, 5, 6])
>>> arr1<arr2                          #判断两个数组对应位置元素的大小
array([True,True,True])
>>> arr1==arr2                         #判断两个数组对应位置元素是否相等
array([False, False, False])
>>> arr1[arr1!=arr2]                   #获取两个数组中对应位置不相等的元素
array([1, 2, 4])
```

4.3.5　分段函数

扫一扫

Numpy 的 where()和 piecewise()可以实现分段函数,其中,where()函数适合对数组中的元素进行“二值化”操作,piecewise()函数实现更加复杂的分段函数。

where()函数的语法格式如下。

```
where(condition, [x,y])
```

where()函数根据数组中元素是否满足 condition 条件,返回 x 或者 y。

piecewise()函数的语法格式如下。

```
piecewise(x, condlist, funclist, *args, **kw)
```

示例如下。

```
>>> arr=np.random.randint(10, 20,size=(1, 12))
>>> arr
array([[19, 15, 15, 16, 10, 17, 15, 15, 12, 14, 19, 12]])
>>> np.where(arr>15, 1, 0)   #数组中大于 15 的元素对应取值 1,其他对应取值 0
array([[1, 0, 0, 1, 0, 1, 0, 0, 0, 0, 1, 0]])
>>> arr.resize((3, 4))
>>> arr
array([[19, 15, 15, 16],
       [10, 17, 15, 15],
       [12, 14, 19, 12]])
>>> np.piecewise(arr, [arr<15, arr>18], [-1, 1])
              #数组中小于 15 的元素对应取值-1,大于 18 的对应取值 1,其他元素对应取值 0
array([[1,  0,  0,  0],
       [-1,  0,  0,  0],
       [-1,  -1,  1,  -1]])
```

扫一扫

4.3.6 数组的集合运算

Numpy 可以实现数组的集合运算,实际上是借助一维数组来实现集合的并、交、差、对称差集等相关运算,具体的实现函数和说明如表 4-5 所示。

表 4-5 数组的集合运算函数

函数	说明
union1d(x,y)	计算 x 和 y 的并集,并返回有序结果
intersect1d(x,y)	计算 x 和 y 的交集,并返回有序结果
setdiff1d(x,y)	计算 x 与 y 的差集
setxor1d(x,y)	计算 x 与 y 的对称差集
in1d(x,y)	计算 x 的各元素是否包含在 y 中,返回一个布尔值数组
unique(x)	计算 x 中的唯一元素,并返回有序结果

示例如下。

```
>>> x=np.array([1, 5, 3, 5, 1, 4, 1, 6, 3])
>>> y=np.array([1, 5, 4])
```

```
>>> np.union1d(x, y)                  #求 x 与 y 的并集
array([1, 3, 4, 5, 6])
>>> np.intersect1d(x, y)              #求 x 与 y 的交集
array([1, 4, 5])
>>> np.setdiff1d(x, y)                #计算 x 与 y 的差集
array([3, 6])
>>> np.in1d(x, y)                     #求 x 各元素是否包含于 y 中
array([True, True, False, True, True, True, True, False, False])
>>> np.unique(x)                      #去掉数组中重复的元素
array([1, 3, 4, 5, 6])
```

4.4 矩阵的常用操作

矩阵和二维数组在形式上是类似的,但矩阵和数组还是有本质区别的。矩阵是数学中的概念,而数组只是一种数组存储方式;矩阵中只能包含数字,而数组中可以存放任意类型的数据;矩阵必须是二维的,而数组可以是任意维的;很多矩阵中的运算规则和数组也是不一样的。

4.4.1 矩阵的生成

Numpy 的 matrix()函数可以将列表、元组、range 对象等转换为矩阵。示例如下。

```
>>> import numpy as np
>>> x=np.matrix([[1,2,3],[4,5,6],[7,8,9]])        #列表转换为矩阵
>>> x
matrix([[1, 2, 3],
        [4, 5, 6],
        [7, 8, 9]])
>>> y=np.matrix([(1,2,3),(4,5,6)])                #元组转换为矩阵
>>> y
matrix([[1, 2, 3],
        [4, 5, 6]])
>>> z=np.matrix(range(5))                         #range 对象转换为矩阵
>>> z
matrix([[0, 1, 2, 3, 4]])
>>> x[2,1]                                        #返回行下标为 2 列下标为 1 的元素
8
```

4.4.2 矩阵的统计方法

Numpy 为矩阵提供了 max()、min()、sum()、mean()等方法,用来求矩阵的最大值、最小值、和、平均值等,具体说明如表 4-6 所示。

表 4-6 矩阵的统计方法

方　法	说　明
max、min	返回整个矩阵、行或列的最大、最小元素
sum	求整个矩阵、行或列元素的和
mean	求整个矩阵、行或列元素的平均值
argmax、argmin	返回整个矩阵、行或列的最大值、最小值下标
median	求整个矩阵、行或列的中值
diagonal	返回矩阵对角线元素
nonzero	返回矩阵非零元素下标,包括行下标和列下标

在以上矩阵函数中,都支持用参数 axis 来指定计算的方向,axis=1 表示计算每一行的值,axis=0 表示计算每一列的值。如果不指定 axis 参数,则对矩阵平铺后的所有元素进行操作。示例如下。

```
>>> import numpy as np
>>> x=np.matrix([[0,2,3,4],[5,6,7,8],[9,10,11,12]])
>>> x.max()                              #求所有元素的最大值
12
>>> x.max(axis=1)                        #求每一行数组元素的最大值
matrix([[4],
        [8],
        [12]])
>>> x.min(axis=0)                        #求每一列数组元素最小值
matrix([[0, 2, 3, 4]])
>>> x.sum()                              #求所有元素的和
77
>>> x.argmax(axis=1)                     #求每一行数组元素最大值的下标
matrix([[3],
        [3],
        [3]], dtype=int64)
>>> x.diagonal()                         #求对角线元素
matrix([[0, 6, 11]])
>>> x.nonzero()                          #求非 0 元素下标,返回对应的行下标和列下标
(array([0, 0, 0, 1, 1, 1, 1, 2, 2, 2, 2], dtype=int64),
array([1, 2, 3, 0, 1, 2, 3, 0, 1, 2, 3], dtype=int64))
```

4.4.3 矩阵的转置

矩阵的转置是指矩阵的行列互换以后得到的新矩阵,在 Numpy 中,矩阵的属性 T 可以实现矩阵的转置,示例如下。

```
>>> import numpy as np
>>> x=np.matrix([[1,2,3],[4,5,6]])    #生成矩阵
```

```
>>> x
matrix([[1, 2, 3],
        [4, 5, 6]])
>>> x.T                              #矩阵转置
matrix([[1, 4],
        [2, 5],
        [3, 6]])
```

4.4.4 计算逆矩阵

Numpy 的线性代数子模块 linalg 提供了函数 inv(),用来计算矩阵的逆矩阵,要求参数必须是可逆矩阵。示例如下。

```
>>> import numpy as np
>>> x=np.matrix([[1,2,3],[4,5,6],[7,8,0]])
>>> x
matrix([[1, 2, 3],
        [4, 5, 6],
        [7, 8, 0]])
>>> y=np.linalg.inv(x)               #计算逆矩阵
>>> y
matrix([[-1.77777778,  0.88888889, -0.11111111],
        [1.55555556, -0.77777778,  0.22222222],
        [-0.11111111,  0.22222222, -0.11111111]])
>>> x*y                              #矩阵相乘,直接计算单位矩阵,对角线元素为 1,其他元素为 0
matrix([[1.00000000e+00,  1.66533454e-16,  1.38777878e-17],
        [-1.05471187e-15,  1.00000000e+00,  2.77555756e-17],
        [0.00000000e+00,  0.00000000e+00,  1.00000000e+00]])
>>> y*x
matrix([[1.00000000e+00, -4.44089210e-16,  0.00000000e+00],
        [2.77555756e-16,  1.00000000e+00,  0.00000000e+00],
        [6.93889390e-17,  1.11022302e-16,  1.00000000e+00]])
```

4.4.5 计算方差、协方差及相关系数矩阵

Numpy 提供了计算矩阵的协方差和标准差的函数 cov()和 std(),同时还提供了相关系数矩阵的计算函数 corrcoef()。相关系数矩阵是一个对称矩阵,其中对角线上的元素都是 1,表示自相关系数。非对角线上的元素表示互相关系数,每个元素的绝对值都小于等于 1,反映变量变化趋势的相似程度。示例如下。

```
>>> import numpy as np
>>> x=np.matrix([1,2,3,4])
>>> y=np.matrix([4,3,2,1])
>>> z=np.matrix([1,2,10,20])
>>> np.corrcoef(x,x)                 #正相关,变化方向一致
```

```
array([[1., 1.],
       [1., 1.]])
>>> np.corrcoef(x,y)              #负相关,变化方向相反
array([[1., -1.],
       [-1.,  1.]])
>>> np.corrcoef(x,z)              #正相关,变化趋势接近
array([[1.        , 0.95269418],
       [0.95269418, 1.        ]])
```

扫一扫

4.5 Numpy 应用案例

4.5.1 案例说明

在天文数据分析中,常见任务是对恒星或星系光谱进行处理和分析,每条光谱由波长和流量等信息组成。本案例利用 Numpy 库实现对光谱信息的处理。

本案例使用两个数据文件：spec.csv 和 mask_band.txt。spec.csv 文件中存放着一条光谱的波长和流量,使用 Numpy 扩展库读取 spec.csv 的两列内容：第一列是光谱的波长数据读入到数组 wave 中,第二列是光谱的流量数据读入到数组 flux 中。mask_band.txt 文件中存放了 37 行数据,每一行由两个数字组成,读取 mask_band.txt 中的内容到 mask_band 数组中。要求如下：

(1) 将指定范围内的 flux 遮掩：如果 wave 数组的取值范围在 mask_band 内,则将相应位置上的 flux 遮掩,即将原来的 flux 取值用线性插值后的数值代替。

(2) 得到图 4-1 所示的原 flux 值和遮掩后的 flux 值的对比图,并将此图保存为 png 格式。

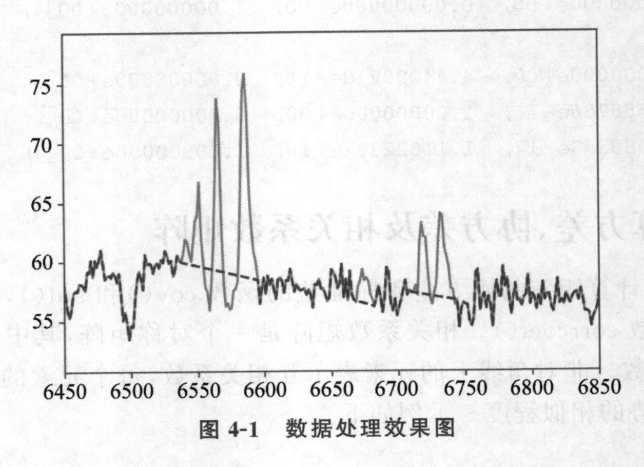

图 4-1 数据处理效果图

其中,x 轴是数组 wave 的值,y 轴是数组 flux 的值,图中实线是原 flux 的值,虚线是被遮掩后的 flux 值。

(3) 将遮掩后的 wave 和 flux 数组保存为新的 CSV 文件。

4.5.2 案例分析

本案例中使用 spec.csv 文件的波长和流量，分别为横、纵坐标，可以画出一条光谱的图形，如图 4-1 所示的实线。本案例根据 mask_band.txt 中提供的波长范围 mask_band，查找光谱波长 wave 是否在 mask_band 范围内，如果 wave 在 mask_band 某一个范围内，则舍弃相应的 wave 和 flux，经过上面的操作，光谱的波长和流量的数据点减少了，所以需要插值到原光谱的数据点数。完成插值后重新画出光谱的图形(图 4-1 所示的虚线)，并将新的波长和流量保存到 CSV 文件中。具体实现过程如下。

第一步：spec.csv 文件中有两列数据，分别表示光谱的波长和流量，读取文件中的两列数据，分别存放到数组 wave 和 flux 中。

第二步：编写 mask_flux()函数实现对 flux 值的修改，具体步骤如下。

(1) 将 mask_band.txt 中的信息读取到 mask_band 数组中，mask_band.txt 文件中有多行数据，因此 mask_band 为二维数组。

(2) 遍历 mask_band 数组，将 wave 在 mask_band 范围内的 wave 和 flux 舍弃。

(3) 利用 interp()函数对 flux 进行插值，得到新的 flux 值，存放在 flux_new 数组中。

第三步：将新的波长和流量存放到文件 save.csv 中。

第四步：画图。分别利用原波长和流量和修改后的数据画折线图，原数据用实线显示，新数据用虚线显示，效果如图 4-1 所示。

4.5.3 线性插值

线性插值的几何意义为利用过 A 点和 B 点的直线来近似表示原函数。线性插值法是认为现象的变化发展是线性的、均匀的，所以可利用两点式的直线方程式进行线性插值，估算的是两点之间的点的对应值。

Numpy 提供了一维线性插值的函数，函数具体形式如下。

```
y=np.interp(x, xp, fp, left, right, period)
```

其中：

- x：数组待插入数据的横坐标。
- xp：一维浮点数序列，原始数据点的横坐标，如果没有指定 period 参数，那么就必须是递增的。否则，在使用 xp=xp % period 正则化之后，xp 在内部进行排序。
- fp：一维浮点数或复数序列，原始数据点的纵坐标，和 xp 序列等长。
- left：可选参数，类型为浮点数或复数(对应于 fp 值)，当 x<xp[0]时的插值返回值默认为 fp[0]。
- right：可选参数，类型为浮点数或复数(对应于 fp 值)，当 x>xp[-1]时的插值返回值默认为 fp[-1]。
- period：None 或者浮点数，可选参数，横坐标的周期。此参数使得可以正确插入 angular x-coordinates，如果该参数设定，那么忽略 left 参数和 right 参数。

4.5.4 实现代码

代码如下。

```
import numpy as np
from matplotlib import pyplot as plt

def mask_flux(wave, flux):
    '''
    遮掩光谱的一部分流量
    :param wave:原始光谱的波长，一维数组
    :param flux:原始光谱的流量，一维数组
    :return: 遮掩后的光谱波长和流量 wave_new, flux_new
    '''
    #读取 mask_band.txt 文件
    mask_band=np.loadtxt(fname="mask_band.txt", dtype=float)
    #打印形状
    print(mask_band.shape)
    #生成一维数组 wave1
    wave1=np.array(wave)
    #生成一维数组 flux1
    flux1=np.array(flux)
    #设置遮掩后的新波长
    wave_new=wave1
    #按行遍历 mask_band 数组
    for i in range(len(mask_band)):
        #判断原光谱的波长 wave1 是否在 mask_band 范围内,如果不在,则保留
        n=np.where((wave1 < mask_band[i][0])
                   |(wave1 > mask_band[i][1]))
        wave1=wave1[n]
        flux1=flux1[n]
    #经过上面的循环,wave1 和 flux1 的数据点减少了,所以需要插值到原光谱的数据点数
    flux_new=np.interp(x=wave_new, xp=wave1, fp=flux1)
    #返回遮掩后的新波长和流量
    return wave_new, flux_new
#读取 CSV 文件,数据类型为浮点,以逗号分隔
wave, flux=np.loadtxt(fname="spec.csv",
                      dtype=np.float, delimiter=",", unpack=True)
#调用函数
wave_new, flux_new=mask_flux(wave, flux)
#将处理以后的数据保存到新文件"save.csv"
s=np.array(object=(wave_new, flux_new), dtype=np.float).transpose()
np.savetxt(fname="save.csv", X=s, fmt="%f", delimiter=",")
#按照原光谱数据画折线图
plt.plot(wave, flux, "k-",alpha=0.5)
#按照新光谱数据画折线图
plt.plot(wave, flux_new, "k--")
#保存图形
plt.savefig("fig4.png", dpi=600)
#显示图形
plt.show()
```

4.6 本章知识要点

(1) Numpy 支持大量的数组与矩阵运算。

(2) 在 Numpy 中,一般使用 array()函数实现数组创建。

(3) 使用数组的 shape 属性查看数组的维度大小。

(4) 使用 reshape()和 resize()可以更改数组的结构。

(5) concatenate()是常用的数组合并函数,其参数 axis 用来指定沿哪个方向或维度合并,默认为 0。

(6) 两个等长的数组的算术运算是相应位置元素的运算,两个形状不同的数组进行运算,若符合广播要求,则进行运算,否则会报错。

(7) 数组可以和标量和等长数组进行关系运算,返回若干包含 True 或 False 的数组,其中每个元素是原数组中元素与标量或数组中对应位置元素进行关系运算的结果。

(8) where()函数适合对数组中的元素进行“二值化”操作,piecewise()函数实现更加复杂的分段函数。

(9) 矩阵的常用操作包括矩阵的生成 matrix(),求矩阵的最大值 max()、最小值 min()、求和 sum()、求平均值 mean()、矩阵的转置、计算逆矩阵 inv()、计算方差 cov()、相关系数 corrcoef()等。

(10) 在矩阵的方法中,参数 axis 来指定计算的方向,axis=1 表示对每一行进行计算,axis=0 表示对每一列计算。如果不指定 axis 参数,则对矩阵平铺后的所有元素进行操作。

4.7 习题

1. 填空题

(1) 在安装 Numpy 模块时,使用 pip 命令安装的完整命令为________。

(2) 如果执行 ndarry.ndim 结果为 2,则表示创建的是一个________。

(3) 执行 np.arange(1,12.4),运行结果是________。

(4) 在 shape、dtype、ndim、map 的属性中,其中不属于 ndarray 对象属性的是________。

(5) 表达式 np.ones((5,6)).sum()的值为________。

(6) 表达式 np.random.randn(3).shape 的值为________。

(7) 已知 x=np.array((1,2,3,4,5,6)),那么表达式(x* *2).max()的值为________。

(8) 已知 x=np.array([3,6,2,8,7,9]),那么表达式 np.where(x>5,1,0).sum()的值为________。

(9) 已知 x = np.array([3.1,-5.4,-1.7,9.9]),那么表达式 np.ceil(x)[1]的值为________。

(10) 在创建 ndarray 对象时,指定元素类型可以使用________参数。

(11) Numpy 模块中的两个函数________和________可以实现数组的自动排序。

(12) 对于给定矩阵 x,求它的转置矩阵的 Python 代码是________。

2. 编程题

(1) 引入 Numpy 库,使用其中的方法实现以下操作。

① 创建一个长度为 15 的随机一维数组 arr1。

② 将 arr1 的最大值替换为 1。

③ 将 arr1 的维度改为(3,5)。

④ 打印出每一列的最大值和最小值。

⑤ 将每一行的元素都减去该行的平均值。

(2) 编写一个 Python 程序,要求构造一个 3×3 的矩阵,令其值都为 2,并在最外层加上一圈 0。

(3) 编写一个 Python 程序,考虑一个维度(7,7,4)的数组,如何将其与一个(7,7)的数组相乘?

第5章 数据分析处理库(Pandas)

数据分析是指用适当的统计、分析方法对收集来的大量数据进行分析,将它们加以汇总和理解,以求最大程度发挥数据的作用。Python 是近年来最常用的数据分析语言之一,而 Pandas 是用于数据分析的最好的第三方库,支持处理从不同的数据源收集而来的索引数据。Pandas 基于 Numpy 和 Matplotlib 库,提供了便于操作数据的数据类型和大量的数据分析函数,这使得 Pandas 成为高效且强大的数据分析库。本章介绍使用 Pandas 完成数据生成和导入、数据预处理、数据筛选、排序与分组、透视等常见操作。

本章学习目标

- 理解并学会应用 Pandas 的常用数据类型。
- 掌握读写外部数据的方法。
- 掌握数据筛选和数据统计的方法。
- 掌握数据预处理的方法,包括重复值、缺失值和异常值的处理,数据类型的转换,数据的标准化操作,数据的合并和连接方法。
- 掌握数据的排序和分组。
- 理解透视表与交叉表。
- 掌握使用 Pandas 实现实战项目中的数据分析任务。

本章思维导图

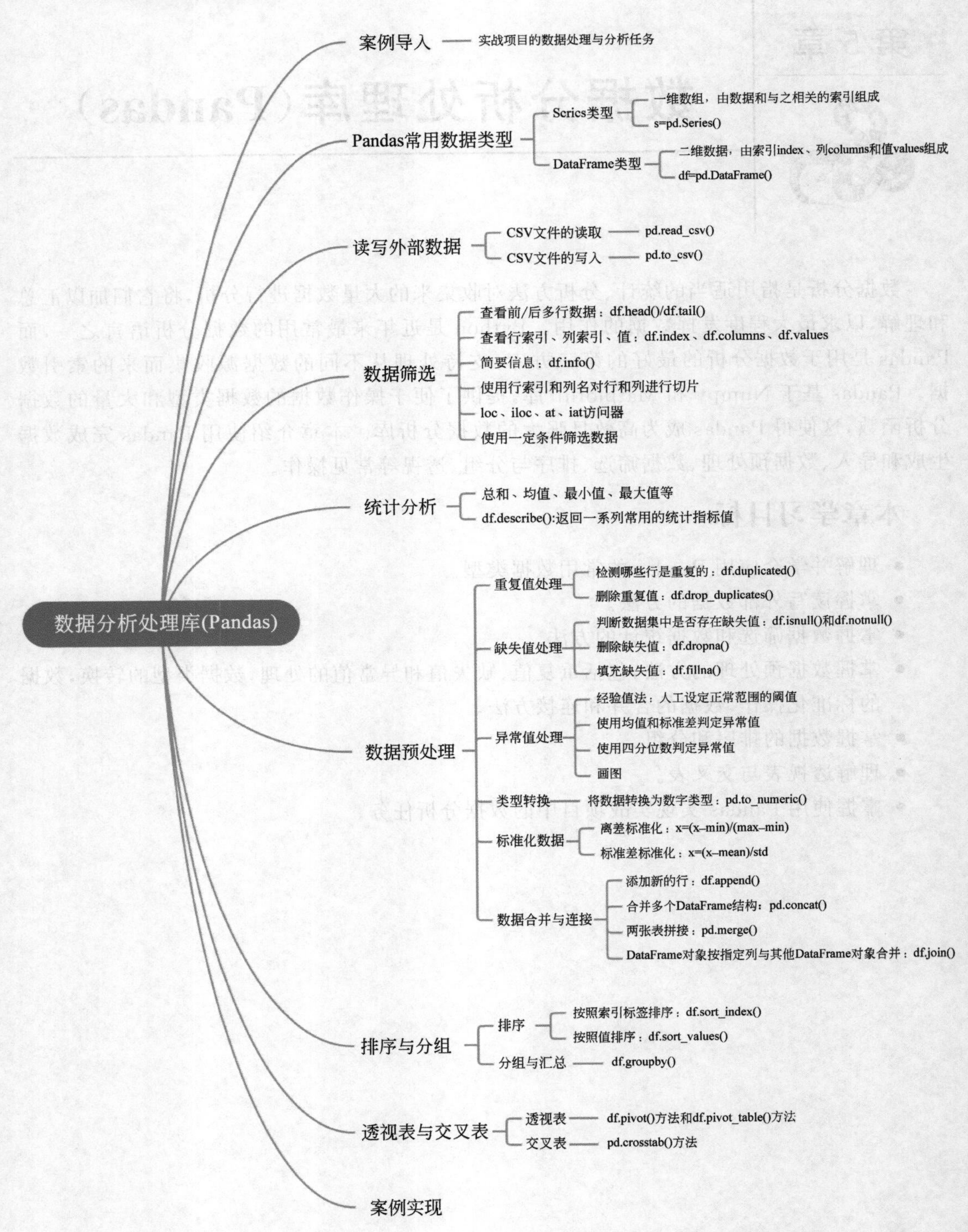
数据分析处理库(Pandas)
案例导入
实战项目的数据处理与分析任务
Pandas常用数据类型
Serics类型
一维数组，由数据和与之相关的索引组成
s=pd.Series()
DataFrame类型
二维数据，由索引index、列columns和值values组成
df=pd.DataFrame()
读写外部数据
CSV文件的读取
pd.read_csv()
CSV文件的写入
pd.to_csv()
数据筛选
查看前/后多行数据：df.head()/df.tail()
查看行索引、列索引、值：df.index、df.columns、df.values
简要信息：df.info()
使用行索引和列名对行和列进行切片
loc、iloc、at、iat访问器
使用一定条件筛选数据
统计分析
总和、均值、最小值、最大值等
df.describe():返回一系列常用的统计指标值
数据预处理
重复值处理
检测哪些行是重复的：df.duplicated()
删除重复值：df.drop_duplicates()
缺失值处理
判断数据集中是否存在缺失值：df.isnull()和df.notnull()
删除缺失值：df.dropna()
填充缺失值：df.fillna()
异常值处理
经验值法：人工设定正常范围的阈值
使用均值和标准差判定异常值
使用四分位数判定异常值
画图
类型转换
将数据转换为数字类型：pd.to_numeric()
标准化数据
离差标准化：x=(x–min)/(max–min)
标准差标准化：x=(x–mean)/std
数据合并与连接
添加新的行：df.append()
合并多个DataFrame结构：pd.concat()
两张表拼接：pd.merge()
DataFrame对象按指定列与其他DataFrame对象合并：df.join()
排序与分组
排序
按照索引标签排序：df.sort_index()
按照值排序：df.sort_values()
分组与汇总
df.groupby()
透视表与交叉表
透视表
df.pivot()方法和df.pivot_table()方法
交叉表
pd.crosstab()方法
案例实现

5.1 案例导入

在综合实战项目中,“北京链家网”租房数据的抓取任务已在第3章完成,得到了数据表bj_lianJia.csv,如图5-1所示。该数据表包含ID、城区名(district)、街道名(street)、小区名(community)、楼层信息(floor)、有无电梯(lift)、面积(area)、房屋朝向(toward)、户型(model)、房租(rent)等信息。本章以此数据表的数据处理与分析为主线,讲解Pandas库的常用操作,主要包括以下内容。

(1) 重复行的处理。

(2) 缺失值的处理。

(3) 内容格式清洗。

(4) 属性重构造。

(5) 对房租rent列数据进行统计分析。

ID	floor	lift	district	street	community	area	toward	model	rent
rent0001	中楼层/6层	无	房山	良乡	行宫园二里	85.00m²	南 北	2室2厅1卫	3500
rent0002	低楼层/17层	有	顺义	顺义其它	尚峯壹號	107.00m²	南	3房间1卫	5400
rent0003	中楼层/6层	无	大兴	西红门	同兴园	72.00m²	南 北	2室1厅1卫	3800
rent0004	中楼层/8层	有	顺义	后沙峪	智地香蜜湾	71.13m²	东	3房间2卫	6900
rent0005	中楼层/4层	有	朝阳	酒仙桥	丽都壹号	54.41m²	东	2室1厅1卫	9800
rent0006	高楼层/12层	有	朝阳	十八里店	江南山水	132.00m²	南 北	3室2厅2卫	10000
rent0007	高楼层/6层	无	大兴	观音寺	宇丰苑	123.80m²	南 北	3室1厅1卫	4500
rent0008	高楼层/16层	有	昌平	天通苑	天通苑中苑	152.81m²	南 北	3室1厅2卫	10000
rent0009	低楼层/6层	无	昌平	东关	东关南里小区	81.22m²	南 北	3房间1卫	
rent0010	中楼层/12层	有	大兴	大兴新机圬	龙熙公馆	113.28m²	南	3房间1卫	4000

图5-1 “北京链家网”租房数据表的部分数据展示

5.2 Pandas常用数据类型

Pandas库提供了一种扩展的数据类型,关注数据与索引之间的关系,索引项是Pandas数据类型最独特的地方。Pandas常用的数据类型包括表示一维数组结构的Series类型和二维数据结构的DataFrame类型。为了方便展示结果,本节主要使用IDLE运行代码。

5.2.1 Series类型

Series类型是Pandas提供的一维数组结构,由数据和与之相关的索引组成,其结构如图5-2所示。

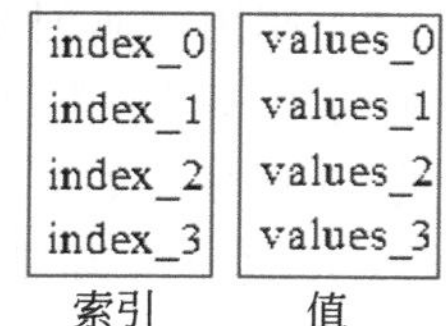

图5-2 Series类型的组成部分

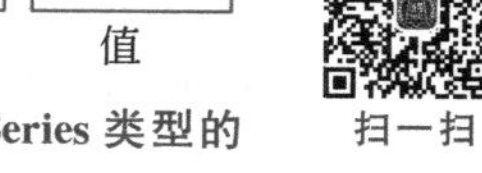

(1) Series数组的创建。使用列表、标量值、字典、ndarray对象等数据创建Series一维数组。

① 自动生成索引。在创建Series数组时,如果没有给定索引,则可以自动生成从0开始的非负整数作为索引。示例如下。

```
>>> import pandas as pd
>>> s1=pd.Series(['海淀', '房山', '顺义', '大兴'])
```

```
>>> s1
0    海淀
1    房山
2    顺义
3    大兴
dtype: object
```

② 自定义索引。在创建 Series 数组时,可以使用 index 参数自行设定索引,示例如下。

```
>>> s2=pd.Series(['海淀', '房山', '顺义', '大兴'], index=['a', 'b', 'c', 'd'])
>>> s2
a    海淀
b    房山
c    顺义
d    大兴
dtype: object
```

③ 使用标量值创建 Series 数组。使用一个标量值创建 Series 数组,需要注意的是,如果在创建数组时没有给出 index 参数,则自动生成 0 这一索引项,如下面代码的 s3 变量的索引为 0。如果在创建数组时给出 index 参数,如 s4 变量,其索引项为 index 参数的值,数据项为重复的标量值。可以看出,index 参数决定了 Series 数组大小。

```
>>> s3=pd.Series('海淀')
>>> s3
0    海淀
dtype: object
>>> s4=pd.Series('海淀',index=['a','b','c', 'd'])
>>> s4
a    海淀
b    海淀
c    海淀
d    海淀
dtype: object
```

④ 使用字典创建 Series 数组。字典本身就是一种"键:值"对组成的数据类型,所以由字典创建 Series 类型时,字典的键作为 Series 的索引项,字典的值作为数据项,例如下面代码的 s5 变量。如果使用字典创建 Series 类型时给出 index 参数,得到的 Series 数组会根据 index 参数值作为键,从字典中选择相应的值组成,如果字典中没有相应的键,那么得到的 Series 数组中相应索引对应的值为 NaN,例如变量 s6 中的"d"索引项对应的值为 NaN。NaN 的意思是 not a number。可以看出,使用字典创建 Series 类型时,index 参数决定了 Series 数组的大小和顺序。

```
>>> s5=pd.Series({'a':'海淀', 'b':'房山', 'c':'顺义', 'd':'大兴'})
>>> s5
a    海淀
b    房山
c    顺义
d    大兴
```

```
dtype: object
>>> s6=pd.Series({'a': '海淀','b': '房山','c': '顺义'}, index=['c','a','b',
'd'])
>>> s6
c    顺义
a    海淀
b    房山
d    NaN
dtype: object
```

⑤ 使用ndarray对象创建Series数组。导入Numpy库后，Series类型的索引和数据都可以通过ndarray类型创建。示例如下。

```
>>> import numpy as np
>>> s7=pd.Series(np.random.randint(0,20,5), index=np.arange(5))
>>> s7
0    9
1    4
2    19
3    4
4    2
dtype: int32
```

(2) Series类型的常用操作。包括Series数据访问、数据的运算和对齐操作。

① Series类型由索引index和值values两部分组成，可以使用“对象名.index”获取Series对象的索引部分，使用“对象名.values”获取Series对象的数据部分。代码如下。

扫一扫

```
>>> s2=pd.Series(['海淀', '房山', '顺义', '大兴'], index=['a', 'b', 'c', 'd'])
>>> s2.index
Index(['a', 'b', 'c', 'd'], dtype='object')
>>> s2.values
array(['海淀', '房山', '顺义', '大兴'], dtype=object)
```

② 使用索引访问Series对象。可以使用自定义索引或自动索引访问数组的值或对数组进行切片，也可以像字典一样使用get()方法访问数据。代码如下。

```
>>> s2=pd.Series(['海淀', '房山', '顺义', '大兴'], index=['a', 'b', 'c', 'd'])
>>> s2['a']                  #使用自定义索引访问数组的值
'海淀'
>>> s2[['a', 'c']]           #使用自定义索引对数组进行切片
a    海淀
c    顺义
dtype: object
>>> s2[1]                    #使用自动索引访问数组的值
'房山'
>>> s2[1:3]                  #使用自动索引对数组进行切片
b    房山
c    顺义
```

```
dtype: object
>>> s2.get('a')            #使用 get 函数访问数组的值,类似字典操作
'海淀'
```

③ 使用 Python 内置函数或 Series 本身提供的方法操作 Series 对象。代码如下。

```
>>> import numpy as np
>>> s8=pd.Series(np.random.randint(0,100,5), index=['a', 'b', 'c', 'd', 'e'])
>>> s8
a    16
b     0
c     8
d    96
e    49
dtype: int32
>>> max(s8)                #使用 Python 内置函数
96
>>> s8/2                   #使用运算符,运算对象是 Series 的 values,运算结果是 Series 类型
a     8.0
b     0.0
c     4.0
d    48.0
e    24.5
dtype: float64
>>> np.floor(s8/2)         #使用 Numpy 提供的向下取整函数,运算对象是 Series 的 values
a     8.0
b     0.0
c     4.0
d    48.0
e    24.0
dtype: float64
>>> s8.median()            #使用 Series 对象提供的求中值函数
16.0
>>> s8[s8>50]              #数据筛选
d    96
dtype: int32
```

④ Series 类型的对齐操作。两个 Series 对象进行运算时,Pandas 会自动对齐不同索引的数据。这一操作和 Numpy 数组操作不同。如果 x 和 y 是不同形状的 ndarray 类型,只有符合广播条件时才能计算,否则会报错。但如果 x 和 y 是不同形状的 Series 类型,则以索引值自动对齐:相同索引的值进行运算,如果一个数组中没有某个索引值,则运算结果为 NaN。示例如下。

```
>>> x=np.array([1,2,3,4])          #x 变量是 ndarray 类型
>>> y=np.array([5,6,7])            #y 变量是 ndarray 类型
>>> x + y
Traceback(most recent call last):
  File "<pyshell #26>", line 1, in <module>
    x + y
```

```
ValueError: operands could not be broadcast together with shapes (4,) (3,)
>>> x=pd.Series([1,2,3,4])        #x 变量是 Series 类型
>>> y=pd.Series([5,6,7])          #y 变量是 Series 类型
>>> x + y
0    6.0
1    8.0
2   10.0
3    NaN
dtype: float64
```

5.2.2　DataFrame 类型

DataFrame 类型表示二维数据，可以将其看作一个二维表格，其结构由 3 部分组成：索引 index、列 columns 和值 values，如图 5-3 所示。

扫一扫

Pandas 支持两种形式创建 DataFrame 类型数据：一是使用代码直接创建 DataFrame 数据，二是从外部数据读入到 DataFrame 类型。本节重点讲解使用代码直接创建 DataFrame 数据。

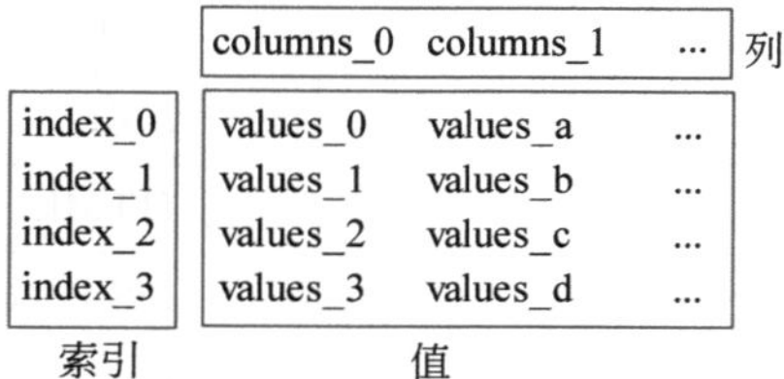

图 5-3　DataFrame 结构的组成部分

(1) 使用字典创建。字典的键作为 DataFrame 对象的列名，字典的值作为 DataFrame 对象的值，如果指定 DataFrame 对象的索引部分，则需要用到 index 参数。示例如下。

```
>>> df1=pd.DataFrame({'district':['海淀','房山','顺义','大兴'], 'street':['清河
','良乡','后沙峪','西红门'],'rent':[8500,3500,6900,3800]}, index=['a', 'b', 'c',
'd'])
>>> df1
     district  street  rent
a    海淀      清河    8500
b    房山      良乡    3500
c    顺义      后沙峪  6900
d    大兴      西红门  3800
```

(2) 使用 ndarray 对象创建。如果不给定 index 和 columns 参数，将自动生成从 0 开始的非负整数，如下面代码中的 df2。也可以自定义 index 和 columns，如 df3。

```
>>> df2=pd.DataFrame(np.arange(12).reshape(3,4))
>>> df2
   0  1   2   3
0  0  1   2   3
1  4  5   6   7
2  8  9  10  11
>>> df3=pd.DataFrame(np.arange(12).reshape(3,4), index=np.arange(3),columns
=['a','b','c','d'])
>>> df3
   a  b   c   d
0  0  1   2   3
1  4  5   6   7
2  8  9  10  11
```

5.3 读写外部数据

在现实中,数据通常存储在外部文件中,Pandas 提供了多种方法读取和写入数据,具体可以查看 Pandas 官网(https://pandas.pydata.org/pandas-docs/stable/user_guide/io.html)。Pandas 常用的几种文件读写方法如表 5-1 所示。本节重点讲解 CSV 文件的读写方法。

表 5-1 Pandas 中常用的几种数据文件读写方法

数据类型	数据文件	读方法	写方法
text	CSV	read_csv	to_csv
text	JSON	read_json	to_json
text	XML	read_xml	to_xml
text	HTML	read_html	to_html
binary	MS Excel	read_excel	to_excel
SQL	SQL	read_sql	to_sql

5.3.1 CSV 文件的读取

扫一扫

Pandas 使用 read_csv()方法读取 csv 文件中的数据。read_csv()方法有多个参数,大多数参数使用默认值即可,这里介绍几个比较常用的参数。

```
pandas.read_csv(filepath_or_buffer, sep=NoDefault.no_default, header='infer',
names=NoDefault.no_default, index_col=None, usecols=None, converters=None,
skiprows=None, encoding=None)
```

参数说明如下。

① filepath_or_buffer:文件所在路径,可以是字符串形式的文件路径、url 或文件对象。这个参数是唯一一个必传的参数。

② sep:指定数据集中各字段之间的分隔符,默认为一个英文逗号,即“,”。如果分隔符指定错误,在读取数据的时候,每一行数据将连成一片。

③ header:指定由哪一行作为列名,默认为 header=0,表示第一行作为列名。如果 header=None,表示不从文件数据中指定行作为列名,这时 Pandas 会自动生成从零开始的序列作为列名。

④ names:表示为读取的列加上指定的列名。

⑤ index_col:设置原 csv 文件里哪一列的值作为 DataFrame 对象的 index 索引值。index 默认从 0 开始的自动索引。

⑥ usecols:指定需要读取原数据集中的哪些列,可以是列名,也可以是列序号。

⑦ converters:接收字典形式,用于转换 csv 表中某些列中的值。键可以是列名,也可以是列序号。

⑧ skiprows：数据读取时，指定需要跳过原数据集开头的行数。

⑨ encoding：表示文件的编码格式，常用的编码有 UTF-8、UTF-16、GBK、GB2312、GB18030 等，通常为“UTF-8”。如果文件中含有中文，有时需要指定字符编码。

下面演示指定 read_csv()方法中的不同参数从“北京链家网”租房数据表 bj_lianJia.csv 中读取数据，并输出结果。

(1) 指定 encoding 和 usecols 参数，示例如下。

```
import pandas as pd
df1=pd.read_csv('bj_lianJia.csv', encoding='gbk', usecols=['ID','floor',
'lift','district','area','rent'])
print(df1)
```

输出结果为：

```
        ID         floor       lift    district    area       rent
0       rent0001   中楼层/6层   无      房山        85.00m²    3500.0
1       rent0002   低楼层/17层  有      顺义        107.00m²   5400.0
2       rent0003   中楼层/6层   无      大兴        72.00m²    3800.0
        ...        ...         ...     ...         ...        ...
4338    rent4339   高楼层/28层  有      朝阳        100.00m²   9000.0
4339    rent4340   低楼层/2层   无      怀柔        194.21m²   18000.0
4340    rent4341   低楼层/4层   无      通州        188.00m²   13000.0
[4341 rows x 6 columns]
```

(2) 指定 encoding、usecols 和 index_col 参数。其中，usecols 使用列序号，index_col 设置为“ID”。此例中的 df2 与上例中的 df1 相比，df2 的 index 为原表的“ID”列，而 df1 没有指定 index_col，默认为从 0 开始的自动索引。示例如下。

```
df2=pd.read_csv('bj_lianJia.csv', encoding='gbk', usecols=[0,1,2,3,6,9],index
_col='ID')
print(df2[:5])
```

输出结果为：

```
ID          floor        lift    district   area       rent
rent0001    中楼层/6层    无      房山       85.00m²    3500.0
rent0002    低楼层/17层   有      顺义       107.00m²   5400.0
rent0003    中楼层/6层    无      大兴       72.00m²    3800.0
rent0004    中楼层/8层    有      顺义       71.13m²    6900.0
rent0005    中楼层/4层    有      朝阳       54.41m²    9800.0
```

(3) 指定 encoding、usecols、names 和 skiprows 参数。其中，names 参数为 df3 自定义的列名，skiprows 参数为 1，表示略过原数据表的第 1 行，即原列名所在的行。示例如下。

```
df3=pd.read_csv('bj_lianJia.csv', encoding='gbk', usecols=[0,1,2,3,6,9],names
=['编号','楼层','有无电梯','城区','面积','房租'],skiprows=1)
print(df3[:5])
```

输出结果为:

```
    编号         楼层          有无电梯    城区    面积        房租
0   rent0001   中楼层/6层       无       房山    85.00m²    3500.0
1   rent0002   低楼层/17层      有       顺义    107.00m²   5400.0
2   rent0003   中楼层/6层       无       大兴    72.00m²    3800.0
3   rent0004   中楼层/8层       有       顺义    71.13m²    6900.0
4   rent0005   中楼层/4层       有       朝阳    54.41m²    9800.0
```

扫一扫

5.3.2 CSV 文件的写入

to_csv()方法可以将 Pandas 数据写入到文本文件或 csv 文件中。下面给出 to_csv()方法中几个比较常用的参数,参数的含义与 read_csv()方法相似。

```
DataFrame.to_csv(path_or_buf=None, sep=',', columns=None, header=True, index=True, encoding=None)
```

下面演示 to_csv()方法中不同参数的使用。

(1) 保存为 txt 文件,分隔符为"\t"。代码如下,保存的文件内容如图 5-4 所示。

```
df4=pd.DataFrame({'district':['海淀','房山','顺义','大兴'], 'street':['清河','良乡','后沙峪','西红门'],'rent':[8500,3500,6900,3800]}, index=['a', 'b', 'c', 'd'])
print(df4)
df4.to_csv('save_df4.txt',sep='\t')
```

输出结果为:

```
    district          street     rent
a   海淀              清河       8500
b   房山              良乡       3500
c   顺义              后沙峪     6900
d   大兴              西红门     3800
```

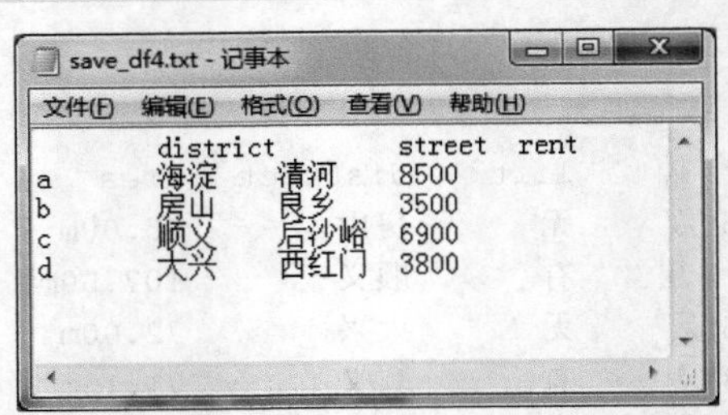

图 5-4 保存为 txt 文件,分隔符为"\t"

(2) 保存为 txt 文件,分隔符使用默认分隔符",",指定 index 参数为 False,表示不保存 DataFrame 中的 index 项。代码如下。保存的文件内容如图 5-5 所示。

```
df4.to_csv('save_df4.txt',index=False)
```

(3) 保存为 csv 文件,指定 header 参数,表示保存文件时重新设置列名。代码如下,保存的文件内容如图 5-6 所示。

```
df4.to_csv('save_df4.csv',encoding='gbk',header=['城区','街道','房租'])
```

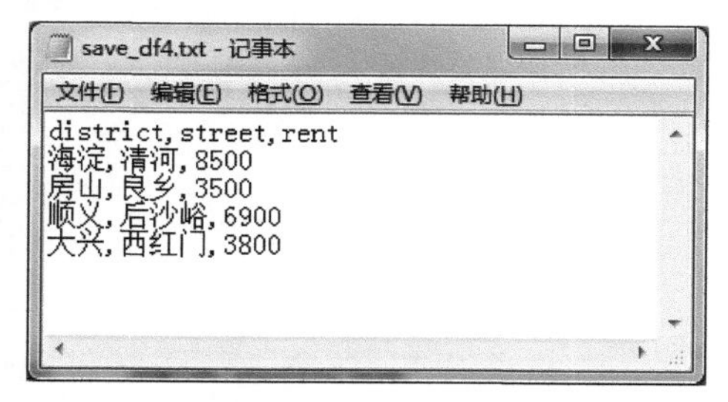


```
district,street,rent
海淀,清河,8500
房山,良乡,3500
顺义,后沙峪,6900
大兴,西红门,3800
```

图 5-5　保存为 txt 文件,分隔符为“,”,不保存索引项

	A	B	C	D	E
1		城区	街道	房租	
2	a	海淀	清河	8500	
3	b	房山	良乡	3500	
4	c	顺义	后沙峪	6900	
5	d	大兴	西红门	3800	
6					

图 5-6　保存为 csv 文件

5.4　数据查看与筛选

DataFrame 类型支持行索引和列索引对行和列进行切片,提供了 loc、iloc、at、iat 等访问器来访问指定的数据,用户还可以使用布尔索引筛选数据。本节导入数据表 bj_lianJia.csv 的 ID、floor、lift、district、area 和 rent 列。

```
import pandas as pd
df5_4=pd.read_csv('bj_lianJia.csv', encoding='gbk', usecols=['ID','floor',
'lift','district','area','rent'])
```

(1) 查看 DataFrame 数据。

① 使用 head()方法查看前几行数据,示例如下。

扫一扫

```
print(df5_4.head(5))
```

输出结果为:

```
        ID        floor      lift   district   area       rent
0  rent0001   中楼层/6层    无     房山       85.00m²    3500.0
1  rent0002   低楼层/17层   有     顺义       107.00m²   5400.0
2  rent0003   中楼层/6层    无     大兴       72.00m²    3800.0
3  rent0004   中楼层/8层    有     顺义       71.13m²    6900.0
4  rent0005   中楼层/4层    有     朝阳       54.41m²    9800.0
```

② 使用 tail()方法查看最后几行数据,示例如下。

```
print(df5_4.tail(5))
```

输出结果为:

```
           ID        floor      lift   district   area       rent
4336  rent4337 中楼层/9层    有     朝阳       58.90m²    5500.0
4337  rent4338 中楼层/8层    有     朝阳       89.56m²    8000.0
4338  rent4339 高楼层/28层   有     朝阳       100.00m²   9000.0
4339  rent4340 低楼层/2层    无     怀柔       194.21m²   18000.0
4340  rent4341 低楼层/4层    无     通州       188.00m²   13000.0
```

③ DataFrame 类型的 3 个属性 index、columns 和 values 分别返回给定 DataFrame 的行索引、列名和值。其中,DataFrame.values 的类型是 numpy.ndarray。示例如下。

```
print('----行索引----')
print(df5_4.index)
print('----列名----')
print(df5_4.columns)
print('----值----')
print(df5_4.values)
```

输出结果为:

```
----行索引----
RangeIndex(start=0, stop=4341, step=1)
----列名----
Index(['ID', 'floor', 'lift', 'district', 'area', 'rent'], dtype='object')
----值----
[['rent0001' '中楼层/6层' '无' '房山' '85.00m²' 3500.0]
 ['rent0002' '低楼层/17层' '有' '顺义' '107.00m²' 5400.0]
 ['rent0003' '中楼层/6层' '无' '大兴' '72.00m²' 3800.0]
 ...
 ['rent4339' '高楼层/28层' '有' '朝阳' '100.00m²' 9000.0]
 ['rent4340' '低楼层/2层' '无' '怀柔' '194.21m²' 18000.0]
 ['rent4341' '低楼层/4层' '无' '通州' '188.00m²' 13000.0]]
```

④ 使用 info()方法获取 DataFrame 的摘要,包括索引、dtype、所有列的列名及其数据类型、每列中非空值的数量和内存使用情况,示例如下。

```
print(df5_4.info())
```

输出结果为:

```
<class 'pandas.core.frame.DataFrame'>
RangeIndex: 4341 entries, 0 to 4340
Data columns (total 6 columns):
ID          4341 non-null object
floor       4341 non-null object
lift        4333 non-null object
district    4341 non-null object
area        4341 non-null object
rent        4337 non-null float64
dtypes: float64(1), object(5)
memory usage: 203.6+ KB
```

(2) 使用方括号对 DataFrame 对象进行切片,示例如下。

```
print('----对行进行切片,注意区间为左闭右开----')
print(df5_4[5:10])
print('----获取某一列----')
print(df5_4['rent'])  #可以使用 df5_4.rent 替换 df5_4['rent']来访问某一列
print(type(df5_4['rent']))  #得到的数据类型是 Series 类型
print('----对列进行切片----')
print(df5_4[['ID','district','rent']])
print('----对行和列进行切片,下面两种方式结果相同----')
```

```
print(df5_4[['ID','district','rent']][:3])
print(df5_4[:3][['ID','district','rent']])
```

输出结果为：

```
----对行进行切片,注意区间为左闭右开----
      ID          floor       lift    district   area        rent
5  rent0006   高楼层/12层     有      朝阳       132.00m²    10000.0
6  rent0007   高楼层/6层      无      大兴       123.80m²    4500.0
7  rent0008   高楼层/16层     有      昌平       152.81m²    10000.0
8  rent0009   低楼层/6层      无      昌平       81.22m²     NaN
9  rent0010   中楼层/12层     有      大兴       113.28m²    4000.0
----获取某一列----
0       3500.0
1       5400.0
2       3800.0
...
4338     9000.0
4339    18000.0
4340    13000.0
Name: rent, Length: 4341, dtype: float64
<class 'pandas.core.series.Series'>
----对列进行切片----
       ID        district   rent
0     rent0001      房山    3500.0
1     rent0002      顺义    5400.0
2     rent0003      大兴    3800.0
...
4338  rent4339      朝阳     9000.0
4339  rent4340      怀柔    18000.0
4340  rent4341      通州    13000.0
[4341 rows x 3 columns]
----对行和列进行切片,下面两种方式结果相同----
      ID      district   rent
0  rent0001    房山      3500.0
1  rent0002    顺义      5400.0
2  rent0003    大兴      3800.0
      ID      district   rent
0  rent0001    房山      3500.0
1  rent0002    顺义      5400.0
2  rent0003    大兴      3800.0
```

(3) loc、iloc、at、iat 访问器。其中，loc 和 at 使用标签即索引名称访问指定的行和列，iloc 和 iat 使用整数来指定要访问的行和列下标。

① loc 访问器是基于“标签”选择数据的。注意，如果使用 loc 对某一范围进行切片，切片的结果包含起始位置和终止位置。例如，下面代码中，df5_4.loc[0:5,['ID','floor','lift']]使用了切片操作，这时选择的是第 0 行到第 5 行这 6 行的“ID”“floor”“lift”列数据。

扫一扫

```
print('----选择某一行----')
print(df5_4.loc[0])
print('----选择某一列----')
print(df5_4.loc[:,'ID'])
print('----行列混合选择----')
print(df5_4.loc[0:5,['ID','floor','lift']])  #选择前 6 行的'ID'、'floor'、'lift'列
print(df5_4.loc[[0,3,4], ['ID','rent']])     #选择第 0,3,4 行的'ID'和'rent'列
```

输出结果为:

```
----选择某一行----
ID          rent0001
floor         中楼层/6 层
lift               无
district          房山
area          85.00m²
rent            3500
Name: 0, dtype: object
----选择某一列----
0       rent0001
1       rent0002
2       rent0003
...
4338    rent4339
4339    rent4340
4340    rent4341
Name: ID, Length: 4341, dtype: object
----行列混合选择----
      ID        floor      lift
0  rent0001  中楼层/6 层     无
1  rent0002  低楼层/17 层    有
2  rent0003  中楼层/6 层     无
3  rent0004  中楼层/8 层     有
4  rent0005  中楼层/4 层     有
5  rent0006  高楼层/12 层    有
      ID      rent
0  rent0001  3500.0
3  rent0004  6900.0
4  rent0005  9800.0
```

loc 可以按照一定条件筛选数据,示例如下。

```
#筛选房租小于 10000 元的数据
print(df5_4.loc[df5_4.rent <10000, ['ID','district','rent']])
```

输出结果为:

```
          ID        district    rent
0      rent0001       房山      3500.0
1      rent0002       顺义      5400.0
2      rent0003       大兴      3800.0
...
4336  rent4337        朝阳      5500.0
4337  rent4338        朝阳      8000.0
4338  rent4339        朝阳      9000.0
[3183 rows x 3 columns]
```

② iloc 通过数字选择某些行和列。在 DataFrame 数据中,每一行都有一个对应的下标(0,1,2,…),iloc 利用这些下标去选择相应的行数据。同理,每一列也有对应的下标(0,1,2,…),通过这些下标可以选择相应的列数据,示例如下。

```
print(df5_4.iloc[0:5, :3])              #选择前 5 行前 3 列
print(df5_4.iloc[[0,3,4], [0,5]])       #选择第 0,3,4 行的第 0 和 5 列
```

输出结果为:

```
        ID       floor      lift
0  rent0001   中楼层/6 层    无
1  rent0002  低楼层/17 层    有
2  rent0003   中楼层/6 层    无
3  rent0004   中楼层/8 层    有
4  rent0005   中楼层/4 层    有
        ID     rent
0  rent0001  3500.0
3  rent0004  6900.0
4  rent0005  9800.0
```

③ at 和 iat 访问器选择某个位置的值。iat 是按照整数下标来选取数据的,而 at 是按照索引名称来选取数据的,示例如下。

```
print(df5_4.at[0,'rent'])             #打印第 0 行 rent 列对应的单元格的值
print(df5_4.iat[0,5])                 #结果同上
```

输出结果为:

```
3500.0
3500.0
```

(4) 在 DataFrame[]中给出一定条件筛选数据。除了 loc 可以接收条件筛选数据外,使用[]也可以选择某条件下的数据,示例如下。

```
#筛选房租小于 10000 元的行,结果与 loc 按条件筛选的结果相同
print(df5_4[df5_4.rent<10000][['ID','district','rent']])
```

5.5　统计分析

扫一扫

Pandas 支持多种描述性统计分析的函数,如总和、均值、最小值、最大值等。本节讲解几个常用的统计函数。示例如下。

```
import pandas as pd
#导入数据表 bj_lianJia.csv 的'rent'这一列数据
df5_5=pd.read_csv('bj_lianJia.csv', encoding='gbk', usecols=['rent'])
print('----非空元素计数----')
print(df5_5.count())
print('----最小值----')
print(df5_5.min())
print('----最大值----')
```

```
print(df5_5.max())
print('----最小值的位置----')
print(df5_5.idxmin())
print('----最大值的位置----')
print(df5_5.idxmax())
print('----25% 分位数----')
print(df5_5.quantile(0.25))
print('----求和----')
print(df5_5.sum())
print('----均值----')
print(df5_5.mean())
print('----中位数----')
print(df5_5.median())
print('----众数----')
print(df5_5.mode())            #众数是指一组数据中出现次数最多的数值
print('----方差----')
print(df5_5.var())
print('----标准差----')
print(df5_5.std())
print('----一次性输出多个描述性统计指标----')
print(df5_5.describe())
```

输出结果为：

```
----非空元素计数----
rent    4337
dtype: int64
----最小值----
rent    500.0
dtype: float64
----最大值----
rent    222585.0
dtype: float64
----最小值的位置----
rent    1220
dtype: int64
----最大值的位置----
rent    2239
dtype: int64
----25% 分位数----
rent    4600.0
Name: 0.25, dtype: float64
----求和----
rent    42085870.0
dtype: float64
----均值----
rent    9703.912843
dtype: float64
----中位数----
rent    6800.0
dtype: float64
----众数----
```

```
        rent
0  6500.0
----方差----
rent    1.111897e+08
dtype: float64
----标准差----
rent    10544.653581
dtype: float64
-----一次性输出多个描述性统计指标----
                rent
count       4337.000000
mean        9703.912843
std         10544.653581
min         500.000000
25%         4600.000000
50%         6800.000000
75%         10500.000000
max         222585.000000
```

(1) DataFrame.quantile(q)为分位函数,参数 q 可以取 0～1 的任意值,其中四分位数是较为有名的。所谓四分位数,即把数值由小到大排列,并分成四等份,处于 3 个分割点位置的数值就是四分位数。

① 第 1 四分位数 (Q1),又称较小四分位数,等于该样本中所有数值由小到大排列后第 25%的数字,即 quantile(0.25)。

② 第 2 四分位数 (Q2),又称中位数,等于该样本中所有数值由小到大排列后第 50%的数字,即 quantile(0.5)。

③ 第 3 四分位数 (Q3),又称较大四分位数,等于该样本中所有数值由小到大排列后第 75%的数字,即 quantile(0.75)。

(2) DataFrame.describe()返回一系列常用的统计指标值:计数、均值、标准差、最小值、最大值和 3 个四分位数 Q1、Q2、Q3。

5.6 数据预处理

本节导入数据表 bj_lianJia.csv 的全部列,索引列为“ID”。代码如下。

```
import pandas as pd
df5_6=pd.read_csv('bj_lianJia.csv', encoding='gbk', index_col=['ID'])
```

从现实中获取的数据可能存在一些瑕疵或不足,例如数据重复、数据缺失、存在异常值、数据格式不统一等问题。在进行机器学习之前,首先要进行数据的预处理。数据预处理包括数据清洗、数据标准化、数据合并、数据转换等。数据清洗是一项复杂且烦琐的工作,也是整个数据分析过程中最为重要的环节。Pandas 中常见的数据清洗操作包括重复值的处理、缺失值的处理、异常值的处理、统一数据格式等等。

扫一扫

5.6.1 重复值处理

采集数据时原始数据存在重复或记录失误都可能会导致重复数据。Pandas 提供了 duplicated()和 drop_duplicates()方法来处理重复数据。

(1) DataFrame.duplicated()用来检测哪些行是重复的,它返回一个布尔序列,仅对唯一元素为 False,重复元素为 True。语法格式如下。

```
DataFrame.duplicated(subset=None, keep='first')
```

参数说明如下。

① subset:指定对哪些列检测是否存在重复值。默认对所有列检测是否有重复。指定 subset 参数后,将对指定列的数据进行检测。

② keep:指定如何考虑重复值。它有 3 个不同的值,默认值为 first。如果为 first,则它将第一个值视为唯一值,将其余相同的值视为重复值。如果为 last,则将最后一个值视为唯一值,将其余相同的值视为重复值。如果为 False,则将所有相同的值视为重复项。示例如下。

```
print('----总行数----')
print(len(df5_6))
print('----重复行----')
print(df5_6[df5_6.duplicated()])
print('----指定列的重复项----')
print(df5_6[df5_6.duplicated(['district','area','rent'])])
print('----显示不重复的"district"值----')
print(df5_6[df5_6.duplicated('district')==False]['district'])
```

输出结果为:

```
----总行数----
4341
----重复行----
            floor        lift  district   ...   model          rent
ID
rent0632    低楼层/21层   有    昌平        ...   1房间1卫       5000.0
rent1658    中楼层/18层   有    丰台        ...   3房间1卫       16000.0
rent1754    中楼层/11层   有    朝阳        ...   2室1厅1卫      6600.0
...
rent3921    高楼层/20层   有    朝阳        ...   1室0厅1卫      4800.0
rent4305    中楼层/26层   无    石景山      ...   3室2厅1卫      9200.0
rent4341    低楼层/4层    无    通州        ...   4室2厅3卫      13000.0
[15 rows x 9 columns]
----指定列的重复项----
            floor        lift  district   ...   model          rent
ID
rent0632    低楼层/21层   有    昌平        ...   1房间1卫       5000.0
rent0729    中楼层/18层   有    门头沟      ...   2室1厅1卫      3000.0
rent0780    中楼层/9层    有    大兴        ...   2室1厅1卫      3200.0
...
```

```
rent4312    低楼层/20层    有    房山    ...    3室1厅1卫    5000.0
rent4329    高楼层/6层     无    通州    ...    1室1厅1卫    3100.0
rent4341    低楼层/4层     无    通州    ...    4室2厅3卫    13000.0
[199 rows x 9 columns]
----显示不重复的"district"值----
ID
rent0001       房山
rent0002       顺义
rent0003       大兴
rent0005       朝阳
rent0008       昌平
rent0014       丰台
rent0015       海淀
rent0022       通州
rent0036      门头沟
rent0038      石景山
rent0039    亦庄开发区
rent0090       西城
rent0102       东城
rent0108       密云
rent0184       怀柔
Name: district, dtype: object
```

(2) DataFrame.drop_duplicates()用来删除重复数据,语法格式如下。

```
DataFrame.drop_duplicates(subset=None, keep='first',inplace=False)
```

参数说明如下。

① subset 和 keep 与 duplicated()方法类似。

② inplace:指定该方法是原地修改还是返回新的 DataFrame 对象,inplace=True 时表示原地修改,inplace=False 时表示返回新的 DataFrame 对象,而不对原来的 DataFrame 对象修改。示例如下。

```
from copy import deepcopy
dff=deepcopy(df5_6)                           #深复制,不影响原来的 df5_6
print('----删除重复行(指定 inplace 参数)----')
df= dff.drop_duplicates(inplace=False)
print(len(df))
#dff.drop_duplicates(inplace=True)  #原地删除重复行
#print(len(dff))                       #4326
```

输出结果为:

```
----删除重复行(指定 inplace 参数)----
4326
```

5.6.2 缺失值处理

Pandas 提供了一些用于检查或处理空值和缺失值的函数。其中,使用 isnull()和 notnull()函数可以判断数据集中是否存在缺失值,使用 dropna()和 fillna()函数对缺失值

进行删除和填充。

(1) isnull()和 notnull()函数返回包含若干 True 或 False 的数组,示例如下。

```
print('----打印含有空值的行数----')
print(df5_6.isnull().sum())
```

输出结果为:

```
----打印含有空值的行数----
floor        0
lift         8
district     0
street       0
community    0
area         0
toward       0
model        0
rent         4
dtype: int64
```

(2) dropna()函数删除带有缺失值的数据行,语法格式如下。

```
DataFrame.dropna(axis=0, how='any', thresh=None, subset=None, inplace=False)
```

参数说明如下。

① axis:表示按行或列删除,axis=0 表示删除某些带缺失值的行,axis=1 表示按列丢弃。

② how:表示删除方式,how='any'表示只要某行包含缺失值就被删除,how='all'表示某行全部为缺失值才被删除。

示例如下。

```
from copy import deepcopy
dff=deepcopy(df5_6)
print('----删除全为缺失值的那些行----')
dff.dropna(how='all', inplace=True)
print(dff.isnull().sum())
print('----删除 lift 列中有缺失值的行----')
dff.dropna(subset=['lift'], inplace=True)
print(dff.isnull().sum())
```

输出结果为:

```
----删除全为缺失值的那些行----
floor        0
lift         8
district     0
street       0
community    0
area         0
toward       0
model        0
rent         4
```

```
dtype: int64
----删除 lift 列中有缺失值的行----
floor        0
lift         0
district     0
street       0
community    0
area         0
toward       0
model        0
rent         4
dtype: int64
```

(3) fillna()函数对缺失值进行填充,语法格式如下。

```
DataFrame.fillna(value=None, method=None, axis=None, inplace=False, limit=
None, downcast=None, **kwargs)
```

参数说明如下。

① value:用于填充的缺失值的值,可以是标量、字典、Series 或 DataFrame。

② method:定义填充空值的方法,取值为{'backfill','bfill','pad','ffill',None},默认为 None。pad/ffill 表示使用遇到缺失值之前的最后一个有效值来填充当前缺失值,backfill/bfill 表示使用缺失值后面遇到的第一个有效值来填充。

③ limit:整数值,默认为 None。如果 method 被指定,表示最多填充多少个连续的缺失值。

【例 5.1】 填充"北京链家网"租房数据表 bj_lianJia.csv 中的缺失值:如果缺失值的数据类型为数值型,则将缺失值填充为缺失值所在列的平均值;如果缺失值的数据类型为非数值型,则将缺失值填充为缺失值之前的最后一个有效值。

扫一扫

解析:先找出有缺失值的列,然后判断该列是数值型(Pandas 中数值型有 int64 和 float64)还是非数值型,填充方法使用 fillna()。具体实现代码如下。

```
from copy import deepcopy
dff=deepcopy(df5_6)
for col in dff.columns:
    if dff[col].isnull().sum()>0:
        print('----填充之前----')
        df_old=dff[dff[col].isnull()]
        print(df_old[col])
        if dff[col].dtype in ['int64','float64']:
            dff.fillna({col:round(dff[col].mean())}, inplace=True)
        else:
            dff[col].fillna(method='pad', inplace=True)
        print('----填充之后----')
        print(dff.loc[df_old.index][col])
```

输出结果为:

```
----填充之前----
```

```
ID
rent0019    NaN
rent0045    NaN
rent0070    NaN
rent0085    NaN
rent0113    NaN
rent0185    NaN
rent0233    NaN
rent0308    NaN
Name: lift, dtype: object
----填充之后----
ID
rent0019    有
rent0045    有
rent0070    有
rent0085    无
rent0113    有
rent0185    有
rent0233    有
rent0308    无
Name: lift, dtype: object
----填充之前----
ID
rent0009   NaN
rent4299   NaN
rent4319   NaN
rent4334   NaN
Name: rent, dtype: float64
----填充之后----
ID
rent0009    9704.0
rent4299    9704.0
rent4319    9704.0
rent4334    9704.0
Name: rent, dtype: float64
```

扫一扫

【例 5.2】 填充数据表 bj_lianJia.csv 中房租这一列的缺失值：使用每个城区的均值填充缺失值。

解析：缺失值的填充不仅可以使用 fillna()方法，还可以使用 loc()或 iloc()方法直接对符合条件的数据进行替换。本例与例 5.1 不同：例 5.1 对于房租列的缺失值填充的是这一列所有值的平均值，而本例题考虑了不同城区的房租变化比较大，所以对某一缺失值进行填充时，填充的是这一缺失值所在城区的房租的均值。具体实现代码如下。

```
dff=deepcopy(df5_6)
print('----填充之前----')
df_old=dff[dff.rent.isnull()]
print(df_old[['district','rent']])
for ind in df_old.index:
```

```
    dff.loc[ind,'rent']=round(dff.loc[dff.district==dff.loc[ind,'district'],
'rent'].mean())
print('----填充之后----')
print(dff.loc[df_old.index,['district','rent']])
```

输出结果为：

```
----填充之前----
              district  rent
ID
rent0009        昌平      NaN
rent4299        丰台      NaN
rent4319        大兴      NaN
rent4334        朝阳      NaN
----填充之后----
              district  rent
ID
rent0009        昌平      7927.0
rent4299        丰台      8378.0
rent4319        大兴      5411.0
rent4334        朝阳      13956.0
```

5.6.3 异常值处理

扫一扫

异常值指严重超出正常范围的数值，异常值可能对数据分析结果产生很大的影响。需要先找出异常值，然后再进行一定的处理。如果数据集中存在异常值，则其处理与上节缺失值的处理类似，可以使用直接删除、fillna()方法、直接替换等方法处理异常值。判断数据集中是否存在异常值成为异常值处理的关键环节，异常值判定方法包括：经验值法（人工设定正常范围的阈值）、使用均值和标准差、使用四分位数、画图等。下面使用不同方法查看数据表 bj_lianJia.csv 中的房租列是否有异常值。

(1) 经验值法。假设房租的正常值范围为[1000,100000]，那么低于 1000 元或高于 100000 元被认为是异常值，示例如下。

```
print(df5_6[df5_6.rent<1000][['district','area','rent']])
print(df5_6[df5_6.rent>100000][['district','area','rent']])
```

输出结果为：

```
          district   area      rent
ID
rent0830     昌平    20.00m²   625.0
rent1221    门头沟   30.00m²   500.0
          district   area      rent
ID
rent0365     西城   221.41m²  132846.0
rent1865     东城   266.47m²  130000.0
rent2240     西城  1349.00m²  222585.0
rent2592     朝阳   320.00m²  130000.0
rent4136     顺义   499.50m²  108000.0
rent4137     朝阳   494.09m²  120000.0
```

(2) 使用均值和标准差进行异常值判定。均值指样本的算术平均值,标准差是样本中各个个体与平均值的差的平方的算术平均值的平方根,反映的是一个数据集的离散程度,标准差越大,越离散,即个体间差异越大。Pandas 中的 mean()方法可以求数据的均值,std()方法可以求数据的标准差。众所周知,如果数据服从正态分布,距离均值一个标准差之内的数据占全部数据的 68%,二个标准差之内的数据占 95%,三个标准差之内的数据占 99%。一般认为数据的正常范围为[mean−k * std,mean+k * std]。其中,k 值可以取 2 或 3,则二个标准差或三个标准差之外的数据属于偏离均值较大的数据,即异常数据,示例如下。

```
mu=round(df5_6.rent.mean(),2)
sigma=round(df5_6.rent.std(),2)
print('房租数据的均值是: ', mu)
print('房租数据的标准差是: ', sigma)
print('----设 k 为 3,即认为三个标准差之外的数据为异常值----')
print(df5_6[(df5_6.rent<mu-3 * sigma) | (df5_6.rent>mu+3 * sigma)][['district',
'area','rent']])
```

输出结果为:

```
房租数据的均值是: 9703.91
房租数据的标准差是: 10544.65
----设 k 为 3,即认为三个标准差之外的数据为异常值----
          district   area      rent
ID
rent0016    朝阳    472.00m²   45000.0
rent0020    朝阳    390.98m²   51000.0
rent0025    海淀    464.00m²   60000.0
   ...       ...     ...        ...
rent4247    朝阳    404.00m²   96800.0
rent4253    朝阳    229.88m²   70000.0
rent4282    朝阳    270.00m²   46000.0
[84 rows x 3 columns]
```

(3) 使用四分位数判定。四分位数已经在 5.5 节介绍了,即指在统计学中把所有数值由小到大排列并分成四等份,处于三个分割点位置的数值为 Q1、Q2 和 Q3,它可以用来判定数据集是否存在异常值。Q2 为中间的四分位数即中位数,Q1 指处于 25%位置的数值,又称为下四分位数,Q3 指处于 75%位置的数值,又称为上四分位数。四分位距 IQR=Q3−Q1,即上四分位数与下四分位数的差。一般认为数据的正常范围为[Q1− 1.5 * IQR,Q3+1.5 * IQR],超出这个范围的数据被认为是异常值,示例如下。

```
Q1=df5_6.rent.quantile(q=0.25)          #下四分位数
Q3=df5_6.rent.quantile(q=0.75)          #上四分位数
IQR=Q3-Q1                               #四分位距
top=Q3+1.5 * IQR                        #数据正常范围的上界
bottom=Q1-1.5 * IQR                     #数据正常范围的下界
print("正常值的范围: ",bottom,"至",top)
print("大于正常范围的数据计数: ",df5_6[df5_6.rent>top]['rent'].count())
print("小于正常范围的数据计数: ",df5_6[df5_6.rent<bottom]['rent'].count())
```

输出结果为：

```
正常值的范围：-4250.0 至 19350.0
大于正常范围的数据计数：375
小于正常范围的数据计数：0
```

(4) 画图。通过可视化能直观地展示出数据的分布，从而分析判断异常值。使用Matplotlib库的散点图或箱型图画出房租数据的散点分布和箱线图，如图5-7所示。图5-7中(a)图为散点分布图，其中圆点为正常范围数据[mean－3 * std，mean＋3 * std]，星形表示为异常值。(b)图是箱型图，其异常值的判定原理跟四分位数类似，星形超出了正常范围[Q1－1.5 * IQR，Q3－1.5 * IQR]，即为异常值。画图的代码参考如下，Matplotlib库在后续章节中讲解。

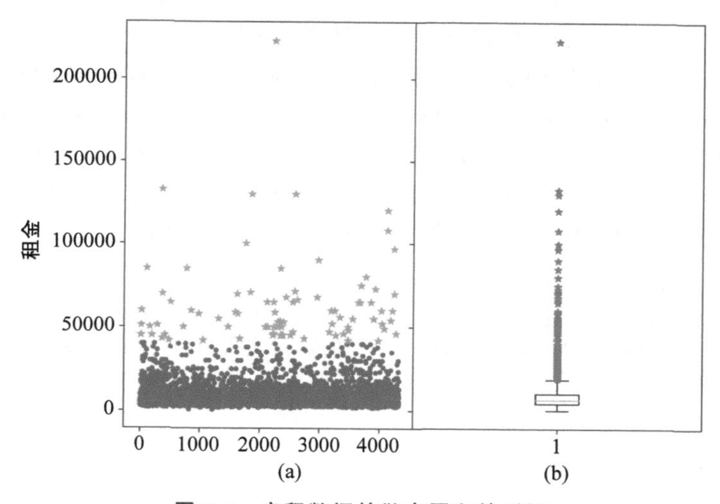

图 5-7　房租数据的散点图和箱型图

```
import matplotlib.pyplot as plt
plt.rcParams['font.sans-serif']=['SimHei']                    #设置字体
y=df5_6.dropna()
y.reset_index(drop=True, inplace=True)
mu=round(y.rent.mean(),2)
sigma=round(y.rent.std(),2)
y_normal=y[(y.rent>=mu-3*sigma) & (y.rent<=mu+3*sigma)]
y_abnor=y[(y.rent<mu-3*sigma) | (y.rent>mu+3*sigma)]
#创建画布
fig, (ax1,ax2)=plt.subplots(1,2,figsize=(8,6),sharey=True)
#子图 a
ax1.scatter(y_normal.index, y_normal.rent, marker='.')
ax1.scatter(y_abnor.index, y_abnor.rent, marker='*')
ax1.set_xlabel('(a)')
ax1.set_xlabel('租金')
#子图 b
ax2.boxplot(y['rent'], sym='r*')
ax2.set_xlabel('(b)')
```

```
fig.subplots_adjust(wspace=0)
plt.show()
```

扫一扫

5.6.4 类型转换

数据表的同一列中可能存在不同的数据类型，需要进行类型转换，统一为同一数据类型。pandas.to_numeric()方法将数据转换为数字类型，下面主要讲解这个方法如何实现类型转换。

to_numeric()方法的语法格式如下。

```
pandas.to_numeric(arg, errors='raise', downcast=None)
```

其中，arg 是需要转换的数据，errors 表示转换时遇到错误的设置，值为{'ignore','raise','coerce'}，如果为“raise”，则无效的解析将引发异常；如果为“coerce”，则将无效的解析设置为 NaN；如果为“ignore”，则无效的解析将返回输入。downcast 参数的含义请查阅 Pandas 官网说明 https://pandas.pydata.org/pandas-docs/stable/reference/api/pandas.to_numeric.html。

为了演示该方法，使用 5.3.2 小节保存的 save_df4.csv 表，导入该数据表后在其中添加一行：城区为“昌平”，街道为“天通苑”，房租为“8200”，索引为“e”。可以看到房租值的数据类型为字符串，与原表中的房租列的数据类型不一致。代码如下。

```
import pandas as pd
df=pd.read_csv('save_df4.csv', encoding='gbk', index_col=0)
s1=pd.Series({'城区':'昌平', '街道':'天通苑','房租':'8200'},name='e')
df=df.append(s1)
print(df)
```

输出结果为：

```
   城区   街道     房租
a  海淀   清河     8500
b  房山   良乡     3500
c  顺义   后沙峪   6900
d  大兴   西红门   3800
e  昌平   天通苑   8200
```

输出 df 时，房租数据看起来没有问题，但使用 info()方法查看每一列的计数及数据类型等信息时，房租列的数据类型是 object 类型，而房租应该是数字类型。代码如下。

```
print(df.info())
```

输出结果为：

```
<class 'pandas.core.frame.DataFrame'>
Index: 5 entries, a to e
Data columns (total 3 columns):
城区    5 non-null object
街道    5 non-null object
房租    5 non-null object
dtypes: object(3)
memory usage: 160.0+ bytes
```

下面使用 to_numeric()方法将房租的数据类型转换为数字类型，然后再使用 info()方法查看房租的数据类型时，发现房租被转换为整型了。代码如下。

```
df.房租=pd.to_numeric(df.房租, errors='coerce')
print(df.info())
```

输出结果为：

```
<class 'pandas.core.frame.DataFrame'>
Index: 5 entries, a to e
Data columns (total 3 columns):
城区      5 non-null object
街道      5 non-null object
房租      5 non-null int64
dtypes: int64(1), object(2)
memory usage: 160.0+ bytes
```

5.6.5 标准化数据

在现实生活中，一个目标变量 y 可以认为是由多个特征变量 x 共同影响的。如果这些特征变量的量纲不一样，会造成数据间的差异很大。例如 $x_1=1000$，$x_2=1$，$x_3=0.1$，可以很明显地看出三个特征存在量纲的差距。在一个数据分析任务中，对不是同一量纲的数据进行分析，可能会导致结果不正确。通过标准化处理，不同特征变量具有相同的尺度(将不同特征变量的值控制在同一个范围内)，这样目标变量就可以由多个相同尺寸的特征变量控制。下面介绍两种常用的标准化方法。

(1) 离差标准化：$x=(x-\min)/(\max-\min)$。代码如下。

```
rent_max=df5_6.rent.max()
rent_min=df5_6.rent.min()
rent_normal=(df5_6.rent-rent_min)/(rent_max-rent_min)
print(rent_normal[:5])
```

输出结果为：

```
ID
rent0001     0.013508
rent0002     0.022064
rent0003     0.014859
rent0004     0.028818
rent0005     0.041876
Name: rent, dtype: float64
```

(2) 标准差标准化：$x=(x-\text{mean})/\text{std}$。代码如下。

```
rent_mean=df5_6.rent.mean()
rent_std=df5_6.rent.std()
rent_normal=(df5_6.rent-rent_mean)/rent_std
print(rent_normal[:5])
```

输出结果为：

```
ID
rent0001   -0.588347
rent0002   -0.408161
rent0003   -0.559896
rent0004   -0.265908
rent0005    0.009112
Name: rent, dtype: float64
```

扫一扫

5.6.6 数据合并与连接

处理数据时，有时需要对多个数据文件的数据进行合并。Pandas 提供了 append()、concat()、merge()和 join()等方法进行数据合并与连接。

(1) append()方法。该方法向 DataFrame 对象添加新的行，并返回一个新对象。语法格式如下。

```
DataFrame.append(other, ignore_index=False, …)
```

参数说明如下。

① other：要添加的新行，可以是 DataFrame、Series、dict、list 等类型。

② ignore_index：是否忽略索引列，默认值为 False，如果为 True，则不使用原 DataFrame 的 index 标签。

代码如下。

```
df1=df5_6[:3][['district','area','rent']]
df2=df5_6[10:13][['district','area','rent']]
df3=df1.append(df2)
print(df3)
```

输出结果为：

```
          district     area    rent
ID
rent0001    房山      85.00m²  3500.0
rent0002    顺义     107.00m²  5400.0
rent0003    大兴      72.00m²  3800.0
rent0011    大兴      59.00m²  2900.0
rent0012    朝阳      77.96m²  6200.0
rent0013    顺义      72.00m²  3500.0
```

(2) concat()方法。该方法合并多个 DataFrame 结构，并返回一个新对象。语法格式如下。

```
pd.concat(objs, axis=0, join='outer', join_axes=None, ignore_index=False, …)
```

参数说明如下。

① objs：表示需要合并的 DataFrame 对象，可以是 DataFrame、Series 等类型。

② axis：表示合并时参考的轴，axis=0 表示按行连接(行增加)，axis=1 表示按列连接

(列增加),默认为0。

③ join:表示连接的方式,取值为inner或者outer。如果为inner,得到的是两表的交集,如果是outer,得到的是两表的并集。

代码如下。

```
df4=pd.concat([df1, df2],ignore_index=True)
print(df4)
```

输出结果为:

```
   district     area     rent
0     房山    85.00m²  3500.0
1     顺义   107.00m²  5400.0
2     大兴    72.00m²  3800.0
3     大兴    59.00m²  2900.0
4     朝阳    77.96m²  6200.0
5     顺义    72.00m²  3500.0
```

(3) merge()方法。在日常的数据处理中,经常需要将两张表拼接起来使用,这样的操作对应到SQL的join操作,在Pandas中则是用merge()方法来实现。语法格式如下。

```
pd.merge(left, right, how='inner', on=None, left_on=None, right_on=None, left_
index=False, right_index=False, …)
```

参数说明如下。

① left:表示拼接的左侧DataFrame对象。

② right:表示拼接的右侧DataFrame对象。

③ how:表示连接的方式,inner(内连接)、outer(外链接)、left(左连接)、right(右连接)。默认值是inner内连接,当采用outer外连接时,会取并集,并用NaN填充。

④ on:表示要加入的列或索引级别名称,必须在左侧和右侧DataFrame对象中找到。如果未传递且left_index和right_index为False,则DataFrame中的列的交集将被推断为连接键。

⑤ left_on和right_on:分别用来指定连接时依据的左侧列标签和右侧列标签。

代码如下。

```
left=pd.DataFrame({'K': ['K0', 'K1', 'K2', 'K3'],
                   'A': ['A0', 'A1', 'A2', 'A3'],
                   'B': ['B0', 'B1', 'B2', 'B3']})
right=pd.DataFrame({'K': ['K0', 'K1', 'K2', 'K4'],
                    'C': ['C0', 'C1', 'C2', 'C3'],
                    'D': ['D0', 'D1', 'D2', 'D3']})
print('----输出表 left----')
print(left)
print('----输出表 right----')
print(right)
print('----on 参数传递的列 K 作为连接键----')
result1=pd.merge(left, right, on='K')
print(result1)
```

```
print('----how参数指定外连接----')
result2=pd.merge(left, right, how='outer', on='K')
print(result2)
```

输出结果为：

```
----输出表left----
    K   A   B
0  K0  A0  B0
1  K1  A1  B1
2  K2  A2  B2
3  K3  A3  B3
----输出表right----
    K   C   D
0  K0  C0  D0
1  K1  C1  D1
2  K2  C2  D2
3  K4  C3  D3
----on参数传递的列K作为连接键----
    K   A   B   C   D
0  K0  A0  B0  C0  D0
1  K1  A1  B1  C1  D1
2  K2  A2  B2  C2  D2
----how参数指定外连接----
    K    A    B    C    D
0  K0   A0   B0   C0   D0
1  K1   A1   B1   C1   D1
2  K2   A2   B2   C2   D2
3  K3   A3   B3  NaN  NaN
4  K4  NaN  NaN   C3   D3
```

(4) join()方法。join()方法是DataFrame提供的一种快速合并方法。调用join()方法的DataFrame对象，按指定列与其他DataFrame对象合并，它默认以index作为对齐的列。其语法格式如下，各参数的含义与merge()方法类似。

```
DataFrame.join(other, on=None, how='left', lsuffix='', rsuffix='', sort=False)
```

注意：某一个DataFrame对象(称为左表)调用join()方法与其他DataFrame对象(称为右表)合并时，如果右表的索引与左表的索引相同，可以直接连接，如果要根据右表中某列和左表的某列进行连接，需要先对右表调用set_index()方法，把该列设置为右表的索引，然后用on去指定左表的连接列。

代码如下。

```
print("----join默认的参数how='left'----")
result=left.join(right.set_index('K'), how='left', on='K')
print(result)
print("----join实现内连接, 结果与merge函数示例的result1相同----")
result1=left.join(right.set_index('K'), how='inner', on='K')
print(result1)
print("----join实现外连接, 结果与merge函数示例的result2索引不同----")
```

```
result2=left.join(right.set_index('K'), how='outer', on='K')
print(result2)
```

输出结果为：

```
----join 默认的参数 how='left'----
    K   A   B    C    D
0  K0  A0  B0   C0   D0
1  K1  A1  B1   C1   D1
2  K2  A2  B2   C2   D2
3  K3  A3  B3  NaN  NaN
----join 实现内连接，结果与 merge 函数示例的 result1 相同----
    K   A   B   C   D
0  K0  A0  B0  C0  D0
1  K1  A1  B1  C1  D1
2  K2  A2  B2  C2  D2
----join 实现外连接，结果与 merge 函数示例的 result2 索引不同----
    K    A    B    C    D
0  K0   A0   B0   C0   D0
1  K1   A1   B1   C1   D1
2  K2   A2   B2   C2   D2
3  K3   A3   B3  NaN  NaN
3  K4  NaN  NaN   C3   D3
```

5.7 排序与分组

本节导入数据表 bj_lianJia.csv 的全部列。代码如下。

```
import pandas as pd
import numpy as np
df5_7=pd.read_csv('bj_lianJia.csv', encoding='gbk')
```

5.7.1 排序

扫一扫

Pandas 提供了 sort_index()方法和 sort_values()方法对数据排序。sort_index()方法按照索引标签排序，sort_values()方法按照值排序。

(1) sort_index()方法。语法格式如下。

```
DataFrame.sort_index(axis=0, level=None, ascending=True, inplace=False, kind
='quicksort', na_position='last', sort_remaining=True, ignore_index=False,
key=None)
```

参数说明如下。

① axis：表示按行或列排序，0 表示根据行索引进行排序，1 表示根据列名进行排序。

② ascending：表示排序方式，True 表示升序排序，False 表示降序排序。

③ na_position：表示缺失值的排序位置，first 表示缺失值排在最前面，last 缺失值排在最后面。

代码如下。

```
print('----按行索引降序排序----')
print(df5_7.sort_index(ascending=False)[:5])
```

输出结果为:

```
----按行索引降序排序----
         ID          floor      ift  ...  toward    model        rent
4340  rent4341  低楼层/4层    无   ...  南北      4室2厅3卫   13000.0
4339  rent4340  低楼层/2层    无   ...  东南西北  5室2厅5卫   18000.0
4338  rent4339  高楼层/28层   有   ...  东南      2室1厅1卫   9000.0
4337  rent4338  中楼层/8层    有   ...  南        3室1厅1卫   8000.0
4336  rent4337  中楼层/9层    有   ...  南        2房间1卫    5500.0
```

(2) sort_values()方法。语法格式如下。

```
DataFrame.sort_values(by, axis=0, ascending=True, inplace=False, kind=
'quicksort', na_position='last')
```

参数说明如下。

① by:表示排序依据,如果axis=0,那么by="列名";如果axis=1,那么by="行名"。

② ascending:表示排序方式,布尔型,True则升序,如果by=['列名1','列名2'],该参数可以是[True,False],则第一字段升序,第二字段降序。

代码如下。

```
print('----按房租升序排序----')
print(df5_7.sort_values(by='rent')[:5][['district','area','rent']])
print('----按房租升序排序,缺失值在最前面----')
print(df5_7.sort_values(by='rent',na_position='first')[:5][['district','area',
'rent']])
print('----按房租降序,面积升序排序----')
print(df5_7.sort_values(by=['rent','area'],ascending=[False,True])[:5]
[['district','area','rent']])
```

输出结果为:

```
----按房租升序排序----
        district   area       rent
1220    门头沟     30.00m²    500.0
829     昌平       20.00m²    625.0
2529    房山       26.58m²    1600.0
3895    房山       31.00m²    1700.0
1335    门头沟     45.00m²    1800.0
----按房租升序排序,缺失值在最前面----
        district   area       rent
8       昌平       81.22m²    NaN
4298    丰台       78.70m²    NaN
4318    大兴       126.00m²   NaN
4333    朝阳       47.85m²    NaN
1220    门头沟     30.00m²    500.0
----按房租降序,面积升序排序----
```

```
        district    area         rent
2239    西城        1349.00m²    222585.0
364     西城        221.41m²     132846.0
1864    东城        266.47m²     130000.0
2591    朝阳        320.00m²     130000.0
4136    朝阳        494.09m²     120000.0
```

5.7.2　分组与汇总

Pandas 提供了 groupby()方法，根据指定的一列或多列对数据进行分组，对分组后的数据进行求和、求平均值等多种操作，并自动忽略非数值项。返回的结果是一个 DataFrameGroupBy 对象，而不是一个 DataFrame 或者 Series 对象。语法格式如下。

```
DataFrame.groupby(by=None, axis=0, level=None, as_index=True, sort=True, …)
```

其中，参数 by 指定分组依据，可以是指定列名、用于行索引的函数或字典等。

另外，可以调用聚合函数 aggregate()对 groupby()方法的结果进行汇总，不同列使用不同的聚合函数。使用 DataFrame 结构的 agg()也可以实现汇总操作。代码如下。

```
print('----by参数为指定列----')
print(df5_7.groupby(by='district')['rent'].mean().round(2).sort_values())
print('----by参数为用于行索引的函数----')
print(df5_7.groupby(by=lambda x:x% 5)['rent'].mean())
print('----指定多列进行分组----')
print(df5_7.groupby(by=['lift','district'])['rent'].mean())
print('----aggregate()对不同列采用不同的聚合方式----')
print(df5_7.groupby(by=['district'])['lift','rent'].aggregate({'lift':len,
'rent':np.mean}))
print('----agg()采用不同的聚合方式----')
print(df5_7.groupby(by=['district'])['rent'].agg(['min','max','median','sum',
'std','count']))
print('----DataFrame.agg()采用不同的聚合方式----')
print(df5_7.agg(['min','max','median','sum','std','count'])['rent'])
```

输出结果为：

```
----by参数为指定列----
district
密云        3480.00
门头沟      3976.64
房山        4222.29
...
西城       12746.26
东城       13264.04
朝阳       13956.29
Name: rent, dtype: float64
----by参数为用于行索引的函数----
0    9342.171461
1    9853.195853
2    9580.898618
```

```
3    9942.020833
4    9802.791475
Name: rent, dtype: float64
----指定多列进行分组----
lift  district
无     东城         10377.272727
      丰台          7192.090909
      亦庄开发区     17151.785714
      大兴          5502.380952
      ...
      通州          5957.031250
      门头沟         3155.303030
      顺义          7527.651515
有     东城         15078.571429
      丰台          8905.663968
      亦庄开发区      8834.433962
      大兴          5365.371025
      ...
      通州          6112.409910
      门头沟         4775.714286
      顺义          6602.621951
Name: rent, dtype: float64
----aggregate()对不同列采用不同的聚合方式----
            lift   rent
district
东城         114    13264.035088
丰台         358    8377.672269
亦庄开发区    134    10572.388060
...
通州         351    6049.444444
门头沟        137    3976.642336
顺义         296    7015.135135
----agg()采用不同的聚合方式----
            min      max        median   sum        std           count
district
东城         3200.0   130000.0   8200.0   1512100.0  16157.499846  114
丰台         3100.0   70000.0    6700.0   2990829.0  6417.998683   357
亦庄开发区    3800.0   100000.0   7500.0   1416700.0  11780.636858  134
...
通州         2400.0   52000.0    4900.0   2123355.0  4419.724916   351
门头沟        500.0    20000.0    3100.0   544800.0   2612.400090   137
顺义         2000.0   108000.0   4340.0   2076480.0  9101.372889   296
----DataFrame.agg()采用不同的聚合方式----
min      5.000000e+02
max      2.225850e+05
sum      4.208587e+07
count    4.337000e+03
median   6.800000e+03
std      1.054465e+04
Name: rent, dtype: float64
```

5.8 透视表与交叉表

数据透视表(pivot table)可以快速地进行分类汇总,根据一个或多个字段对数据进行聚合,并根据行或列的分组将数据分配到各个矩形区域中。交叉表(cross-tabulation,简称crosstab)是一种用于计算分组频率的特殊透视表。Pandas 利用 pivot()方法和 pivot_table()方法实现透视表的功能,利用 crosstab()方法生成交叉表。本节导入数据表 bj_lianJia.csv 的全部列。代码如下。

```
import pandas as pd
df5_8 = pd.read_csv('bj_lianJia.csv', encoding='gbk')
```

5.8.1 透视表

扫一扫

(1) pivot()方法: 通过给定的索引和列的值重新生成一个 DataFrame 对象。语法格式如下。

```
DataFrame.pivot(index=None, columns=None, values=None)
```

参数说明如下。

① index: 指定哪一列作为结果 DataFrame 对象的索引。

② columns: 指定哪一列作为结果 DataFrame 对象的列名。

③ values: 指定哪一列作为结果 DataFrame 对象的值。

(2) pivot_table()方法: 跟 pivot()方法类似,通过给定的索引和列的值重新生成一个 DataFrame 对象,但此方法可以调用聚合函数。语法格式如下。

```
DataFrame.pivot_table(values=None, index=None, columns=None, aggfunc='mean', …)
```

参数说明如下。

① values、index 和 columns 与 pivot()方法一致。

② aggfunc: 指定聚合方式,跟 groupby()方法的聚合方式一致。

代码如下。

```
print('----使用 pivot()对 groupby()的结果进行重新排列----')
dff=df5_8.groupby(by=['lift','district'],as_index=False).mean()
dff=dff.pivot(index='district', columns='lift', values='rent')
print(dff)
print('----输出平均房租低于 5000 元的有电梯的城区----')
print(dff[dff['有']<5000].index.values)
print('----使用 pivot_table()实现分类汇总的显示----')
dff=df5_8.pivot_table(values='rent', index='district', columns='lift',
aggfunc='mean')
print(dff)
```

输出结果为：

```
----使用 pivot()对 groupby()的结果进行重新排列----
lift                  无              有
district
东城          10377.272727    15078.571429
丰台           7192.090909     8905.663968
亦庄开发区    17151.785714     8834.433962
...
通州           5957.031250     6112.409910
门头沟         3155.303030     4775.714286
顺义           7527.651515     6602.621951
----输出平均房租低于 5000 元的有电梯的城区----
['密云' '房山' '门头沟']
----使用 pivot_table()实现分类汇总的显示----
lift                  无              有
district
东城          10377.272727    15078.571429
丰台           7192.090909     8905.663968
亦庄开发区    17151.785714     8834.433962
...
西城           8358.511111    16150.551724
通州           5957.031250     6112.409910
门头沟         3155.303030     4775.714286
顺义           7527.651515     6602.621951
```

扫一扫

5.8.2 交叉表

crosstab()方法生成交叉表，是由 Pandas 库调用的方法，经常用来统计频数。根据 DataFrame 对象生成数据交叉表，返回新的 DataFrame 对象。语法格式如下。

```
pandas.crosstab(index, columns, values=None, rownames=None, colnames=None,
aggfunc=None,…)
```

参数含义与 pivot_table()方法类似。代码如下。

```
print('----使用 crosstab 实现指定分组频数的显示----')
dff=pd.crosstab(df5_8.district, df5_8.lift)
print(dff)
print('----使用 crosstab 实现分类汇总的显示----')
dff=pd.crosstab(df5_8.district, df5_8.lift, df5_8.rent, aggfunc='mean')
print(dff)
```

输出结果为：

```
----使用 crosstab 实现指定分组频数的显示----
lift          无    有
district
东城          44    70
丰台          110   248
亦庄开发区    28    106
...
```

```
通州        128  222
门头沟       66   70
顺义        132  164
----使用 crosstab 实现分类汇总的显示----
lift               无               有
district
东城       10377.272727  15078.571429
丰台        7192.090909   8905.663968
亦庄开发区  17151.785714   8834.433962
...
通州        5957.031250   6112.409910
门头沟      3155.303030   4775.714286
顺义        7527.651515   6602.621951
```

数据透视表或交叉表可以实现数据的分组汇总，而 groupby()方法也可以实现分组，两者是有区别的。数据透视表或交叉表是按照指定列作为行标签和列标签，并指定相应的列作为值，重新生成一个新的 DataFrame 对象，这样可以使数据更加直观和容易分析。而 groupby()方法是按照指定列进行分组，把这列中具有相同值的行分为同一组，返回一个 groupby 对象，分组之后伴有聚合运算，即对每组进行聚合运算。

5.9 案例实现

5.1 节给出了“北京链家网”的租房数据表的数据处理与分析任务，本节将任务进行如下分解。

(1) 重复行的处理：删除重复行。

(2) 缺失值的处理：数据表中 lift 和 rent 列有缺失值，分别采用不同的缺失值处理方式。

(3) 内容格式清洗。

① 将 area 列的“m^2”删掉，这样 area 列的数据变为数值型，方便后面的数据分析。

② 将 toward 列中字符间的空格删掉，例如删掉“南 北”中的空格，变为“南北”。

③ 将 model 列的内容格式转换为“*室*厅*卫”，例如“2 房间 1 卫”转换为“2 室 0 厅 1 卫”。

(4) 属性重构造：从 floor 列中分离出总楼层，形成一个新列，命名为“totalfloor”，例如“中楼层/6 层”分离出总楼层“6”。

(5) 对房租 rent 列数据进行统计分析。

以上任务的实现步骤及代码如下。

(1) 导入库。其中 re 库为正则表达式库，是 Python 的标准库，主要用于字符串匹配。代码如下。

```
import pandas as pd
import re
```

(2) 读入数据。使用 Pandas 库的 read_csv()方法读入“北京链家网”的租房数据集 bj_lianJia.csv，其中，header=0 表示数据表的第一行作为列名，usecols 参数值表示使用数据表中列号为 1～9 的数据,也就是不使用列号为 0 的“ID”这一列数据。读入的数据列分别是:楼层(floor)、有无电梯(lift)、城区名(district)、街道名(street)、小区名(community)、面积(area)、房屋朝向(toward)、户型(model)、房租(rent)。代码如下。

```
df=pd.read_csv('bj_lianJia.csv', encoding='gbk', header=0, usecols=[1, 2, 3, 4,
5, 6, 7, 8, 9])
print(df)
```

输出结果为:

```
        floor         lift     district     ...    model          rent
0       中楼层/6层      无       房山          ...    2室2厅1卫       3500.0
1       低楼层/17层     有       顺义          ...    3房间1卫        5400.0
2       中楼层/6层      无       大兴          ...    2室1厅1卫       3800.0
...
4338    高楼层/28层     有       朝阳          ...    2室1厅1卫       9000.0
4339    低楼层/2层      无       怀柔          ...    5室2厅5卫       18000.0
4340    低楼层/4层      无       通州          ...    4室2厅3卫       13000.0
[4341 rows x 9 columns]
```

(3) 重复值处理。首先检测有无重复行,使用 Pandas 库的 duplicated()方法。如果存在重复的行,使用 drop_duplicates()方法删除这些重复行。代码如下。

```
print('----检测有无重复行----')
print(len(df[df.duplicated()]))
df.drop_duplicates(inplace=True)        #原地修改 df
print('----打印删除重复行后 df 的行数----')
print(len(df))
```

输出结果为:

```
----检测有无重复行----
15
----打印删除重复行后 df 的行数----
4326
```

(4) 缺失值处理。首先统计含有缺失值的列及数量。代码如下。

```
print('----未做缺失值处理之前----')
print(df.isnull().sum())
```

输出结果为:

```
----未做缺失值处理之前----
floor        0
lift         8
district     0
street       0
community    0
area         0
toward       0
model        0
rent         4
dtype: int64
```

可以看出,lift 列有 8 个缺失值,rent 列存在 4 个缺失值,分别采取不同的方法对缺失值进行处理:使用填充法,将 lift 列的缺失值填充为固定值“未知”;使用删除法,对 rent 列有缺失值的行进行直接删除处理。代码如下。

```
print('----将 lift 列的缺失值填充为"未知"----')
df['lift'].fillna('未知',inplace=True)
print(df.isnull().sum())
print('----将 rent 有缺失值的行直接删除----')
df.dropna(subset=['rent'], inplace=True)
print(df.isnull().sum())
print(len(df))              #输出删除缺失值后 df 的行数
```

输出结果为:

```
----将 lift 列的缺失值填充为"未知"----
floor         0
lift          0
district      0
street        0
community     0
area          0
toward        0
model         0
rent          4
dtype: int64
----将 rent 有缺失值的行直接删除----
floor         0
lift          0
district      0
street        0
community     0
area          0
toward        0
model         0
rent          0
dtype: int64
4322
```

删除带缺失值的行后,此时 DataFrame 不再是连续的索引,可以使用 reset_index()方法重置索引。代码如下。

```
df=df.reset_index(drop=True)
print(df)
```

输出结果为:

```
       floor          lift    district     ...    model          rent
0      中楼层/6层      无      房山         ...    2室2厅1卫      3500.0
1      低楼层/17层     有      顺义         ...    3房间1卫       5400.0
2      中楼层/6层      无      大兴         ...    2室1厅1卫      3800.0
...
4319   中楼层/8层      有      朝阳         ...    3室1厅1卫      8000.0
4320   高楼层/28层     有      朝阳         ...    2室1厅1卫      9000.0
4321   低楼层/2层      无      怀柔         ...    5室2厅5卫      18000.0
[4322 rows x 9 columns]
```

(5) 内容格式清洗。

① 将 area 列的“m^2”删掉。首先使用正则表达式库 re 的 findall()方法将数据表中 area 列的数字提取出来,这时得到的 area 列表中的数据舍弃了“m^2”,然后再将 area 列表的数据写回数据表中。代码如下。

```
area=[re.findall('\d+.\d+',a) for a in df['area'].values.tolist()]
df['area']=[i for j in range(len(area)) for i in area[j]]
print(df.loc[:5,'area'])
```

输出结果为:

```
0     85.00
1    107.00
2     72.00
3     71.13
4     54.41
5    132.00
Name: area, dtype: object
```

② 将 toward 列中字符间的空格删掉。这里用到了 Series 对象的替换方法 str.replace(),语法格式为 Series 对象.str.replace(pat,repl),其中,参数 pat 表示要替换的字符串,repl 表示新字符串。在下面的代码中,df['toward']得到的数据类型为 Series 类型,在 replace()方法中,要替换的字符串使用了正则表达式'\s+',其含义是匹配任意多个空格,被替换的新字符串为空字符串,所以使用 replace()方法将查找到的空格替换成空串,即删除了空格。代码如下。

```
df['toward']=df['toward'].str.replace('\s+','')
print(df.loc[:5,'toward'])
```

输出结果为:

```
0    南北
1     南
2    南北
3     东
4     东
5    南北
Name: toward, dtype: object
```

③ 将 model 列的内容格式转换为“＊室＊厅＊卫”。由于原始数据表中户型 model 的取值为 3 室 2 厅 1 卫或 2 房间 1 卫形式,还有少数取值为“未知室 1 厅 1 卫”,户型的表现形式不统一,现将其统一为“＊室＊厅＊卫”,转换规则是:房间表示为室,没有给出厅数目表示为 0 厅,未知室表示为 0 室。代码如下。

```
print("----首先将 model 列中'未知'替换为'0'----")
dff=df[df['model'].str.contains('未知')==True]
print('替换前:\n', dff)
df.loc[dff.index,'model']=dff['model'].str.replace('未知','0')
print('替换后:\n', df.loc[dff.index])
print("----然后将 model 列统一为＊室＊厅＊卫----")
model_n=[re.findall('\d+',m) for m in df['model'].values.tolist()]
new_model=list()
```

```
for m in model_n:
    if len(m)==3:
        new_model.append(m[0]+'室'+m[1]+'厅'+m[2]+'卫')
    elif len(m)==2:
        new_model.append(m[0] + '室' + '0厅' + m[1] + '卫')
df['model']=new_model
print(df.loc[:5,'model'])
```

输出结果为：

```
----首先将 model 列中'未知'替换为'0'----
替换前:
        floor          lift     district      ...    model          rent
3964    低楼层/25层    有       海淀          ...    未知室1厅1卫    38000.0
[1 rows x 9 columns]
替换后:
        floor          lift     district      ...    model          rent
3964    低楼层/25层    有       海淀          ...    0室1厅1卫       38000.0
[1 rows x 9 columns]
----然后将 model 列统一为*室*厅*卫----
0    2室2厅1卫
1    3室0厅1卫
2    2室1厅1卫
3    3室0厅2卫
4    2室1厅1卫
5    3室2厅2卫
Name: model, dtype: object
```

(6) 属性重构造：从 floor 列中分离出总楼层，形成一个新列。这里使用了字符串分割方法 split()，该方法通过指定分隔符对字符串进行切分，返回分割后的字符串列表，例如“中楼层/6 层”被 split()方法通过分隔符“/”切分为['中楼层','6 层']。然后将楼层写回到 df['floor']中，将总楼层中的数字使用 slice()方法提取出来，写入 df['totalfloor']。代码如下。

```
dff=df['floor'].str.split('/',expand=True)
df['floor']=dff[0]
df['totalfloor']=dff[1].str.slice(0,-1,1)
print(df.loc[:5, ['floor','totalfloor']])
```

输出结果为：

```
     floor     totalfloor
0    中楼层         6
1    低楼层        17
2    中楼层         6
3    中楼层         8
4    中楼层         4
5    高楼层        12
```

(7) 对房租 rent 列数据进行统计分析。可以使用 5.5 节介绍的统计函数对 rent 进行分析,这里不再赘述。

(8) 保存处理后的数据。代码如下。

```
df.to_csv('newbj_lianJia.csv', encoding='gbk', index_label='ID')
```

5.10 本章知识要点

(1) Pandas 基于 Numpy 和 Matplotlib 库,提供了便于操作数据的数据类型和大量的数据分析函数。

(2) Pandas 常用的数据类型:表示一维数组结构的 Series 类型和表示二维数据结构的 DataFrame 类型。

(3) Series 类型是 Pandas 提供的一维数组,由数据和与之相关的索引组成。

(4) DataFrame 类型表示二维数据,其结构由三部分组成:索引 index、列 columns 和值 values。

(5) Pandas 中常见的数据清洗操作包括重复值的处理、缺失值的处理、异常值的处理、统一数据格式等。

(6) Pandas 提供了 duplicated()和 drop_duplicates()方法处理重复数据。

(7) Pandas 提供了一些用于检查或处理缺失值的函数。其中,使用 isnull()和 notnull()方法可判断数据集中是否存在缺失值,使用 dropna()和 fillna()方法可以对缺失值进行删除和填充。

(8) 异常值处理的关键是异常值的判断,有多种方法判断数据集中是否存在异常值:经验值法、使用均值和标准差、使用四分位数、画图等。

(9) Pandas 提供了 append()、concat()、merge()和 join()等方法进行多个数据表的合并与连接。

(10) groupby()方法根据指定的一列或多列对数据进行分组,并对分组后的数据进行求和、求平均值等多种操作。

(11) pivot()和 pivot_table()方法可以通过给定的索引(index)和列(column)的值重塑一个 DataFrame 对象,但在 pivot_table()方法中可以使用聚合函数,而在 pivot()方法中不可以。

5.11 习题

1. 填空题

(1) Pandas 常用的数据类型有表示一维数组结构的________和表示二维数据结构的________。前者由________和________组成,后者由三部分组成:________、________和________。

(2) Pandas 中读取 CSV 文件中的数据的方法是________,将数据写入到 CSV 文件中的方法是________。

(3) 现实中获取的数据可能存在一些瑕疵或不足,例如________、________、________、

________等问题,在进行机器学习之前,首先要进行________。

(4) 在数据预处理中,对异常值处理的方法有________、________、________、________等。

(5) Pandas提供了对数据排序的方法,________方法按照索引标签排序,________方法按照值排序。

(6) Pandas提供了________方法,根据指定的一列或多列对数据进行分组,并对分组后的数据进行求和、求平均值等多种操作,并自动忽略非数值项。返回的结果是一个________对象。

(7) Pandas利用________方法和________方法实现透视表的功能,利用________方法生成交叉表。

(8) 扩展库Pandas中DataFrame对象的________方法可以用来删除重复的数据。

2. 编程题

(1) 如果在5.4节数据筛选之前导入数据表时使用如下代码,则5.4节的代码如何进行修改才能实现相应的操作?

```
df5_4=pd.read_csv('bj_lianJia.csv', encoding='gbk', usecols=['ID','floor',
'lift','district',area','rent'], index_col='ID')
```

(2) 自定义一个函数,将5.5节中所有的统计指标汇总在一起,然后调用该函数,输出DataFrame的这些统计函数值。

(3) 现有一个关于某人群收入情况的数据集"income.csv",部分数据如图5-8所示。

	A	B	C	D	E
1	ID	性别	年龄	学历	收入
2	10001	男	40	1	5000
3	10002	女	20	2	3000
4	10003	女	33	2	5500
5	10004	女	50	3	6520
6	10005	男		1	6000
7	10006	女	55	3	14050
8	10007	男	47	5	600
9	10008	男	30	5	8000
10	10009	男	40	5	3400
11	10010	女		5	8500
12	10011	男	61	5	4300
13	10012	女	38	4	10000
14	10013	女	39	5	6000
15	10014	男	61	4	1000

图5-8　某人群收入情况数据集

对于此数据集,编写程序完成下面的任务。

① 将性别列中的男、女分别替换为数值1、0。

② 假设此数据集中年龄这一列有少量缺失值,将这一列的缺失值用该列的均值代替。

③ 删掉收入值小于1000的数据。

④ 输出收入最多的前5行记录。

⑤ 输出收入低于总平均值的人员ID。

第 6 章

数据展示库(Matplotlib)

数据展示是数据分析和挖掘中的重要环节,通过图形的形式可以直观、清晰地呈现数据内在的规律。本章主要介绍 Python 中最常用数据展示库 Matplotlib 的基本概念和使用方法。

本章学习目标

- 掌握扩展库 Matplotlib 及相关库的安装方法。
- 掌握折线图、柱状图、散点图、饼图、箱线图和六边形分箱图的绘制及属性设置方法。
- 掌握绘图区域的切分及属性设置方法。
- 掌握图例样式的设置方法。
- 掌握保存绘图结果的方法。
- 掌握词云图的绘制及属性设置方法。
- 掌握案例的实现方法。

本章思维导图

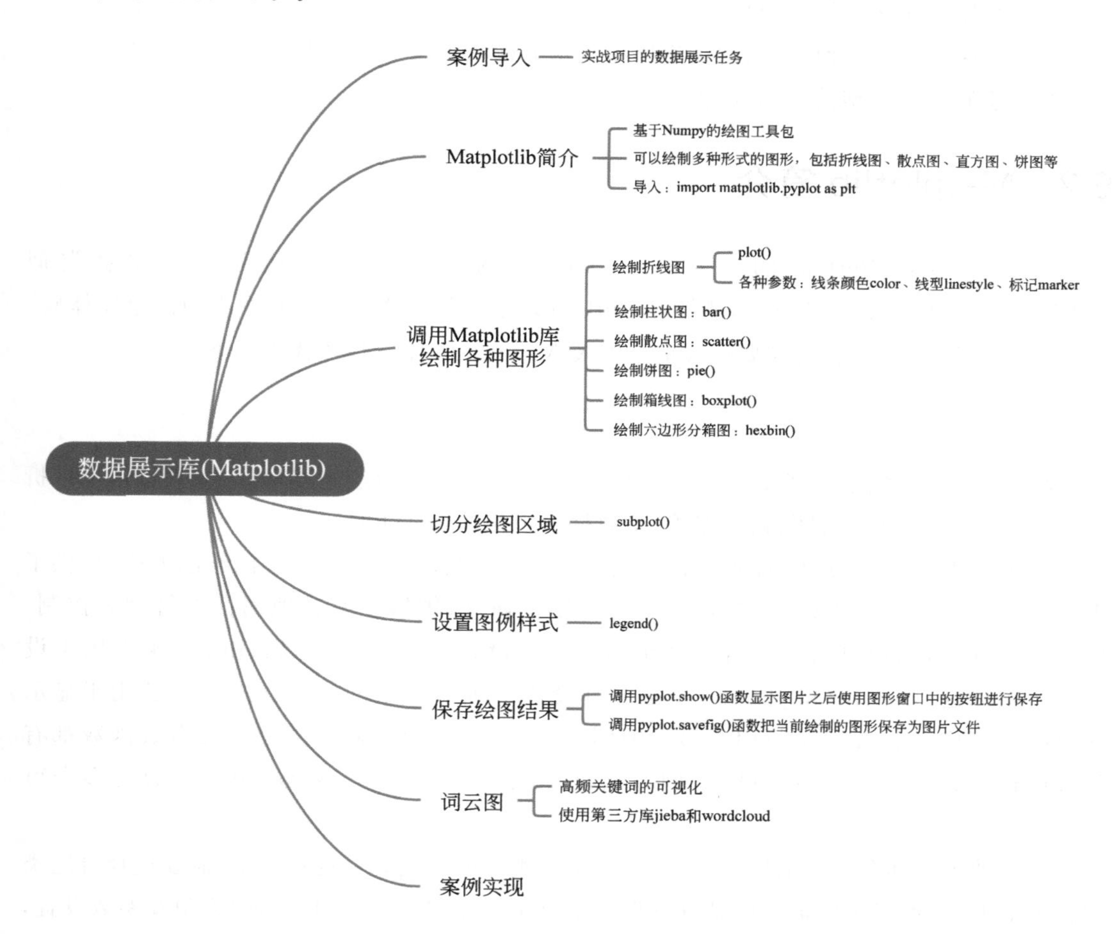

6.1　案例导入

本章所用数据采用第5章案例实现后的数据表，数据存储在 newbj_lianJia.csv 文件中，以下各节例题使用同一个数据源，相关库的导入、文件读取、字体显示设置代码相同。具体代码如下。

```
import pandas as pd                                          #导入库
import matplotlib.pyplot as plt

plt.rcParams['font.sans-serif']=['SimHei']                   #调整字体设置
plt.rcParams['axes.unicode_minus']=False
df=pd.read_csv('newbj_lianJia.csv',encoding='gbk')           #读取文件
```

本章主要任务是展示并分析每一属性的数据分布情况，具体包括以下几个方面。

(1) 绘制各楼层平均租金分布的条形图。

(2) 绘制各城区房屋平均租金的折线图。

(3) 绘制平均租金前 20 名的街道房屋数量的柱状图及其平均租金分布折线图。

(4) 绘制房屋户型前 10 名的占比情况。

6.2 Matplotlib 简介

Matplotlib 是 Python 的一套基于 Numpy 的绘图工具包，提供了一整套类似 MATLAB 的 Python 第三方库，能够在 Python 环境下提供 MATLAB 中类似的绘图体验。同其他第三方库一样，首先需要通过命令安装 Matplotlib 库。具体代码如下。

```
pip install matplotlib
```

Matplotlib 依赖于扩展库 Numpy 和标准库 Tkinter，可以绘制多种形式的图形，包括折线图、散点图、直方图、饼图、箱线图等，是数据可视化的重要工具。

Matplotlib 中应用最广的是 pyplot 绘图模块，其中包含了各种图形的绘制方法，提供了类似 MATLAB 的绘图接口，支持线条样式、字体属性、轴属性及其他属性的管理和控制。使用 pyplot 绘制各种图形时，可以利用相关函数设置图形属性，例如，title()函数用于设置图形的标题，xlabel()和 ylabel()函数分别设置 x 轴和 y 轴的标签，grid()函数用于显示图形中的网格，legend()函数用于显示图例，show()函数用于显示图形。大多数函数都有很多可选参数来支持个性化设置，例如颜色、散点符号、线型等参数，很多参数有多个可选值。

每一种图形都有特定的应用场景，对于不同类型的数据和可视化要求，需要选择合适类型的图形展示，不能生硬地套用某种图形。本章主要介绍几种常用图形的绘制及参数设置，未提到的内容读者可以查阅资料了解。

6.3 使用 Matplotlib 库绘制各种图形

6.3.1 绘制折线图

扫一扫

折线图是一种将数据点按照顺序连接起来的图形。通过折线图可以查看因变量随着自变量变化的趋势，比较适合描述多组数据随时间变化的趋势，或者一组数据对另外一组数据的依赖程度。

Matplotlib 中的 plot()函数用来绘制折线图。语法格式如下。

```
plot(*args, **kwargs)
```

plot()函数的常用参数及其说明如表 6-1 所示。

表 6-1 plot()函数的常用参数及其说明

参数	说明
x,y	折线图上一个或多个端点的 x、y 坐标,接收数组,无默认值
color	指定线条的颜色,接收字符串,默认为 None,线条颜色对应取值有红色(r)、绿色(g)、蓝色(b)、青色(c)、品红(m)、黄色(y)、黑色(k)、白色(w)
linestyle	指定线型,接收字符串,默认为"-",线型对应取值有实心线(-)、短画线(--)、点画线(-.)、点线(:)
marker	指定标记符号,接收字符串,默认为 None,标记符号对应的取值有圆点(.)、圆圈(o)、向下三角(v)、向上三角(^)、向左三角(<)、向右三角(>)、五角星(*)、加号(+)、下画线(_)、x 符号(x)、菱形(D)
alpha	指定点的透明度,接收 0~1 的小数,默认为 None

【例 6.1】 绘制各城区房屋平均租金的折线图。

代码如下。

```
#按照城区进行分组,统计租金的平均值
df1=df.groupby('district')['rent'].mean()
#获取城区名
region=df1.index.tolist()
#获取各城区的平均租金
rent=[round(x,2) for x in df1.values.tolist()]
#绘制各城区房屋租金折线图
plt.figure(figsize=(12, 6))
plt.plot(region,rent,c='r',marker='o',linestyle='--')
for x,y in zip(region,rent):
    plt.text(x,y,'% .0f' % y,ha='center',fontsize=11)
#设置坐标轴标签文本
plt.ylabel('租金/元',fontproperties='simhei')
plt.xlabel('城区',fontproperties='simhei')
#设置图形标题
plt.title('各城区房屋平均租金折线图',fontproperties='stkaiti',
          fontsize=14)
#设置横坐标字体倾斜角度
plt.xticks(rotation=15)
#显示图形
plt.show()
```

运行结果如图 6-1 所示。

可以看出,城区对房租的影响很大,平均租金最高的是朝阳区,13976 元,最低的是密云区,3480 元。当然,这与城区所在的地理位置有着直接的关系,距离市中心越近,租金越高,距离市中心越远,租金越低。

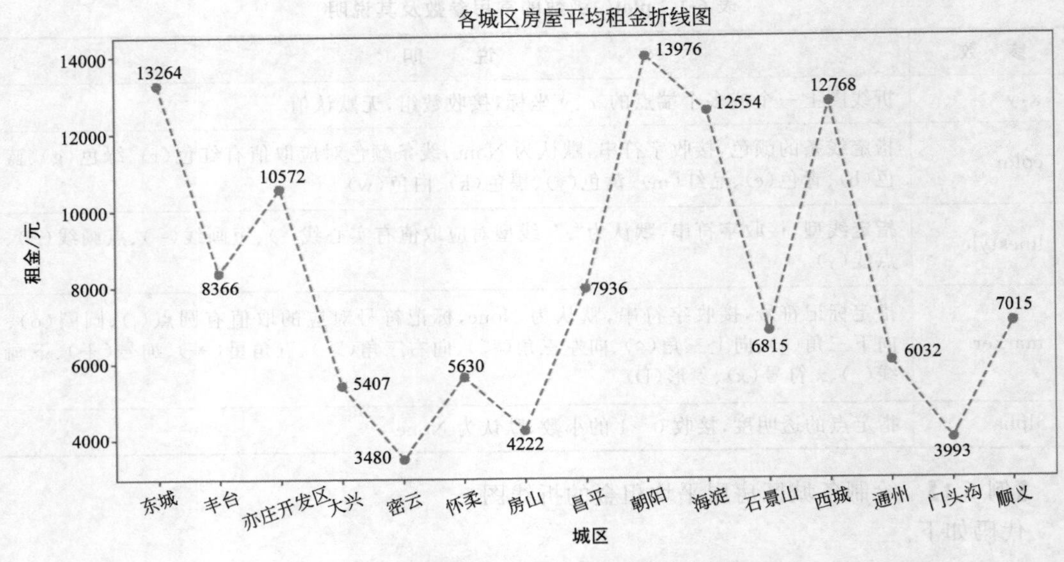

图 6-1 各城区房屋平均租金的折线图

6.3.2 绘制柱状图

柱状图由一系列高度不等的纵向条纹或线段表示数据的分布情况，一般用横轴表示数据所属类别，纵轴表示数量或者占比。柱状图适合用在比较多组数据之间的大小，或者类似的场合。

Matplotlib 中的 bar()函数绘制柱状图。具体语法格式如下。

```
bar(left, height, width=0.8, bottom=None, hold=None, data=None)
```

bar()函数的常用参数及其说明如表 6-2 所示。

表 6-2 bar()函数的常用参数及其说明

参 数	说 明
left	指定每个柱的左边边框的 x 坐标，接收数组，无默认值
height	指定每个柱的高度，接收数组，无默认值
width	指定每个柱的宽度，接收 0～1 的小数，默认为 0.8
bottom	指定每个柱底部边框的 y 坐标，接收数组，默认为 None
color	指定每个柱的颜色，接收字符串或者包含颜色字符串的数组，默认为 None
alpha	指定每个柱的透明度，接收 0～1 的小数，默认为 None

【例 6.2】 绘制各城区房屋数量分布的柱状图。

代码如下。

```
#按照城区进行分组统计房屋数量
df1=df.groupby('district')['ID'].count()
```

```
#计算城区名
region=df1.index.tolist()
#计算各城区的房屋数量
count=df1.values.tolist()
#绘制各城区房屋数量分布的柱状图
plt.figure(figsize=(12, 6))
plt.bar(region,count,width=0.8)
for x,y in zip(region,count):
    plt.text(x,y,'%.0f' %y,ha='center',fontsize=10)
#设置坐标轴标签文本
plt.ylabel('数量',fontproperties='simhei')
plt.xlabel('城区',fontproperties='simhei')
#设置图形标题
plt.title('各城区房屋数量柱状分布图',fontproperties='stkaiti',
         fontsize=20)
#设置横坐标字体倾斜角度
plt.xticks(rotation=15)
#显示图形
plt.show()
```

运行结果如图 6-2 所示。

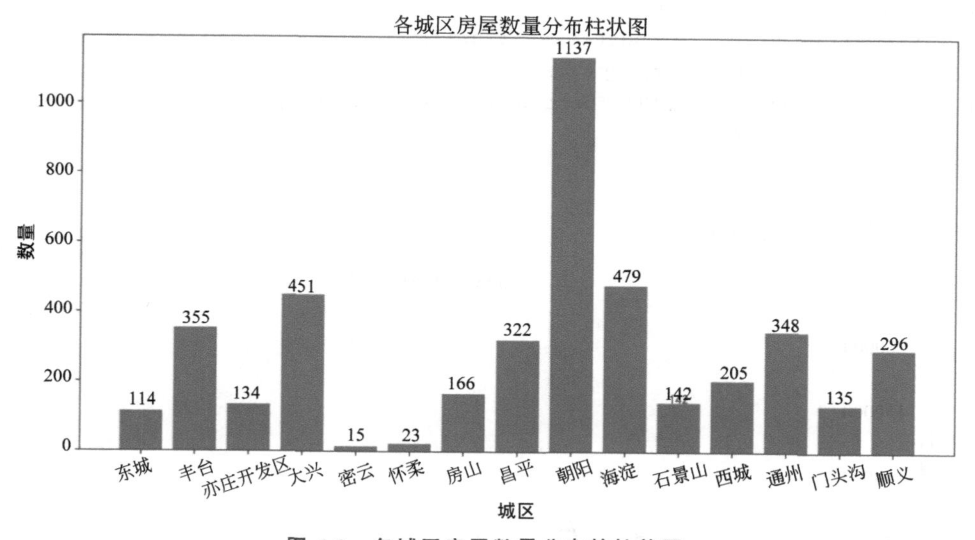

图 6-2　各城区房屋数量分布的柱状图

可以看出，不同城区出租房屋数量不同，出租房屋数量最多的是朝阳区，最少的是密云区。

6.3.3　绘制散点图

散点图是以一个特征作为横坐标，另一个特征作为纵坐标，使用数据点的分布情况反映特征间统计关系的一种图形。散点图比较适合描述数据在平面或者空间中的分布，用来分析数据之间的关联，或者观察聚类效果。

Matplotlib 中的 scatter()函数绘制散点图。语法结构如下。

```
scatter(x, y, s=None, c=None, marker=None, alpha=None)
```

scatter()函数的常用参数及其说明如表 6-3 所示。

表 6-3 scatter()函数的常用参数及其说明

参 数	说 明
x,y	散点的 x、y 坐标,接收数组或标量,无默认值
s	指定散点符号的大小,接收数组或标量,默认为 None
c	指定点的颜色,接收颜色值或数组,默认为 None
marker	指定散点符号的形状,接收字符串,默认为 None
alpha	指定点的透明度,接收 0～1 的小数,默认为 None

【例 6.3】 绘制房屋面积与租金分布的散点图。

代码如下。

```
plt.figure(figsize=(10,6))
plt.scatter(df['area'],df['rent'],s=40)
plt.xlabel('面积',fontproperties='simhei')
plt.ylabel('租金/元',fontproperties='simhei')
plt.title('面积与租金散点图',fontproperties='stkaiti',
          fontsize=14)
plt.show()
```

运行结果如图 6-3 所示。

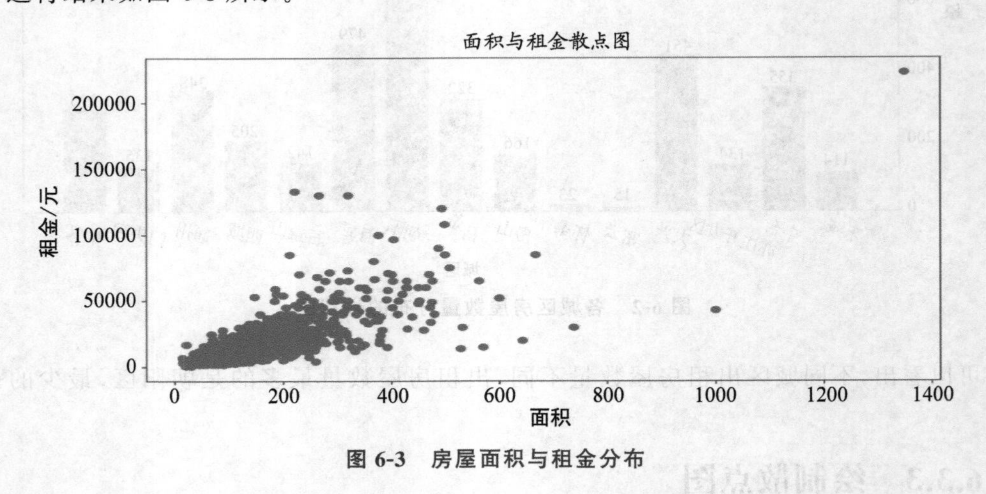

图 6-3 房屋面积与租金分布

可以看出,房屋面积和租金有较强的相关性,房屋面积越大,房屋租金越高。

扫一扫

6.3.4 绘制饼图

饼图用来表示不同分类的占比情况,通过弧度大小来对比各种分类。饼图适合直观的展示部分与部分、部分与整体之间的比例关系。

Matplotlib 中的 pie()函数绘制饼图。语法结构如下。

```
pie(x, explode=None, labels=None, colors=None, autopct=None, pctdistance=0.6,
shadow=False, labeledistance=1.1, startangle=None, radius=None, ..., center=
(0,0), ...)
```

pie()函数的常用参数及其说明如表 6-4 所示。

表 6-4 pie()函数的常用参数及其说明

参 数	说 明
x	绘制饼图的数据,自动计算其中每个数据的占比,并确定对应的扇形面积,接收数组,无默认值
explod	指定每个扇形沿半径方向相对于圆心的偏移量,接收数组,默认为 None
labels	指定每个扇形的文本标签,接收数组,默认为 None
colors	指定每个扇形的颜色,接收数组,若颜色数量少于扇形数量,循环使用指定颜色,默认为 None
autopct	指定扇形内数值的显示格式,接收字符串,默认为 None
pctdistance	指定每个扇形的中心与 autopct 指定的文本之间的距离,接收 float 类型数据,默认为 0.6
labeldistance	指定每个饼标签绘制时的径向距离,接收小数,默认为 1.1
radius	指定饼的半径,接收 float 类型数据,默认为 1
center	指定饼的圆心位置,接收(x,y)形式的元组,默认为(0,0)

【例 6.4】 绘制房屋户型前 10 名的占比情况。

代码如下。

```
#根据房屋户型分组
df1=df.groupby('model')
#计算房屋户型数量,排序并取前 10 名
df_model=df1.count()['ID'].sort_values(axis=0,ascending=False)[:10]
model=df_model.index.tolist()
#计算房屋数量
count=df_model.values.tolist()
#绘制房屋户型占比饼图
plt.pie(count,labels=model,autopct='%1.2f%%')
#设置图形标题
plt.title('房屋户型前 10 名的占比情况',fontproperties='stkaiti',
          fontsize=14)
plt.show()
```

运行结果如图 6-4 所示。

可以看出,大部分房屋的户型为 2 室 1 厅 1 卫、1 室 1 厅 1 卫、3 室 1 厅 1 卫、3 室 2 厅 2 卫。

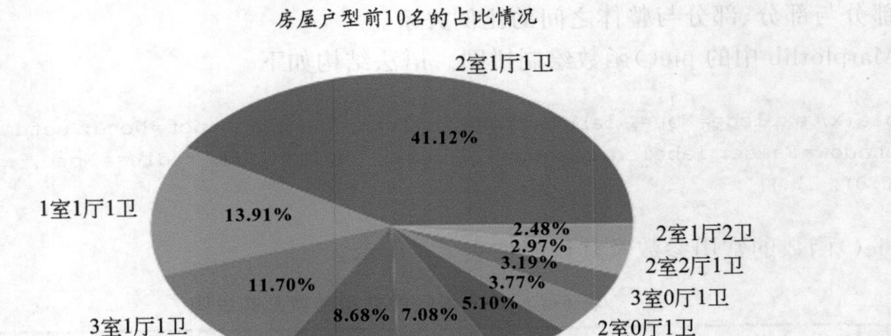

图 6-4 房屋户型数量前 10 名的占比情况

扫一扫

6.3.5 绘制箱线图

箱线图因形状如箱子而得名,1977 年,美国著名数学家 John W. Tukey 首先在他的著作 *Exploratory Data Analysis* 中介绍了箱线图。箱线图也称盒形图,通过绘制反映数据分布特征的统计量,提供有关数据位置和分散情况的关键信息,尤其在比较不同特征时,更可表现其分散程度差异。

假设一组数据有 n 个数,将它们从小到大排列分为四等分,Q1、Q2 和 Q3 分别表示第一四分位数、第二四分位数和第三四分位数,四分位距 IQR=Q3−Q1。在箱线图中,箱子的中间有一条线,代表了数据的中位数。箱子的上底是第三四分位数 Q3,下底是第一四分位数 Q1。所以箱体包含了 50%的数据。箱体的上面有一条线,值为 Q3+1.5IQR,称为上限。箱体的下面也有一条线,值为 Q1−1.5IQR,称为下限。上限是非异常范围的最大值,下限是非异常范围的最小值,即正常范围是[Q1−1.5IQR,Q3+1.5IQR],超过该正常范围的就是异常值。因此,在箱线图中可以看出数据是否对称,分布的分散程度,还可以检测异常值。

Matplotlib 中的 boxplot()函数绘制箱线图。语法结构如下。

```
boxplot(x, notch=None, sym=None, vert=None, positions=None, widths=None,
meanline=None, labels=None, …)
```

boxplot()函数的常用参数及其说明如表 6-5 所示。

表 6-5 boxplot()函数的常用参数及其说明

参数	说明
x	指定用于绘制箱线图的数据,接收数组,无默认值
notch	指定中间箱体是否有缺口,接收 boolean,默认为 None
sym	指定异常点形状,接收特定 string,默认为 None
vert	指定图形的方向,纵向或者横向,接收 boolean,默认为 None
positions	指定图形位置,接收数组,默认为 None
widths	指定每个箱体的宽度,接收数组或者 scalar,默认为 None

续表

参 数	说 明
labels	指定每个箱线图的标签,接收数组,默认为 None
meanline	指定是否显示均值线,接收 boolean,默认为 False

【例 6.5】 绘制房屋户型数量排名前 5 名的租金箱线图。

代码如下。

```
#按照房屋户型进行分组
df1=df.groupby('model')
#计算房屋户型数量,排序并取前 5 名
df_model=df1.count()['ID'].sort_values(axis=0,ascending=False)[:5]
model=df_model.index.tolist()
#提取户型数量排名前 5 的租金
rent=[]
model_label=[]
for g in df1:
    key=g[0]
    val=g[1]
    if key in model:
        rent.append(val['rent'])
        model_label.append(key)
#绘制户型数量排名前 5 的租金箱线图
plt.boxplot(x=rent,labels=model_label)
#设置坐标轴标签文本
plt.xlabel('户型',fontproperties='simhei')
plt.ylabel('租金/元',fontproperties='simhei')
#设置图形标题
plt.title('房屋户型数量排名前 5 名的租金箱线图',fontproperties='stkaiti',
        fontsize=14)
plt.show()
```

运行结果如图 6-5 所示。

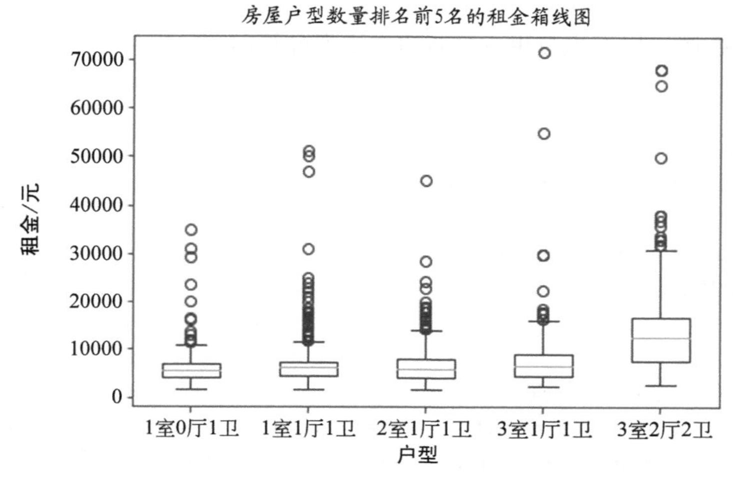

图 6-5 房屋户型数量前 5 名的租金分布

由上图可以看出,各种房屋户型的租金分布基本对称,且相对比较集中,每种房屋户型的租金都有一些值在正常值范围外,这应该跟房屋所在的城区有关系,靠近市中心的房屋租金相对较高,呈现出偏离正常值的状态,这和前面各城区的平均租金也是一致的。

扫一扫

6.3.6 绘制六边形分箱图

六边形分箱图(hexagonal binning),简称六边形图,是一种以六边形为主要元素的统计图表。它是一种比较特殊的图表,既是散点图的延伸,又兼具直方图和热力图的特征。如果数据过于密集而无法单独绘制每个点,则六边形图可以替代散点图,所以该图形又被称为密度图。

Matplotlib 中的 hexbin()函数绘制六边形分箱图。语法结构如下。

```
hexbin(x, y, C=None, gridsize=100, bins=None, xscale='linear', yscale='linear',
extent=None, cmap=None, norm=None, vmin=None, vmax=None, alpha=None, linewidths=
None, edgecolors='face', mincnt=None, marginals=False, …)
```

hexbin()函数的常用参数及其说明如表 6-6 所示。

表 6-6 hexbin()函数的常用参数及其说明

参 数	说 明
x,y	输入的数据序列,接收整数或字符串,x 和 y 的长度必须相同
C	指定存储在箱中的值,接收整数或字符串,默认为 None
gridsize	指定 x 方向或两个方向上六边形的数量,接收整数,默认为 100
xscale	指定水平轴上使用的刻度,默认为 linear
yscale	指定垂直轴上使用的刻度,默认为 linear
mincnt	指定单元格中具有最少点数的单元格,默认为 None
marginal	指定沿 x 轴底部和 y 轴左侧绘制颜色映射为矩形的边际密度,默认为 False
extent	指定箱子的极限,默认为 None

【例 6.6】 绘制房屋面积与租金分布的六边形分箱图。

代码如下。

```
#获取房屋面积
area=df['area'].values.tolist()
#获取房屋租金
rent=df['rent'].values.tolist()
#转换为数组类型
area=np.array([area])
rent=np.array([rent])
#删除 3 倍标准差之外的数据点
nn=np.where((area<area.mean()+3*area.std())&(area>area.mean()-3*area.std
())&(rent<rent.mean()+3*rent.std())&(rent>rent.mean()-3*rent.std()))
```

```
newarea=area[nn]
newrent=rent[nn]
newarea=np.array([newarea]).T
newrent=np.array([newrent]).T
#绘制面积与租金六边形分箱图
plt.figure(figsize=(10,6))
hb=plt.hexbin(newarea, newrent, gridsize=20, vmax=100, cmap='gray_r')
plt.xlabel('面积',fontproperties='simhei')
plt.ylabel('租金/元',fontproperties='simhei')
#设置图形标题
plt.title('面积与租金的六边形分箱图',fontproperties='stkaiti',fontsize=20)
cb=plt.colorbar(hb)
#调整图形周围的空白
plt.tight_layout(pad=2)
plt.show()
```

运行结果如图 6-6 所示。

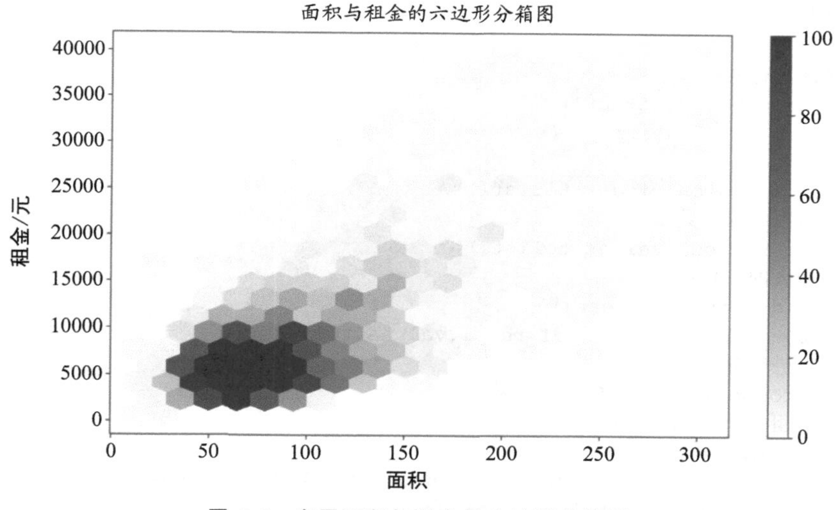

图 6-6 房屋面积与租金的六边形分箱图

图中颜色的深浅代表六边形中数据点的密度,密度越大,颜色越深,密度越小,颜色越浅,颜色深浅与数据点多少的关系由右边的颜色棒表示。同时为了能够更好地显示房屋和租金的分布情况,本例中去掉了 3 倍标准差以外的数据点,这些数据点比较少,而且和正常的数据点偏离比较大。根据图中数据的分布情况可以看出,面积小且租金低的房屋数量占大多数,面积集中在 50～100,租金集中在 2000～8000。

6.4 切分绘图区域

扫一扫

一般情况下,Matplotlib 使用整个绘图区域进行图形绘制,要想在绘图区域绘制多个不同的图形,需要使用 subplot()函数将整个绘图区域切分成多个子区域,然后在不同的子区域中绘制图形,并且允许每个子区域使用独立的坐标系统。subplot()函数的语法格式如下。

```
subplot(*args, **kwargs)
```

subplot()函数的常用参数及其说明如表 6-7 所示。

表 6-7 subplot()函数的常用参数及其说明

参 数	说 明
args	指定切分的行数、列数以及当前选择子图编号的位置,例如 subplot(2,3,1)表示把整个绘图区域切分为 2 行 3 列,并返回第一个子图,无默认值
facecolor	指定当前子图的背景颜色,接收字符串,默认为 None
polar	指定当前子图是否为极坐标图,接收布尔值,默认为 False
projection	指定当前子图的投影方式,接收字符串,默认为"rectilinear"

【例 6.7】 绘制子图,展示不同城区和街道的房屋数量与租金分布情况。

代码如下。

```
#按照城区进行分组
df1=df.groupby('district')
df_region1=df1['ID'].count()
#获取城区名
region1=df_region1.index.tolist()
#获取各城区的房屋数量
count1=df_region1.values.tolist()
#获取各城区的平均租金
df_rent1=df1['rent'].mean()
rent1=[round(x,2) for x in df_rent1.values.tolist()]
#按照街道进行分组
df2=df.groupby('street')
#计算平均租金前 20 名的街道
df_region2=df2['rent'].mean()
top_street_rent=df_region2.sort_values(axis=0, ascending=False)[:20]
region2=top_street_rent.index.tolist()
#计算平均租金前 20 名的街道的出租房屋数量和租金
count2=[df2.count()['ID'][str] for str in region2]
rent2=[round(x,2) for x in top_street_rent.values.tolist()]
#创建图形
fig=plt.figure(figsize=(12,6))
#设置子图的总标题
fig.suptitle('不同城区和街道的房屋数量与租金分布', fontproperties='stkaiti',
fontsize=14)
#绘制第一个子图
ax1=plt.subplot(221)
ax1.bar(region1,count1,width=0.6)
ax1.set_ylabel('数量')
#绘制第二个子图
ax2=plt.subplot(222)
ax2.bar(region2,count2,width=0.6)
ax2.set_ylabel('数量')
```

```
#绘制第三个子图
ax3=plt.subplot(223)
ax3.bar(region1,rent1,width=0.6)
ax3.set_xlabel('城区')
ax3.set_ylabel('租金/元')
#绘制第四个子图
ax4=plt.subplot(224)
ax4.bar(region2,rent2,width=0.6)
ax4.set_xlabel('街道')
ax4.set_ylabel('租金/元')
plt.tight_layout(pad=2)
#设置子图之间的水平和垂直间距
plt.subplots_adjust(wspace=0.2,hspace=0)
#设置横坐标字体倾斜角度
fig.autofmt_xdate(rotation=60)
plt.show()
```

运行结果如图 6-7 所示。

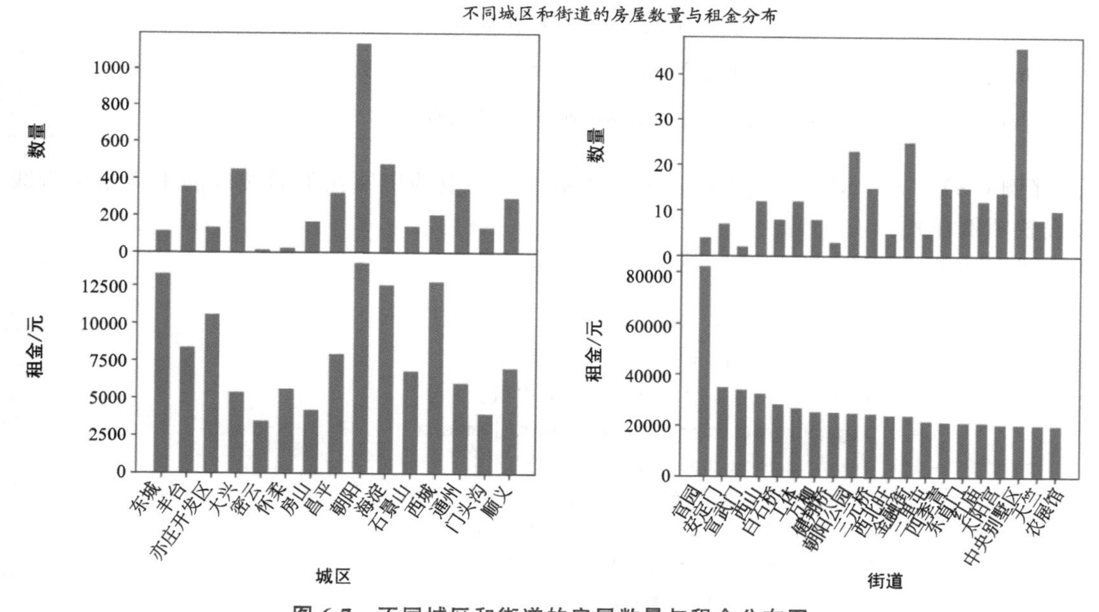

图 6-7 不同城区和街道的房屋数量与租金分布图

6.5 设置图例样式

扫一扫

图例是对图形中所使用符号、颜色等的说明,帮助读者理解图形。图例一般位于图形绘制结果的一角或一侧,也可以根据图形的特点设置图例的位置、背景色等。Matplotlib 提供了 legend()函数,用于设置当前子图的图例样式,如果有多个子图,需要使用 gca()函数先选择子图,或者直接使用子图对象调用 legend()函数。legend()函数的语法格式如下。

```
legend(*args, **kwargs)
```

legend()函数的常用参数及其说明如表6-8所示。

表6-8 legend()函数的常用参数及其说明

参数	说明
loc	指定图例的位置,接收整数、字符串或实数元组,无默认值
prop	指定图例中文本使用的字体
fontsize	指定图例中文本使用的字号,接收表示绝对大小的整数、实数或者表示相对大小的字符串
markerscale	指定图例中标记符号与图形中原始标记符号大小的相对比例
framealpha	指定图例背景透明度,接收实数值
facecolor	指定图例的背景颜色
edgecolor	指定图例的边框颜色
title	指定图例的标题,接收字符串
borderpad	指定图例边框内空白区域的大小,接收实数
labelspacing	指定图例中每个条目之间的垂直距离,接收实数
columnspacing	指定图例多栏之间的横向距离,接收实数

【例6.8】 为户型是2室1厅1卫和3室1厅1卫的房屋在不同城区的平均租金折线图设置图例样式。

代码如下。

```
df1=df[df.model=='2室1厅1卫']
df2=df[df.model=='3室1厅1卫']
#统计不同城区的户型是2室1厅1卫的房屋平均租金
df1_group=df1.groupby('district')['rent'].mean()
region1=df1_group.index.tolist()
rent1=[round(x,2) for x in df1_group.values.tolist()]
#统计不同城区的户型是3室1厅1卫的房屋平均租金
df2_group=df2.groupby('district')['rent'].mean()
region2=df2_group.index.tolist()
rent2=[round(x,2) for x in df2_group.values.tolist()]
#绘制各城区房屋租金折线图
plt.figure(figsize=(10, 6))
plt.plot(region1,rent1,c='k',marker='o',linestyle='--',label='2室1厅1卫')
plt.plot(region2,rent2,c='k',marker='*',linestyle='-',label='3室1厅1卫')
plt.ylabel('租金/元',fontproperties='simhei')
plt.xlabel('城区',fontproperties='simhei')
plt.title('2室1厅1卫和3室1厅1卫的房屋在不同城区的平均租金折线图',
fontproperties='stkaiti',fontsize=14)
#设置图例的位置、字体大小和边框颜色
```

```
plt.legend(loc='best',fontsize=15,edgecolor='black')
#设置横坐标字体倾斜角度
plt.xticks(rotation=15)
plt.show()
```

运行结果如图 6-8 所示。

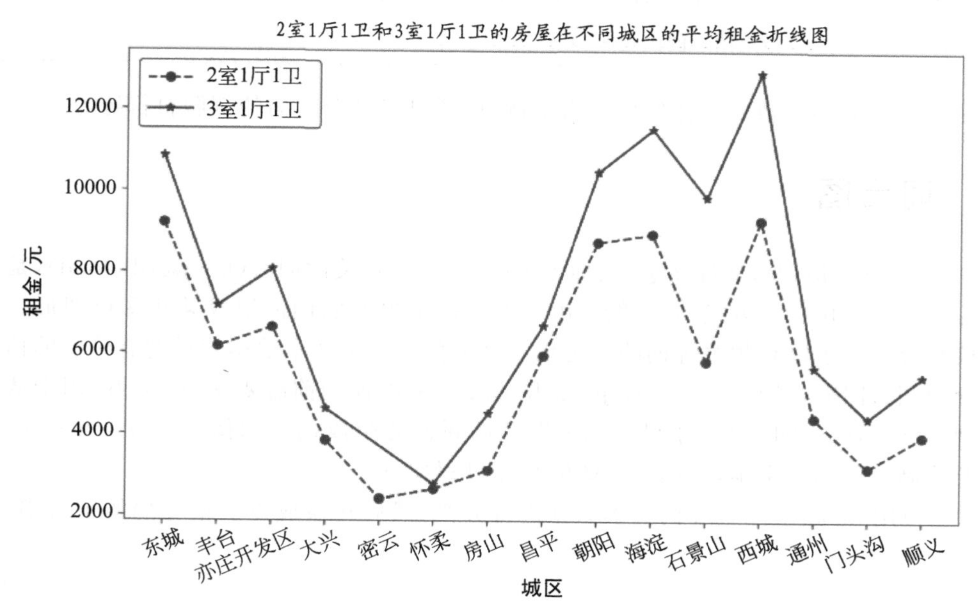

图 6-8 户型是 2 室 1 厅 1 卫和 3 室 1 厅 1 卫的房屋在不同城区的平均租金折线图

6.6 保存绘图结果

要想把绘制的图形保存为图片文件,可以在调用 show()函数显示图片之后使用图形窗口中的按钮进行保存,也可以在程序中直接调用 savefig()函数,把当前绘制的图形保存为图片文件。savefig()函数的语法格式如下。

```
savefig(fname, dpi=None, facecolor='w', edgecolor='w', format=None, transparent=False, bbox_inches=None, pad_inches=0.1, …)
```

savefig()函数的常用参数及其说明如表 6-9 所示。

表 6-9 savefig()函数的常用参数及其说明

参 数	说 明
fname	指定要保存的文件名
dpi	指定图形的分辨率,默认使用配置文件 Lib\site-package\matplotlib\mpl-data\matplotlibrc 中的 savefig.dpi 的值
facecolor、edgecolor	指定图形的背景色和边框颜色,默认为白色

续表

参　数	说　明
format	指定保存文件的类型和扩展名,默认为参数 fname 字符串指定的文件扩展名
transparent	指定子图是否透明,默认为 False
bbox_inches	指定保存图形的哪一部分,默认为 None
pad_inches	指定图形的内边距,默认为 0.1

关于 savefig()函数的具体使用不再举例,读者可以结合前面的例题自行练习。

6.7 词云图

词云(word cloud),又称文字云、标签云(tag cloud)、关键词云(keyword cloud),是文本数据的一种可视化展现方式,它一般是由文本数据中提取的词汇组成某些彩色图形。词云图的核心价值在于以高频关键词的可视化表达来传达大量文本数据背后的有价值的信息。

绘制词云图需要用到第三方库 jieba 和 wordcloud,使用前需要安装。jieba 用于从文本中分割出词汇,wordcloud 用于设置词云图片的属性并生成词云图像。假设变量 text 中存储了要绘制词云图的文本,绘制词云图的具体过程如下。

(1) 使用 jieba 库将 text 的文本数据进行分割,然后转换成以空格分隔的字符串 text_string。代码如下。

```
#将 text 文件切分为若干词语
text_cut=jieba.cut(text)
#将词语用空格分隔,得到用空格分隔的字符串
text_string=' '.join(text_cut)
```

(2) 利用 WordCloud()函数实例化一个对象 wc。绘制词云图所使用的函数为 WordCloud(参数表),此函数接受一些参数,并返回一个对象 wc。WordCloud()函数的常用参数及其说明如表 6-10 所示。

表 6-10　WordCloud()函数的常用参数及其说明

参　数	说　明
width	指定词云对象生成图片的宽度,默认为 400 像素
height	指定词云对象生成图片的高度,默认为 200 像素
min_font_size	指定词云中字体的最小字号,默认为 4 号
max_font_size	指定词云中字体的最大字号,根据高度自动调节
font_step	指定词云中字体字号的步进间隔,默认为 1
font_path	指定字体文件的路径,默认为 None
max_words	指定词云显示的最大单词数量,默认为 200

续表

参　数	说　明
stop_words	指定词云的排除词列表,即不显示的单词列表
mask	指定词云形状,默认为长方形,需要引用 imread()函数
background_color	指定词云图片的背景颜色,默认为黑色

(3) 将字符串 text_string 传给函数 wc.generate_from_text()进行绘图。代码如下。

```
wc.generate_from_text(text_string)
```

【例 6.9】 绘制租房数据表中房屋所在街道的词云图。

注意:此例直接从 newbj_lianJia.csv 文件中读取"street"列的信息放到列表中,然后绘制词云图,没有使用 jieba 的分词功能,关于此功能,读者可自行学习使用。

代码如下。

```
#导入库
import pandas as pd
from wordcloud import WordCloud
import numpy as np
import matplotlib.pyplot as plt
import PIL.Image as image

#读取文件
df=pd.read_csv('newbj_lianJia.csv', encoding='gbk')
#读取房屋街道
street=df['street']
#将转换为字符串
string=' '.join(street)
#打开图片
img=image.open('background.PNG')
#将图片转换为数组
img_array=np.array(img)
#创建 wc 对象
wc=WordCloud(
        background_color='white',       #设置背景颜色
        mask=img_array,                 #设置背景图片
        font_path="FZSTK.TTF"           #字体所在位置 C:\Windows\Fonts
)
#绘图
wc.generate_from_text(string)
#对图像进行处理
plt.imshow(wc)
#隐藏坐标轴
plt.axis("off")
#显示图片
plt.show()
#保存图片到当前文件夹
wc.to_file('street.png')
```

运行结果如图 6-9 所示。

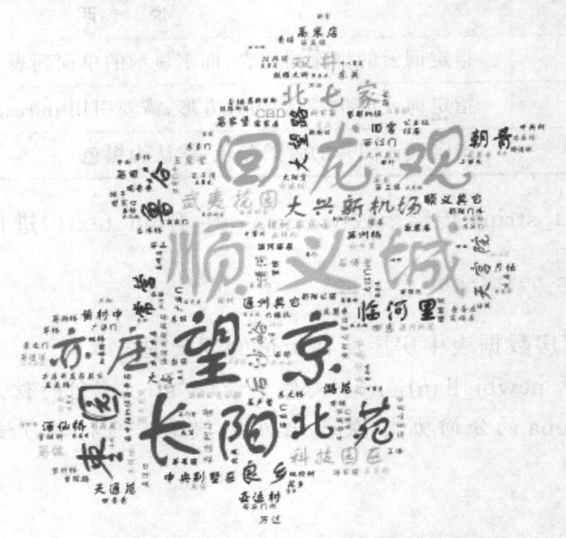

图 6-9　房屋所在街道的词云图

可以看出，字号越大的词语表示出现的频度越高，代表此街道出租房屋的数量越多，根据图中字号的大小可以很直观地对比各街道的租房数量。

扫一扫

6.8　案例实现

6.1 节提出的数据展示任务具体实现如下。

（1）绘制各楼层平均租金分布的条形图。代码如下。

```
#按照楼层分组
g=df.groupby('floor')
#计算各楼层的房屋数量
df_floor=g.count()['ID']
floor=df_floor.index.tolist()
#计算各楼层的平均租金
df_floor_rent=g.mean()['rent']
rent=df_floor_rent.values.tolist()
rent=[round(x,2) for x in rent]
#绘制条形图
plt.barh(y=floor,width=rent)
plt.ylabel('楼层')
plt.xlabel('租金/元')
plt.title('各楼层平均租金条形图',fontproperties='stkaiti',fontsize=14)
plt.tight_layout(pad=2)
plt.show()
```

运行结果如图 6-10 所示。

可以看出，对租金影响最大的依次是：地下室、低楼层、中楼层、高楼层。

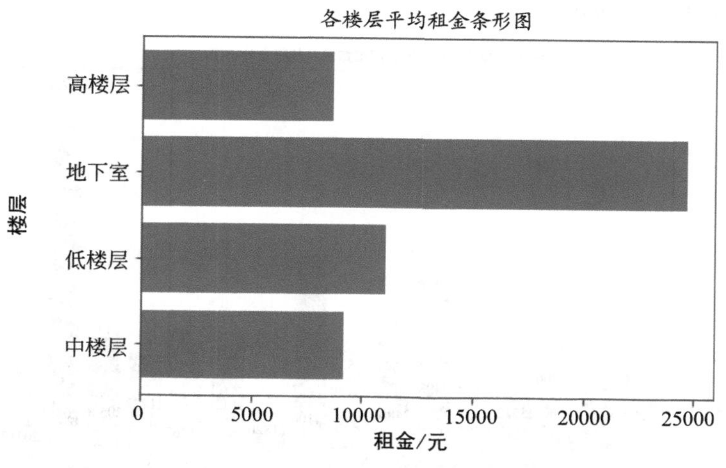

图 6-10　各楼层平均租金的条形图

（2）绘制各城区房屋平均租金的折线图，见例 6.1。

（3）绘制平均租金前 20 名的街道房屋数量的柱状图及其平均租金分布折线图。代码如下。

```
#按照街道进行分组
g=df.groupby('street')
#对街道按照平均租金进行升序排序,并取前 20 名
df_region=g.mean()['rent']
top_street_rent=df_region.sort_values(axis=0, ascending=False)[:20]
#获取排名前 20 名的街道名称
region=top_street_rent.index.tolist()
#统计各个街道出租房屋数量
count=[g.count()['ID'][s] for s in region]
#获取排名前 20 名的街道的平均租金
rent=[round(x,2) for x in top_street_rent.values.tolist()]
#绘图
fig,axs=plt.subplots(1,1,figsize=(12,6))
axs.bar(region,height=count)
plt.ylabel("数量")
plt.xlabel("街道")
axs1=axs.twinx()
axs1.plot(region,rent,c='r',marker='o',linestyle='--')
for x,y in zip(region,count):
    axs.text(x,y,'%.0f' %y,ha='center',fontsize=12)
for x,y in zip(region,rent):
    axs1.text(x,y,'%.0f' %y,ha='center',fontsize=12)
axs.set_title('租金前 20 名的街道出租房屋数量及其租金分布图',fontsize= 14)
plt.ylabel("租金/元")
fig.autofmt_xdate(rotation=15)
plt.tight_layout(pad=1)
plt.show()
```

运行结果如图 6-11 所示。

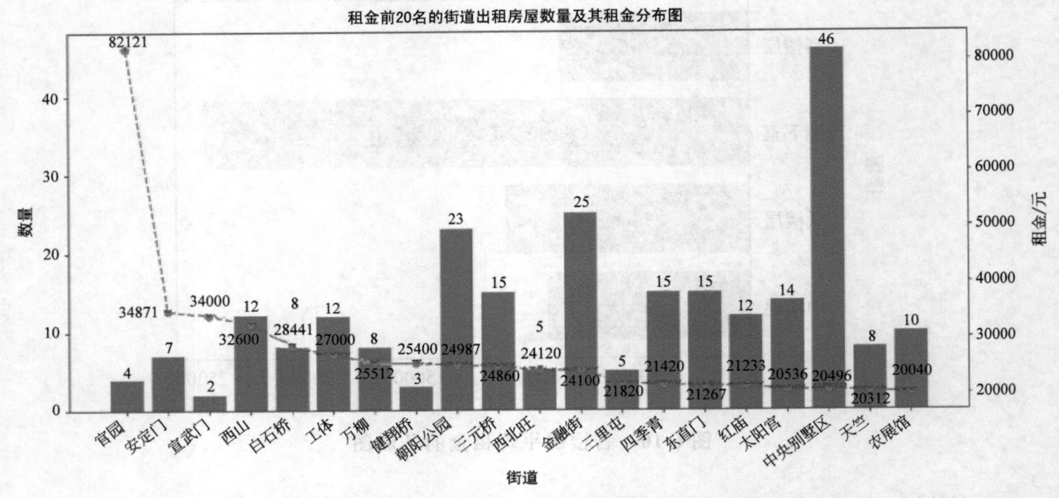

图 6-11　租金前 20 名的街道出租房屋数量及租金分布图

可以看出,租金最贵的街道为官园、安定门、宣武门、西山、白石桥。除了租金最高的官园,其余街道的租金相差不是很多,所以街道属性与租金没有很强的相关性。

(4) 绘制房屋户型前 10 名的占比情况,见例 6.4。

6.9　本章知识要点

(1) Matplotlib 依赖于扩展库 Numpy 和标准库 Tkinter,可以绘制多种形式的图形,包括折线图、散点图、直方图、饼图、箱线图等,是数据可视化的重要工具。

(2) Matplotlib 中应用最广的是 pyplot 绘图模块,其中包含了各种图形的绘制方法,提供了类似 MATLAB 的绘图接口,支持线条样式、字体属性、轴属性及其他属性的管理和控制。

(3) 折线图采用 plot()函数绘制,比较适合描述和比较多组数据随时间变化的趋势,或者一组数据对另外一组数据的依赖程度。

(4) 柱状图采用 bar()函数绘制,柱状图适合用来比较多组数据之间的大小,或者类似的场合。

(5) 散点图采用 scatter()函数绘制,散点图比较适合描述数据在平面或者空间中的分布,用来分析数据之间的关联,或者观察聚类效果。

(6) 饼图采用 pie()函数绘制,用来表示不同分类的占比情况,适合直观地展示部分与部分、部分与整体之间的比例关系。

(7) 箱线图也称盒形图,由 boxplot()函数绘制,从箱线图中可以看出数据是否对称,分布的分散程度,还可以检测异常值。

(8) 六边形分箱图由 hexbin()函数绘制。如果数据过于密集,而无法单独绘制每个点,则六边形分箱图可以替代散点图。

(9) 在绘图区域绘制多个不同的图形需要使用 subplot()函数,将整个绘图区域切分成多个子区域，然后在不同的子区域中绘制图形。

(10) legend()函数用于设置当前子图的图例样式，如果有多个子图，需要使用 gca()函数先选择子图，或者直接使用子图对象调用 legend()函数。

(11) 绘制词云图需要用到第三方库 jieba 和 wordcloud，jieba 用于从文中的句子里分割出词汇，wordcloud 用于设置词云图片的属性，并生成词云图像。

6.10 习题

1. 填空题

(1) matplotlib.pyplot 中的 bar()函数可以用来绘制________图形。

(2) 使用 Matplotlib 绘制各种图形时，可以利用相关函数设置图形属性。其中，________函数用于设置图形的标题，________和________函数分别设置 x 轴和 y 轴的标签，________函数用于显示图形中的网格，________函数用于显示图例，________函数用于显示图形。

(3) Matplotlib 要想在绘图区域绘制多个不同的图形，需要使用________函数将整个绘图区域切分成多个子区域，然后在不同的子区域中绘制图形。

(4) 调用________函数显示图片，调用________函数把当前绘制的图片保存为图片文件。

2. 编程题

(1) 编写一个 Python 程序绘制一条线，在 x 轴、y 轴和标题上带有合适的标签。

(2) 编写一个 Python 程序，使用数组在一个命令中绘制多条具有不同格式样式的线。

(3) 使用 6.1 节的数据表，实现以下功能。

① 绘制租金前 20 名的房屋朝向的柱状图。

② 绘制房屋有无电梯的占比情况。

(4) 制作词云图。自行搜索一篇文章，保存为 txt 文件，利用 jieba 库和 WordCloud 库，制作词云图，自定义词云的形状。

第 7 章 数据挖掘基础

近年来，数据挖掘引起了信息产业界的极大关注，信息时代存在大量数据，人们迫切需要将这些数据转换成有用的信息和知识，并将获取到的信息和知识用于各种领域，包括商业管理、生产控制、市场分析、工程设计和科学探索等。本章主要介绍数据挖掘的基本概念，以及机器学习库 Scikit-learn 的常用模块、方法和数据集。

本章学习目标

- 了解数据挖掘的概念。
- 了解数据挖掘中的常用术语。
- 了解数据挖掘的流程。
- 了解 Scikit-learn 常用模块。
- 理解 Scikit-learn 的常用方法。
- 理解 Scikit-learn 的常用数据集。

本章思维导图

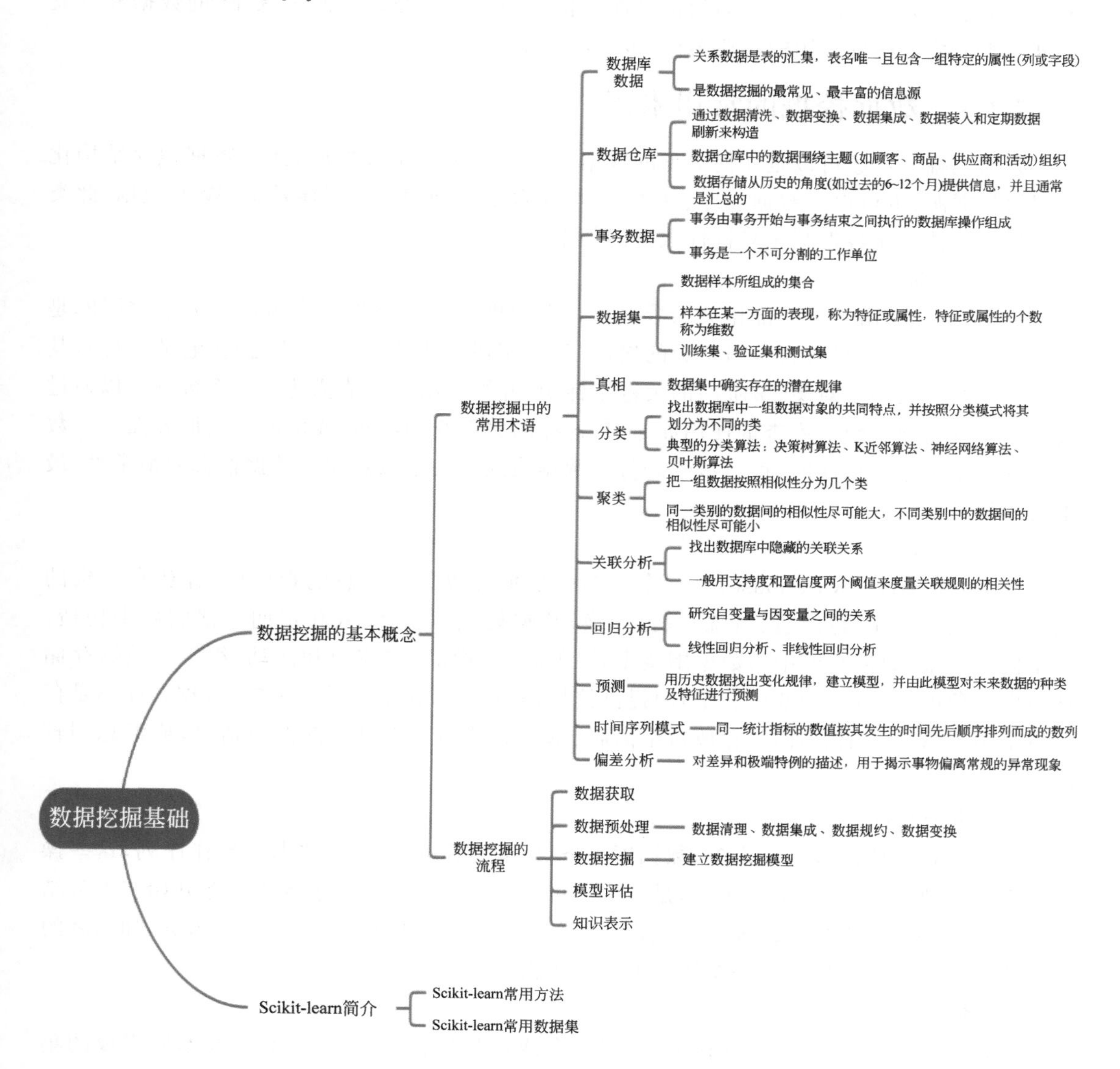

7.1 数据挖掘的基本概念

数据挖掘(data mining)是大数据、人工智能和数据库领域研究的热点问题，又称知识发现(knowledge discovery in database，KDD)，即“从数据中挖掘知识”，是指从数据库的大量数据中揭示出隐含的、先前未知的并有潜在价值的信息的过程。数据挖掘是一种决策支持过程，主要基于人工智能、机器学习、模式识别、统计学、数据库、可视化技术等，高度自动化地分析企业的数据，做出归纳性的推理，从中挖掘出潜在的模式，帮助决策者调整市场策略，减少风险，做出正确的决策。

例如，某商场在对消费者购物行为分析时发现，男性顾客在购买婴儿尿片时，常常会顺便搭配几瓶啤酒来犒劳自己,于是商场尝试推出了将啤酒和尿布摆在一起的促销手段。没想到这个举措居然使尿布和啤酒的销量都大幅增加了。如今,"啤酒+尿布"的数据分析成果早已成了数据挖掘应用的经典案例,被人津津乐道。

7.1.1 数据挖掘的常用术语

数据挖掘的对象可以是任何类型的数据源。可以是关系数据库,此类数据包含结构化数据的数据源;也可以是数据仓库、文本、多媒体数据、空间数据、时序数据、Web数据,此类数据包含半结构化数据甚至异构性数据的数据源。

(1) 数据库。

数据库系统,由一组内部相关的数据和一组管理数据的软件程序组成。关系数据库是表的汇集,表名唯一且包含一组特定的属性(列或字段),表中存放大量元组(记录或行),其中每个元组代表一个对象,被唯一的关键字标识,并被一组属性值描述。关系数据可以通过数据库查询访问。数据库查询使用如SQL这样的关系查询语句,或借助于图形界面。当数据挖掘用于关系数据库时,可以搜索趋势或数据模式。关系数据库是数据挖掘的最常见、最丰富的信息源。

(2) 数据仓库。

数据仓库(data warehouse)是一个从多个数据源收集的信息的存储库,存放在一致的模式下。数据仓库通过数据清洗、数据变换、数据集成、数据装入和定期数据刷新来构造。为了便于决策,数据仓库中的数据围绕主题(如顾客、商品、供应商和活动)组织。数据存储从历史的角度(如过去的6~12个月)提供信息,并且通常是汇总的。例如,数据仓库不是存放每个销售事务的细节,而是存放每个商店、每类商品的销售事务的汇总信息,或汇总到较高层次。

(3) 事务数据。

事务数据一般指数据库事务,数据库事务(transaction)是一个数据库操作序列,这些操作要么全部执行,要么全部不执行,是一个不可分割的工作单位。事务由事务开始与事务结束之间执行的数据库操作组成。一般来说,事务数据库的每个记录代表一个事务,如顾客的一次购物、一个航班订票,或一个用户的网页单击。

(4) 数据集。

数据集(data set)又称为资料集、数据集合或资料集合,是一种由数据样本所组成的集合。样本(sample)是对一个对象的描述。样本在某一方面的表现称为特征(feature)或属性(attribute)。特征或属性的个数称为维数(dimensionality)。在数据挖掘的任务中,数据集通常分为训练集(training set)、验证集(validation set)和测试集(test set)。其中,训练集用于模型训练,验证集用于调整模型的超参数及对模型能力进行评估,测试集用于评估训练好的模型的泛化能力。常见的评估指标包括准确率(accuracy)、召回率(recall)、F值(F-score)等。

(5) 真相。

真相(ground-truth)是在数据集中确实存在的潜在规律。

数据挖掘的任务可以分为:分类、聚类分析、关联分析、回归分析、预测、时间序列模式、偏差分析等。

(1) 分类。

分类(classification)。是找出数据库中一组数据对象的共同特点,并按照分类模式将其划分为不同的类。分类问题在商业、银行业、医疗诊断、生物学、文本挖掘等领域都有广泛应用。例如,在银行业中,分类方法可以辅助工作人员将正常信用卡用户和欺诈信用卡用户进行分类,从而采取有效措施减少银行的损失;在医疗诊断中,分类方法可以帮助医疗人员将正常细胞和癌变细胞进行分类,从而及时制定救治方案,挽救病人的生命。

典型的分类算法有决策树算法、K 近邻算法、神经网络算法、贝叶斯算法。

(2) 聚类分析。

聚类分析(clustering)是把一组数据按照相似性分为几个类别,目的是使得属于同一类别的数据间的相似性尽可能大,不同类别的数据间的相似性尽可能小。它可以应用到客户群体的分类、客户背景分析、客户购买趋势预测等。

(3) 关联分析。

关联分析(association analysis)的经典案例"啤酒和尿布"给了人们一个启示:世界上的万事万物都有着千丝万缕的联系,我们要善于发现这种关联。

关联是指两个或两个以上变量的取值之间存在某种规律性。数据关联是数据库中存在的一类重要的、可被发现的知识。关联分析的目的是找出数据库中隐藏的关联关系。有时并不知道数据库中数据的关联函数,即使知道也是不确定的,因此关联分析生成的规则带有一定的可信度。一般用支持度和置信度两个阈值来度量关联规则的相关性,另外人们还引入提升度、兴趣度、相关性等衡量标准,使得所挖掘的规则更符合需求。

(4) 回归分析。

回归分析(regression analysis)是研究自变量与因变量之间关系的一种统计分析方法。它根据预测目标确定自变量与因变量,绘制散点图,确定回归模型类型,估计模型参数,建立回归模型,对回归模型进行检验,利用回归模型进行预测。回归分析分为线性回归分析与非线性回归分析两大类。回归分析方法被广泛地用于房价预测、销售额预测等。例如,某商场根据销售数据(包括商品价格、订单数、退货情况等)预测销售规模或营业额;网站根据访问的历史数据(包括新用户的注册量、老用户的活跃度、网站内容的更新频率等)预测有购买行为的客户人数。

(5) 预测。

预测(predication)是利用历史数据找出变化规律,建立模型,并由此模型对未来数据的种类或变化规律进行预测。预测分析可以应用于用户行为预测,实现企业精准营销,也可以用于设备故障预测,降低设备故障带来的经济损失。

(6) 时间序列模式。

时间序列(time series pattern)是指同一统计指标的数值按其发生的时间先后顺序排列而成的数列(是均匀时间间隔上的观测值序列)。时间序列分析的主要目的是根据已有的历史数据对未来进行预测。时间序列分析包括的内容有趋势分析、序列分解、序列预测。要实现时间序列挖掘,首先要对序列进行分割,根据某些特征进行聚类,得到少数几个模式,将模式进行符号替换,将时间序列转换为符号序列,然后采用序列模式发现算法进行关联挖掘。只要序列数据中的某种模式达到设定的阈值要求,就会输出规则。因此,时间序列挖掘方法可能会建立多个模型,它们分别反映了序列某些方面的特征。

(7) 偏差分析。

偏差分析(deviation analysis)又称比较分析,它是对差异和极端特例的描述,用于揭示事物偏离常规的异常现象。偏差分析包括一些潜在有趣的知识,如分类中的反常实例。偏差分析可用于信用卡欺诈行为检测、网络入侵检测、劣质产品分析等。

数据挖掘吸纳了诸如统计学、机器学习、模式识别、数据库和数据仓库、信息检索、可视化、算法、高性能计算和许多其他应用领域的大量技术。数据挖掘中经典的算法具有广泛的应用场景。IEEE 国际数据挖掘会议(International Conference on Data Mining, ICDM) 2006 年 12 月评选出了数据挖掘领域的十大经典算法,主要包括 C4.5、K-Means、SVM、Apriori、EM、PageRank、AdaBoost、KNN、Naive Bayes、CART。

7.1.2 数据挖掘的流程

通常数据挖掘分为 5 个阶段:数据获取、数据预处理、数据挖掘、模型评估和知识表示,如图 7-1 所示。

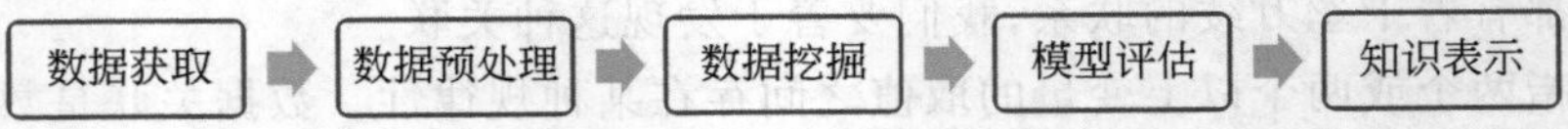

数据获取 → 数据预处理 → 数据挖掘 → 模型评估 → 知识表示

图 7-1 数据挖掘的流程

在数据挖掘中,至少 60%的费用花在数据获取阶段,而至少 60%以上的精力和时间花在数据预处理阶段。

一般数据集是已经存在的或者至少知道如何获得的(访问某个资料库、网上过滤抓取需要的数据、问卷调查手动收集等)。数据集的选取对数据挖掘模型起着决定作用。

得到了数据集之后,开始对数据进行预处理,使得数据能够为人们所用。数据预处理的目的是保证数据集的准确性、完整性和一致性,包括数据清理、数据集成、数据规约和数据变换等方法。数据预处理的方法如表 7-1 所示。

表 7-1 数据预处理的方法

数据预处理的方法	操 作
数据清理	填充缺失值、平滑噪声、识别离群点
数据集成	集成多个数据库
数据规约	数据集的简化表示
数据变换	规范化、数据离散化、概念分层等

建立数据挖掘模型是一个反复的过程。需要仔细考察不同的模型,以判断哪个模型对问题最有用。先用一部分数据建立模型,然后再用剩下的数据来测试模型,所以构建数据挖掘模型需要把数据至少分成两个部分,一个用于模型训练,另一个用于模型测试。

建立好数据挖掘模型之后,必须评估得到的结果、解释模型的价值。从测试集中得到的准确率只对用于建立模型的数据有意义。在实际应用中,需要进一步了解错误的类型和由此带来的相关费用。经验证明,有效的模型并不一定是正确的模型。造成这一点的直接原因就是模型建立中隐含的各种假定,因此,直接在现实世界中测试模型很重要。先在小范围内应用，取得测试数据，觉得满意之后再向大范围推广。

数据挖掘的知识表示是使用可视化或知识表示技术向用户提供数据挖掘获取的知识。

7.2 Scikit-learn 简介

在数据挖掘的过程中，数据挖掘模型是核心部分。根据不同的数据挖掘任务，需要选择合适的模型，如果已有的模型无法达到要求，则还需要设计模型。Python 有强大的库和模块的支持，Scikit-learn 库是机器学习领域非常热门的一个开源库，它基于 Numpy、SciPy 和 Matplotlib 等模块，提供了强大的数据挖掘和分析工具，主要包括数据处理、数据降维、特征选择、数据挖掘模型、模型选择、交叉验证方法等基本功能，涵盖了数据挖掘的基本流程。

7.2.1 Scikit-learn 常用方法

Scikit-learn 安装好依赖库之后，使用命令 pip install scikit-learn 或 pip install sklearn 进行在线安装，如果使用 Anaconda，可以使用命令 conda 安装、卸载或升级扩展库。

Scikit-learn 库共分为 6 大部分，分别用于分类任务、回归任务、聚类任务、降维任务、模型选择以及数据的预处理。Scikit-learn 包含大量机器学习相关的模块，常用模块如表 7-2 所示。

表 7-2 Scikit-learn 中的常用模块

模块名称	模块功能
base	包含所有估计器的基类和常用函数
calibration	包含若干用于预测概率校准的类和函数
cluster	包含常用的无监督聚类算法实现
covariance	包含用于估计给定点集协方差的算法实现
cross_decomposition	交叉分解模块，主要包含偏最小二乘法和经典相关分析算法的实现
datasets	包含加载常用参考数据集和生成模拟数据的工具
decomposition	包含矩阵分解算法的实现，包括主成分分析(PCA)、非负矩阵分解(NMF)、独立成分分析(ICA)等，模块中大部分算法可以用作降维技术
discriminant_analysis	主要包含线性判别分析(LDA)和二次判别分析(QDA)算法
dummy	包含使用简单规则的分类器和回归器，作为比较其他真实分类器和回归器好坏的基线，不直接用于实际问题
ensemble	包含用于分类、回归和异常检测的集成方法
feature_extraction	从文本和图像原始数据中提取特征
feature_selection	包含特征选择算法的实现，目前有单变量过滤选择方法和递归特征消除算法
gaussian_process	实现基于高斯过程的分类与回归
isotonic	保序回归
impute	包含用于填充缺失值的转换器

续表

模块名称	模块功能
kernel_approximation	实现几个基于傅里叶变换的近似核特征映射
kernel_ridge	实现核岭回归(Kernel Ridge Regression,KRR)
linear_model	实现广义线性模型,包括线性回归、岭回归、贝叶斯回归、使用最小角回归和坐标下降法计算的 Lasso 和弹性网络计算器及随机梯度下降(SGD)相关算法
manifold	流形学习,实现数据嵌入技术
metrics	包含评分函数、性能度量、成对度量和距离计算
mixture	实现高斯混合建模算法
model_selection	实现多个交叉验证器类及用于学习曲线、数据集分割的函数
multiclass	实现多类和多标签分类
multioutput	实现多输出回归与分类
naive_bayes	实现朴素贝叶斯算法
neighbors	实现 K 近邻算法
neural_network	实现神经网络模型
pipeline	实现用来构建混合估计器的工具
inspection	包含用于模型检测的工具
preprocessing	包含缩放、居中、正则化、二值化和插补算法
svm	实现支持向量机(SVM)算法
tree	包含用于分类和回归的决策树模型
utils	包含一些常用工具,如查找所有正数中最小值的函数 arrayfuncs.min_pos()

具体来说,在 Scikit-learn 库中,常用于分类任务的模块如表 7-3 所示。

表 7-3 Scikit-learn 用于分类的模块

分类模型	加载模块
最近邻算法	neighbors.NearestNeighbors
支持向量机	svm.SVC
朴素贝叶斯	naive_bayes.GaussianNB
决策树	tree.DecisionTreeClassifier
集成方法	ensemble.BaggingClassifier
神经网络	neural_network.MLPClassifier

在 Scikit-learn 库中,可以完成回归任务的模块如表 7-4 所示。

表 7-4 Scikit-learn 中用于回归的模块

回归模型	加载模块	回归模型	加载模块
岭回归	linear_model.Ridge	贝叶斯回归	linear_model.BayesianRidge
Lasso 回归	linear_model.Lasso	逻辑回归	linear_model.LogisticRegression
弹性网络	linear_model.ElasticNet	多项式回归	preprocessing.PolynomialFeatures
最小角回归	linear_model.Lars	线性回归	linear_model.LinearRegression

聚类任务可以加载如表 7-5 所示的模块完成。

表 7-5 Scikit-learn 中用于聚类的模块

聚类方法	加载模块	聚类方法	加载模块
K-means	cluster.KMeans	DBSCAN	cluster.DBSCAN
AP 聚类	cluster.AffinityPropagation	BIRCH	cluster.Birch
均值漂移	cluster.MeanShift	谱聚类	cluster.SpectralClustering
层次聚类	cluster.AgglomerativeClustering		

降维操作可以加载如表 7-6 所示的模块完成。

表 7-6 Scikit-learn 中用于降维的模块

降维方法	加载模块
主成分分析	decomposition.PCA
截断 SVD 和 LSA	decomposition.TruncatedSVD
字典学习	decomposition.SparseCoder
因子分析	decomposition.FactorAnalysis
独立成分分析	decomposition.FastICA
非负矩阵分解	decomposition.NMF
LDA	decomposition.LatentDirichletAllocation

Scikit-learn 的常用方法如表 7-7 所示。

表 7-7 Scikit-learn 的常用方法

方法名称	方法功能
fit()	使用数据样本 X 和目标 y 对模型进行拟合，即训练模型
predict()	模型训练完成后，使用此方法对未知样本进行预测
predict_proba()	在分类任务中，该方法预测输入样本属于每种类别的概率，每个位置的概率分别对应类别标签
fit_predict()	将 fit()方法和 predict()方法结合起来，用训练数据 X 拟合模型，并使用模型进行预测
score()	返回给定测试数据和标签的平均精度

在数据分析与挖掘中,数据预处理举足轻重,经过数据预处理可以保障挖掘数据的质量,减少挖掘模型的误差,提高数据挖掘结果的使用价值。Scikit-learn 中提供了多种方法进行缺失值的处理和数据标准化。

(1) Scikit-learn 中缺失值的处理方法。第 5 章已经讲解了利用 Pandas 中的 fillna()函数对缺失值填充,这种填充方法是通过指定值进行填充。而 Scikit-learn 中提供了 sklearn.impute.SimpleImputer 模块,能充分利用数据信息的均值、中位数和最频繁值等进行缺失值的填充。语法格式如下。

```
sklearn.impute.SimpleImputer(*, missing_values=np.nan, strategy='mean', fill_
value=None, verbose=0, copy=True, add_indicator=False)
```

主要参数说明如下。

① missing_values: 缺失值的占位符,取值可以是 int、float、str、np.nan、None or pandas.NA,默认值为 np.nan。

② strategy: 空值填充的策略,共 4 种选择,即 mean、median、most_frequent、constant。mean 表示该列的缺失值由该列的均值填充;median 为中位数;most_frequent 为最频繁值;constant 表示将空值填充为自定义的值,这个自定义的值要通过 fill_value 来定义。

③ fill_value: str 或数值,默认为 None。当 strategy="constant"时,使用 fill_value 替换所有出现的缺失值。fill_value 为 None,当处理的是数值数据时,缺失值会替换为 0,当处理的是字符串或对象数据类型时,则缺失值被替换为"missing_value"字符串。

以下代码演示了 sklearn.impute.SimpleImputer 的使用。首先自定义含有缺失值的数据。

```
import numpy as np
from sklearn.impute import SimpleImputer
#自定义数据
data=np.array([[1,2,3,4],[4,5,6,np.nan],[5,6,7,8],[9,4,np.nan,8]])
#输出原始数据
print(data)
```

输出结果为:

```
[[1.  2.  3.  4.]
 [4.  5.  6. nan]
 [5.  6.  7.  8.]
 [9.  4. nan  8.]]
```

然后利用 SimpleImputer 创建填充对象,使用均值填充策略。调用填充对象的 fit()和 transform()方法对缺失值进行填充。代码如下。

```
#填充策略为均值填充
imp=SimpleImputer(missing_values=np.nan, strategy='mean')
#调用填充对象 imp 中的 fit()方法,对待填充数据进行拟合训练
imp.fit(data)
#调用填充对象 imp 中的 transform()方法,返回填充后的数据集
data_new=imp.transform(data)
#输出填充后的数据
print(data_new)
```

输出结果为：

```
[[1.        2.        3.        4.        ]
 [4.        5.        6.        6.66666667]
 [5.        6.        7.        8.        ]
 [9.        4.        5.33333333 8.       ]]
```

（2）Scikit-learn 中数据标准化方法。在第 5 章介绍了离差标准化和标准差标准化两种方法，在 Scikit-learn 库中，sklearn.preprocessing.MinMaxScaler()和 sklearn.preprocessing.StandardScaler()方法分别实现这两种标准化。

① sklearn.preprocessing.MinMaxScaler(feature_range=(0,1),copy=True)，称为离差标准化，主要思想是使用最小值和最大值将数据缩放到给定的范围，默认是[0,1]区间内。其中参数 feature_range 是一个元组，给定缩放范围(min,max)，参数 copy 是布尔值 True 或 False，表示是否将转换后的数据覆盖原数据。

以下代码演示使用 MinMaxScaler()方法将第 5 章的租房数据集的 rent 列进行标准化，结果与 5.6.5 小节离差标准化的代码结果一致。注意，MinMaxScaler 的输入需要一个二维数组，如果待标准化的数据是一个一维数组，则需要将其重塑为二维数组。

```
import numpy as np
import pandas as pd
from sklearn.preprocessing import MinMaxScaler
#读取数据
df5_6=pd.read_csv('bj_lianJia.csv', encoding='gbk', index_col=['ID'])
#删除 rent 列中的缺失值
df5_6.dropna(subset=['rent'], inplace=True)
rent=np.array(df5_6.rent)                 #将 Series 类型转换成 array 类型
rent=rent.reshape(-1, 1)                  #将一维数组重塑为二维数组
scaler=MinMaxScaler()                     #实例化
scaler.fit(rent)                          #计算 rent 数据的最小值和最大值
rent_normal=scaler.transform(rent)        #标准化 rent 数据
print(rent_normal[:5])
```

输出结果为：

```
[[0.01350834]
 [0.02206362]
 [0.01485918]
 [0.02881779]
 [0.04187586]]
```

② sklearn.preprocessing.StandardScaler()，称为标准差标准化，主要思想是使用均值和标准差将数据转换为服从均值为 0，标准差为 1 的标准正态分布数据。

以下代码演示使用 StandardScaler ()方法将第 5 章的租房数据集的 rent 列进行标准化，结果与 5.6.5 小节标准差标准化的代码结果略有差别，原因是 rent 列数据中有 4 个缺失值，这段代码在求 rent 数据的均值和标准差之前先删掉了数据的缺失值，而 5.6.5 小节的代码没有执行这一步，所以得到的均值和标准差略有差别。

```
import numpy as np
import pandas as pd
```

```
from sklearn.preprocessing import StandardScaler
#读取数据
df5_6=pd.read_csv('bj_lianJia.csv', encoding='gbk', index_col=['ID'])
df5_6.dropna(subset=['rent'], inplace=True)
rent=np.array(df5_6.rent)
rent=rent.reshape(-1, 1)
scaler=StandardScaler()                  #实例化
scaler.fit(rent)                         #计算 rent 数据的均值与方差
rent_normal=scaler.transform(rent)       #标准化 rent 数据
print(rent_normal[:5])
```

输出结果为：

```
[[-0.58841461]
 [-0.40820773]
 [-0.55996089]
 [-0.26593914]
 [0.00911346]]
```

另外，在 Scikit-learn 库中，sklearn.preprocessing.Normalizer()方法也可以实现数据标准化。sklearn.preprocessing.Normalizer()的主要思想是对样本的所有值计算其 p-范数(1-范数或 2-范数)，然后对该样本的每个元素除以该范数，这样处理的结果是使得样本的 p-范数等于 1。也就是说，该方法将数据矩阵的每一行独立于其他样本重新缩放，使其范数等于 1。语法格式如下。

```
sklearn.preprocessing.Normalizer(norm='l2', copy=True)
```

其中，参数 norm 可以为 l1(1-范数)、l2(2-范数)或 max，默认为 l2。若为 l1 时，样本的每个元素除以样本中每个元素的绝对值之和；若为 l2 时，样本的每个元素除以样本中每个元素的平方之和；若为 max 时，样本的每个元素除以样本中最大的值。第 8 章的聚类案例中使用了该方法，这里不再给出示例代码。

扫一扫

7.2.2 Scikit-learn 常用数据集

机器学习通常需要将数据集分为训练集和测试集，划分训练集和测试集时，测试集的数据越小，对模型的泛化误差的估计越不准确。因此，在实际应用中，建议训练集和测试集的划分比例可以是 6∶4、7∶3 或 8∶2，比较庞大的数据可以使用 9∶1，甚至是 99∶1。

Scikit-learn 库提供一些经典的内置数据集，在进行数据挖掘时，可以根据所需要的机器学习模型选择数据集。Scikit-learn 库中常用的内置数据集如表 7-8 所示。

表 7-8　Scikit-learn 库中常用的内置数据集

类　型	数据集名称	调 用 方 法	适 用 算 法	数 据 规 模
小数据集	波士顿房价数据集	load_boston()	回归	506 * 13
	鸢尾花数据集	load_iris()	分类	150 * 4
	糖尿病数据集	load_diabetes()	回归	442 * 10
	手写数字数据集	load_digits()	分类	1797 * 64

续表

类 型	数据集名称	调 用 方 法	适 用 算 法	数 据 规 模
大数据集	Olivetti 脸部图像数据集	fetch_olivetti_faces()	降维	400 * 64 * 64
	新闻分类数据集	fetch_20newsgroups()	分类	
	带标签的人脸数据集	fetch_lfw_people()	分类、降维	
	路透社新闻数据集	fetch_rcv1()	分类	804414 * 47236

在表 7-8 中,小规模数据集可以使用 datasets.load_ * ()函数获取。例如,第 8 章中使用 sklearn.datasets.load_iris()加载鸢尾花数据集,利用分类算法对 Iris 数据集进行分类。

大规模数据集使用 datasets.fetch_ * (data_home=None)获取,这时大规模数据集需要从网络上下载,下载一次即可多次使用。例如,可以使用 datasets.fetch_olivetti_faces()下载 Olivetti 脸部图像数据集,该数据集被下载到本地指定的目录中。

以下举例说明 Scikit-learn 库的手写数字数据集的使用。手写数字数据集包括 1797 个 0~9 的手写数字数据,每个数字是 8×8 的像素图形,每一个像素值的范围是 0~16,数值大小代表颜色的深度。该数据集经常用于分类算法研究中。使用 sklearn.datasets.load_digits()方法将手写数据集加载赋值给 digits 对象,用 digits.image 表示 8×8 像素图形,digits.data 保存了长度为 64 的特征向量,digits.target 表示标签,也就是每张图片对应的数字。

以输出手写数字"0"为例,以下代码演示了手写数字数据集的加载及输出。

```
from sklearn.datasets import load_digits
import matplotlib.pyplot as plt
digits=load_digits()
print('--------digits的维度-----')
print(digits.images.shape)
print(digits.data.shape)
print(digits.target.shape)
print('--------输出数字0的digits.data和target的值-----')
print(digits.data[0])
print(digits.target[0])
#显示数字0的digits.images的值
plt.matshow(digits.images[0])
plt.show()
```

输出结果为:

```
--------digits的维度-----
(1797, 8, 8)
(1797, 64)
(1797,)
--------输出数字0的digits.data和target的值-----
[0.  0.  5. 13.  9.  1.  0.  0.  0.  0. 13. 15. 10. 15.  5.  0.  0.  3.
 15.  2.  0. 11.  8.  0.  0.  4. 12.  0.  0.  8.  8.  0.  0.  5.  8.  0.
 0.  9.  8.  0.  0.  4. 11.  0.  1. 12.  7.  0.  0.  2. 14.  5. 10. 12.
 0.  0.  0.  0.  6. 13. 10.  0.  0.  0.]
0
```

显示数字 0 的图形如图 7-2 所示。

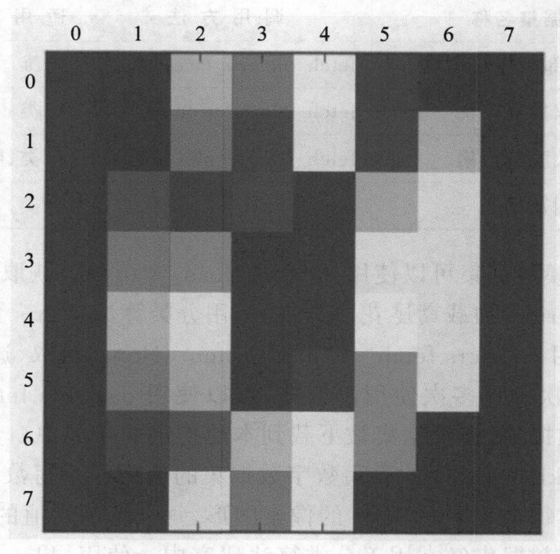

图 7-2 手写数字"0"的显示图

7.3 本章知识要点

(1) 数据挖掘(data mining)又称知识发现(KDD),即"从数据中挖掘知识",是指从大量数据中揭示出隐含的、先前未知的并有潜在价值的信息的非平凡过程。

(2) 数据挖掘的对象可以是任何类型的数据源。可以是关系数据库,也可以是数据仓库、文本、多媒体数据、空间数据、时序数据、Web 数据。

(3) 在数据挖掘中,数据集通常分为训练集(training set)、验证集(validation set)和测试集(test set)。训练集用于模型训练,验证集用于调整模型的超参数及对模型能力进行评估,测试集用于评估训练好的模型的泛化能力。

(4) 数据挖掘的任务可以分为:分类、聚类、关联分析、回归分析、预测、时间序列模式、偏差分析等。

(5) 分类是找出数据库中一组数据对象的共同特点,并按照分类模式将其划分为不同的类,其目的是通过分类模型将数据库中的数据项映射到某个给定的类别。典型的分类算法有决策树算法、K 近邻算法、神经网络算法、贝叶斯算法。

(6) 聚类分析是把一组数据按照相似性和差异性分为几个类别,其目的是使得属于同一类别的数据间的相似性尽可能大,不同类别的数据间的相似性尽可能小。

(7) 若两个或两个以上变量的取值之间存在某种规律性,就称为关联。数据关联是数据库中存在的一类重要的、可被发现的知识。

(8) 回归分析是研究自变量与因变量之间关系形式的分析方法,它根据预测目标确定自变量与因变量,绘制散点图,确定回归模型类型,估计模型参数,建立回归模型,对回归模型进行检验,利用回归模型进行预测。

(9) 预测是利用历史数据找出变化规律建立模型,并由此模型对未来数据的种类及特征进行预测。

（10）时间序列分析的主要目的是根据已有的历史数据对未来进行预测。时间序列分析主要包括的内容有趋势分析、序列分解、序列预测。

（11）偏差分析又称为比较分析，它是对差异和极端特例的描述，用于揭示事物偏离常规的异常现象。

（12）数据挖掘可以概括为5个阶段，包括数据获取、数据预处理、数据挖掘、模型评估、知识表示。数据预处理包括数据清理、数据集成、数据规约和数据变换方法。

（13）建立数据挖掘模型是一个反复的过程。需要仔细考察不同的模型，以判断哪个模型对问题最有用。建立好数据挖掘模型之后，必须评估得到的结果，解释模型的价值。

（14）Scikit-learn 基于 Numpy、SciPy 和 Matplotlib 等库和模块，提供了强大的数据挖掘和分析工具，主要包括数据处理、数据降维、特征选择、数据挖掘模型、模型选择、交叉验证方法等基本功能，涵盖了数据挖掘的基本流程。分为6大部分，分别用于完成分类任务、回归任务、聚类任务、降维任务、模型选择以及数据的预处理任务。

（15）Scikit-learn 库提供大量经典的内置数据集，在进行数据挖掘时，可以根据需要的机器学习模型选择数据集。

7.4 习题

1. 填空题

（1）________是一个数据库操作序列，这些操作要么全部执行，要么全部不执行，是一个不可分割的工作单位。

（2）在数据挖掘的任务中，数据集通常分为________、________和________。________用于模型训练，________用于调整模型的超参数及用于对模型能力进行评估，________用于评估训练好的模型的泛化能力。

（3）从数据本身来考虑，数据挖掘过程可以概括为5个阶段，即________、________、________、________、________。

2. 编程题

（1）调整 Scikit-learn 库提供的缺失值填充方法 sklearn.impute.SimpleImputer 的参数，查看不同参数下填充结果有何不同。

（2）使用 Scikit-learn 库提供的方法读取 boston 数据集，并输出该数据集的特征数据及目标列。

（3）使用 Scikit-learn 库提供的方法读取 Olivetti 脸部图像数据集，并将图像保存在本地。

第 8 章

Scikit-learn 数据挖掘实战

数据挖掘包括分类与回归、聚类、关联规则挖掘等任务，其目标是从数据中提取隐藏的、有价值的模式或知识。在发现知识的过程中，人们需要用到机器学习算法或统计学知识。一般来说，机器学习算法可以分为有监督学习和无监督学习两大类。

在有监督学习算法中，输入数据包括特征数据和预期目标值，通过大量的已知数据训练算法模型，模型被训练达到要求后，就可以用来预测未知数据的目标值。分类和回归属于有监督学习算法。如果目标值是两个或多个离散的类别，这时有监督学习就是分类问题，如果目标值是一个或多个连续值，则是回归问题。

在无监督学习算法中，输入的数据只有特征数据，没有目标值。聚类就是经典的无监督学习，这时学习过程中没有已知目标值"监督"算法的学习了，由聚类算法去发现样本之间的关系，基于距离或密度将相似样本归为一类，并贴上相应的标签。

Scikit-learn 库是基于 Python 语言的机器学习开源库，包括大量的机器学习相关的模块，本章以多个案例为引导，介绍使用 Scikit-learn 库进行回归预测、分类、聚类分析，并使用 Python 语言实现基于 Apriori 算法的关联规则挖掘。

本章学习目标

- 理解线性回归算法的原理。
- 理解 KNN 和决策树分类算法的原理。
- 理解 K-Means 和 DBSCAN 聚类算法的原理。
- 理解并熟练运用 Apriori 算法进行关联规则挖掘。
- 熟练掌握使用 Scikit-learn 库构建并评估回归、分类、聚类任务。

本章思维导图

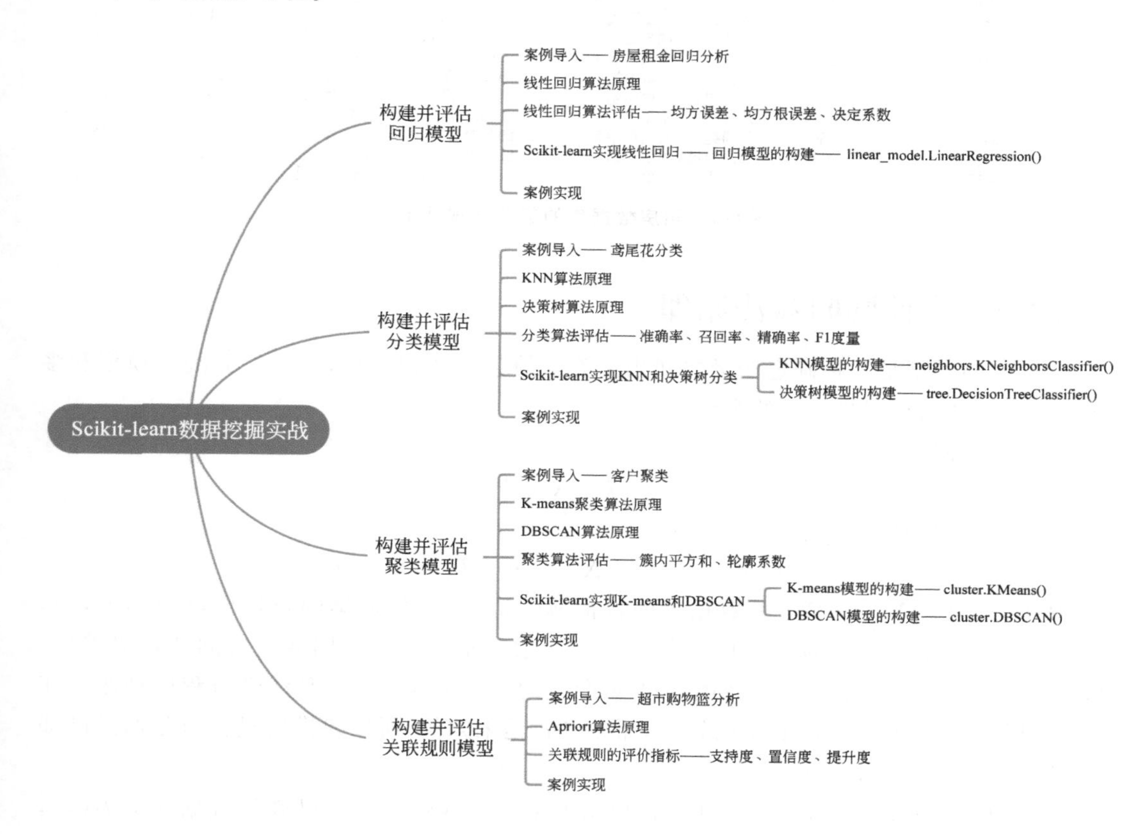

8.1 构建并评估回归模型

回归分析是一种预测性的建模技术，研究的是因变量（目标）和自变量（预测器）之间的关系。回归分析是建模和分析数据的重要工具。比如预测股票价格走势、预测居民收入、预测微博互动量等等。常用的有线性回归、逻辑回归、岭回归等。本节主要介绍线性回归。

8.1.1 案例导入——房屋租金回归分析

本节使用的租房数据集是经过第5章数据预处理后的“北京链家网”租房数据集，数据存储在 newbj_lianJia.csv 文件中，共4322条数据。每条数据包含房屋的详细信息：ID、楼层(floor)、有无电梯(lift)、城区名(district)、街道名(street)、小区名(community)、面积(area)、房屋朝向(toward)、户型(model)、总楼层(totalfloor)和租金(rent)信息，共计11个属性。房屋详细信息如图8-1所示。

本案例任务要求：找到数据表中的特征属性与房屋租金(rent)的关系，并使用线性回归模型对租金进行回归分析。

ID	floor	lift	district	street	community	area	toward	model	rent	totalfloor
0	中楼层	无	房山	良乡	行宫园二里	85	南北	2室2厅1卫	3500	6
1	低楼层	有	顺义	顺义其他	尚峯壹號	107	南	3室0厅1卫	5400	17
2	中楼层	无	大兴	西红门	同兴园	72	南北	2室1厅1卫	3800	6
3	中楼层	有	顺义	后沙峪	智地香蜜湾	71.13	东	3室0厅2卫	6900	8
4	中楼层	有	朝阳	酒仙桥	丽都壹号	54.41	东	2室1厅1卫	9800	4
5	高楼层	有	朝阳	十八里店	江南山水	132	南北	3室2厅2卫	10000	12
6	高楼层	无	大兴	观音寺	宇丰苑	123.8	南北	3室1厅1卫	4500	6
7	高楼层	有	昌平	天通苑	天通苑中苑	152.81	南北	3室1厅2卫	10000	16
8	中楼层	有	大兴	大兴新机场	龙熙公馆	113.28	南	3室0厅1卫	4000	12
9	高楼层	无	大兴	科技园区	明春西园	59	东西	2室1厅1卫	2900	6

图 8-1　租房数据集的部分数据展示

扫一扫

8.1.2　线性回归算法原理

线性回归模型是一种确定变量之间相关关系的数学回归模型，分为一元线性模型和多元线性模型，区别在于自变量的个数。

一元线性回归模型如下：

$$Y = k * X + b$$

多元线性回归模型如下：

$$Y = k_1 * X_1 + k_2 * X_2 + \cdots + k_n * X_n + b$$

其中，$X, X_1, X_2, \cdots, X_n$ 是数据集的特征属性值，Y 是数据集的目标值，$k, k_1, k_2, \cdots, k_n$ 是线性方程的斜率，又称为回归系数。回归系数表示自变量和因变量之间的量级差异，回归系数越大，自变量的变化导致因变量 y 产生的变动就越大。b 是线性方程的截距。在构建线性回归模型时，X 和 Y 是已知的，而 k 和 b 是未知的，所以建模的过程就是通过已知数据 X 和 Y 得到 k 和 b 的过程。

以简单的一元线性回归为例，从可视化角度来分析线性回归。已知的数据样本为(x_i, y_i)，其中，$i = 1, 2, \cdots, 20$，将这些数据点画到平面图中，数据点在坐标轴中呈现偏向线状的形状，如图 8-2 所示。

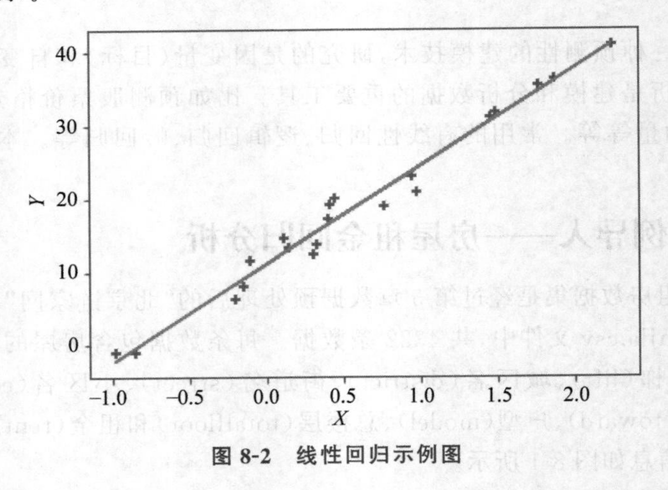

图 8-2　线性回归示例图

线性回归的目标是构建一个线性函数，让这个函数对应的数据尽量地接近真实数据。从图 8-2 上看，线性回归意味着尝试使用一条直线（线性回归方程）来拟合数据，使所有数据点到直线的距离之和最小，也就是说，所有数据点的 y 值（真实值）到直线上的 y' 值（预测值)的差别最小。一般使用均方误差作为线性回归模型的损失函数,均方误差衡量预测值 y' 与真实值 y 之间的差别,预测值越接近真实值,均方误差越小。寻找最佳拟合直线的过程实际是使均方误差最小,这种方法叫做最小二乘法,其中"二乘"表示取平方,"最小"表示损失函数最小。线性回归就是利用最小二乘法求出 k 和 b,从而确定回归方程 $y'=k*X+b$。得到回归方程后,将待预测的样本 X' 送入线性回归方程,从而得到该样本的预测值 y'。

8.1.3 线性回归算法评估

扫一扫

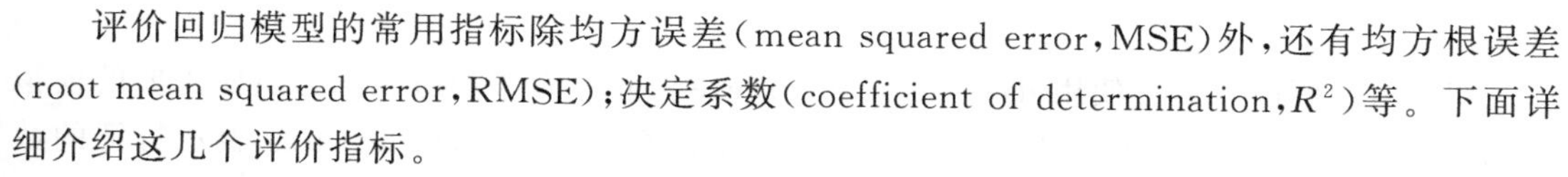

评价回归模型的常用指标除均方误差(mean squared error,MSE)外,还有均方根误差(root mean squared error,RMSE);决定系数(coefficient of determination,R^2)等。下面详细介绍这几个评价指标。

(1) 均方误差(MSE)。表示预测值和真实值之间差异的平方和的均值,公式如下所示,其值越小,说明拟合效果越好。

$$\mathrm{MSE}=\frac{1}{m}\sum_{i=1}^{m}(f(x_i)-y_i)^2$$

(2) 均方根误差(RMSE)。表示预测值和真实值均方误差的平方根,公式如下所示,其值越小,说明拟合效果越好。

$$\mathrm{RMSE}=\sqrt{\frac{1}{m}\sum_{i=1}^{m}(f(x_i)-y_i)^2}$$

MSE 与 RMSE 的区别仅在于对量纲是否敏感,因此 RMSE 比 MSE 更广泛用于评估回归模型的性能,因为经过开平方计算,它与因变量的单位相同。

(3) 决定系数(R^2)。表示模型对现实数据拟合的程度,公式如下所示。公式中的分母表示真实值和其均值之间的差值的平方和,分子表示模型预测值与真实值之间差值的平方和。决定系数的值取值范围是[0,1],越接近于1,说明模型的预测效果越好,值越小,则说明效果越差。

$$R^2=\frac{\sum_{i=1}^{m}(f(x_i)-y_i)^2}{\sum_{i=1}^{m}(y_i-\bar{y})^2}$$

8.1.4 Scikit-learn 实现线性回归

扫一扫

sklearn.linear_model 模块实现了广义的线性模型,包括线性回归、Ridge 回归、Bayesian 回归等。此处仅介绍线性回归 LinearRegression 模型。语法格式如下。

```
sklearn.linear_model.LinearRegression(fit_intercept=True, normalize=False,
copy_X=True, n_jobs=1)
```

主要参数说明如下。

① fit_intercept:是否计算该模型的截距。布尔型,默认为 True,若参数值为 True,训练模型需要加一个截距项;若参数值为 False,模型无须加截距项。

② normalize:是否对数据进行标准化处理。布尔型默认为 False。建议标准化使用

sklearn.preprocessing.StandardScaler()。

主要方法说明如下。

① fit(X,y,sample_weight=None)：训练模型。

② predict(X)：模型预测，返回预测值。

③ score(X,y,sample_weight=None)：评估模型的学习效果。

以下代码使用线性回归算法 LinearRegression 对图 8-2 中的数据点进行拟合，得到回归直线的斜率和截距。为了便于观察算法执行过程中数据的变化，下面使用 IDLE 进行演示。

(1) 构造模拟数据。使用 datasets.make_regression()方法构造回归分析所需要的模拟数据，该方法中常用的参数如下：n_samples 表示生成的样本数，n_features 表示特征的数量，n_targets 表示回归目标的数量，noise 表示在构造数据中增加高斯噪声的标准差，bias 表示线性模型中的偏差项，函数详细介绍见 Scikit-learn 官方文档 https://scikit-learn.org/stable/modules/generated/sklearn.datasets.make_regression.html。在下面的代码中，生成的模拟数据包括 20 个样本、1 个特征属性、1 个目标属性。

```
>>> from sklearn import datasets
>>> X, y=datasets.make_regression(n_samples=20, n_features=1, n_targets=1,
noise=2.0, bias=10.0, random_state=0)
>>> X
array([[-0.15135721],
       [0.40015721],
       [0.97873798],
       [-0.85409574],
       [-0.97727788],
       [0.3130677 ],
       [-0.10321885],
       [-0.20515826],
       [0.33367433],
       [1.49407907],
       [0.95008842],
       [0.12167502],
       [1.45427351],
       [1.86755799],
       [0.14404357],
       [0.4105985 ],
       [0.76103773],
       [2.2408932 ],
       [0.44386323],
       [1.76405235]])
>>> y
array([7.9249743, 17.09751962, 20.90353737, -0.96427121, -0.98081711,
       12.31632723, 11.44580472, 6.13397777, 13.64429665, 31.76888774,
       22.953715, 14.5351959, 31.14601898, 36.2877587, 13.19779202,
       18.95612276, 18.75316997, 40.99054544, 19.93789345, 35.35514815])
```

(2) 创建线性回归模型。使用 linear_model 模块的 LinearRegression()方法创建线性回归模型对象，然后调用对象的 fit()方法对数据进行拟合得到回归方程。代码如下。

```
>>> from sklearn import linear_model               #导入线性回归模块
>>> lr=linear_model.LinearRegression()             #实例化线性回归模型对象
>>> lr.fit(X, y)                                   #调用 fit()方法拟合数据
LinearRegression()
>>> b=lr.intercept_                                #回归方程的截距
>>> b
10.9481125282963
>>> k=lr.coef_                                     #回归方程的斜率
>>> k
array([13.38767649])
```

(3) 绘制如图 8-2 所示的回归效果图。代码如下。

```
>>> y1=k * X + b                                   #建立回归方程
>>> import matplotlib.pyplot as plt                #导入绘图库
>>> plt.scatter(X, y, c='b', marker='+')           #绘制真实值对应的散点图
>>> plt.plot(X, y1, 'r-')                          #绘制直线方程
>>> plt.xlabel('X')
>>> plt.ylabel('Y')
>>> plt.show()
```

(4) 使用 8.1.3 小节的指标评估回归模型。使用两个测试数据(0.4,16) 和(0.9,22) 检验回归模型的预测效果。以下代码演示了评估指标均方误差、均方根误差和决定系数的使用。从 3 个评估指标的数值可以看出，均方误差 MSE 和均方根误差 RMSE 只是量纲不一样，因为 RMSE 具有开平方运算，所以 RMSE 的值与目标属性 y 的值是同一个量级；决定系数 R^2 的值越接近 1，表示误差越小，模型的预测效果越好。

```
>>> from sklearn.metrics import mean_squared_error          #导入均方误差函数
>>> import numpy as np
>>> x_test=[[0.4], [0.9]]                                   #测试数据的特征值
>>> y_test=[16, 22]                                         #测试数据的目标值
>>> y_pred=lr.predict(x_test)                               #测试数据的预测值
>>> y_pred
array([16.30318312, 22.99702137])
>>> MSE=mean_squared_error(x_test, y_pred)                  #均方误差
>>> RMSE=np.sqrt(mean_squared_error(x_test, y_pred))        #均方根误差
>>> score=lr.score(x_test,y_test)                           #决定系数
>>>round(MSE, 4)
370.5948
>>>  round(RMSE, 4)
19.2508
>>>  round(score, 4)
0.9397
```

8.1.5 案例实现

"北京链家网"租房数据的租金回归分析的实现流程为：首先导入数据，对数据进行预处理；然后讨论租金与其他属性是否存在线性关系；接下来对房屋面积和租金建立线性回归模型；最后评估回归模型的效果。具体实现过程如下。

(1) 导入库。其中 LabelEncoder 模块用于数据预处理时对非数值型数据进行数字化，train_test_split 模块将数据集划分为训练集和测试集，linear_model 模块用于构建线性模型。代码如下。

```
import pandas as pd
import numpy as np
import matplotlib.pyplot as plt
from sklearn.preprocessing import LabelEncoder
from sklearn.model_selection import train_test_split
from sklearn import linear_model
```

(2) 读入数据，并对数据做预处理。

扫一扫

① 读入数据。使用 Pandas 库的 read_csv()读入"北京链家网"的租房数据集 newbj_lianJia.csv。读入数据表的 10 列数据分别是：楼层(floor)、有无电梯(lift)、城区名(district)、街道名(street)、小区名(community)、面积(area)、房屋朝向(toward)、户型(model)、总楼层(totalfloor)和租金(rent)。代码如下。

```
df1=pd.read_csv('newbj_lianJia.csv', header=0, usecols=[1, 2, 3, 4, 5, 6, 7, 8,
9, 10], encoding='gbk')
print(df1)
```

输出结果为：

```
        floor     lift    district    ...    rent       totalfloor
0       中楼层    无      房山        ...    3500.0     6
1       低楼层    有      顺义        ...    5400.0     17
2       中楼层    无      大兴        ...    3800.0     6
...
4319    中楼层    有      朝阳        ...    8000.0     8
4320    高楼层    有      朝阳        ...    9000.0     28
4321    低楼层    无      怀柔        ...    18000.0    2
[4322 rows x 10 columns]
```

② 重复值处理和缺失值处理。在第 5 章实现案例时，已经对数据集进行了重复值和缺失值处理，所以本章使用的数据集不存在重复行和缺失值。

③ 分解户型 model 列数据。将 model 列的取值"＊室＊厅＊卫"拆分为 3 个列：bedroom、livingroom 和 bathroom，分别对应室、厅和卫。具体来说，首先定义 3 个函数，分别获取室、厅和卫的数据，然后使用 Pandas 库的 map()方法将 3 个函数应用于数据表的 model 列。代码如下。

```
def apart_room(x):
    '''
    分割字符串，提取"室"
```

```
    '''
    room=x.split('室')[0]
    return int(room)
def apart_hall(x):
    '''
    分割字符串,提取"厅"
    '''
    hall=x.split('厅')[0].split('室')[1]
    return int(hall)
def apart_wc(x):
    '''
    分割字符串,提取"卫"
    '''
    wc=x.split('卫')[0].split('厅')[1]
    return int(wc)
df1['bedroom']=df1['model'].map(apart_room)
df1['livingroom']=df1['model'].map(apart_hall)
df1['bathroom']=df1['model'].map(apart_wc)
df1.drop(columns=['model'],inplace=True)          #删除原数据集中的 model 列
```

④ 数据编码。回归分析或某些机器学习算法是基于数学函数的,这些算法的输入要求是数值型数据,所以如果数据集中出现了非数值型数据,数据分析的结果可能是不理想的。例如,在本章所使用的租房数据集中,楼层 floor 这个属性有 4 个取值,即地下室、低楼层、中楼层和高楼层,这时需要将 4 个属性值转换为数值型数据。可以自行编写程序,将非数值型数据转换成数值型数据,也可以使用 Scikit-learn 库提供的两种方法:LabelEncoder 和 OneHotEncoder。

LabelEncoder 又称为标签编码,例如将楼层 floor 的 4 个取值(地下室、低楼层、中楼层和高楼层)转换为数值 0、1、2、3,这就是标签编码。OneHotEncoder 又称为独热编码,将每一个非数值型变量的 m 个可能的取值转变成 m 个 0 或 1,对于每一个变量,这 m 个值中仅有一个值为 1,其他的都为 0,例如使用 OneHotEncoder 方法将楼层 floor 编码为 4 位 0 或 1 的数值:地下室=>1000、低楼层=>0100、中楼层=>0010、高楼层=>0001。利用 OneHotEncoder 将非数值型数据转为 0 和 1,有利于提升计算速度。但是这种编码方式增加了数据维度,比如原楼层属性只有一列数据,如果按照 OneHotEncoder 编码,数据列变成了 4 列数据。所以如果需要编码的属性的取值数目不多,建议优先考虑 OneHotEncoder,如果取值数目较多,使用 OneHotEncoder 会使特征空间变得非常大,所以此时不建议使用 OneHotEncoder。

本章对属性取值比较少的 floor 和 lift 两个属性进行自定义编码,对属性取值比较多的 district、street、community 和 toward 属性使用 LabelEncoder 编码。OneHotEncoder 方法读者可自行练习。代码如下。

```
#对 floor 和 lift 属性进行自定义编码
map1={'地下室':0, '低楼层':1, '中楼层':2, '高楼层':3}
df1['floor']=df1['floor'].map(map1)
map2={'未知':3, '有':1, '无':2}
```

```
df1['lift']=df1['lift'].map(map2)
#对 district、street、community 和 toward 属性使用 LabelEncoder 进行编码
labelE=LabelEncoder()
labelE.fit(df1['district'])
df1['district']=labelE.transform(df1['district'])
labelE.fit(df1['street'])
df1['street']=labelE.transform(df1['street'])
labelE.fit(df1['community'])
df1['community']=labelE.transform(df1['community'])
labelE.fit(df1['toward'])
df1['toward']=labelE.transform(df1['toward'])
```

将重新编码后的数据保存为 rent.csv 文件。代码如下。

```
df1.to_csv('rent.csv', index=False)
```

最终，数据处理后的数据如图 8-3 所示。

floor	lift	district	street	community	area	toward	rent	totalfloor	bedroom	livingroom	bathroom
2	2	6	168	1860	85	20	3500	6	2	2	1
1	1	14	203	949	107	19	5400	17	3	0	1
2	2	3	184	664	72	20	3800	6	2	1	1
2	1	14	65	1241	71.13	0	6900	8	3	0	2
2	1	8	193	263	54.41	0	9800	4	2	1	1
3	1	8	50	1400	132	20	10000	12	3	2	2
3	2	3	186	862	123.8	20	4500	6	3	1	1
3	1	7	85	829	152.81	20	10000	16	3	1	2
2	1	3	77	2335	113.28	19	4000	12	3	0	1

图 8-3 数据预处理后的房屋租金数据集展示

扫一扫

(3) 分析特征属性与租金是否有线性关系。将数据预处理后，新的数据集的特征属性变为 12 个，如图 8-3 所示。这些特征属性不一定与租金有线性关系。为了提高线性回归模型的预测效果，本章只使用与租金有较强线性关系的属性作为特征属性来预测租金。判定这 11 个特征属性中哪些属性与租金有线性关系，下面给出两种方法。

① 第一种方法：画出所有特征属性与租金分布的散点图，通过可视化比较直观地判断是否存在线性关系。实现代码如下。

```
df2=df1.drop(columns=['rent'])
y=df1['rent'].values
colname=df2.columns
plt.rcParams['font.sans-serif']=['SimHei']          #调整字体设置
plt.figure(figsize=(18,20))
plt.subplots_adjust(wspace=0)
xlabel_dicts={"floor":"楼层","lift":"有无电梯","district":"城区名","street":
"街道名", "community":"小区名","area":"面积","toward":"房屋朝向", "totalfloor":
"总楼层", "bedroom":"卧室数","livingroom":"客厅数", "bathroom":"卫生间数"}
                                                    #设置图中特征属性名为中文
for i in range(11):
    plt.subplot(6,2,i+1)
    plt.scatter(df2[colname[i]],y)
```

```
        plt.xlabel(xlabel_dicts[colname[i]])
        plt.ylabel('租金/元')
    plt.tight_layout()
    plt.show()
```

代码使用循环结构将 11 个特征属性与租金的散点图分别画在 11 个子图中，如图 8-4 所示。从图中可以看出，只有 area 这个属性和 rent 存在线性相关关系。

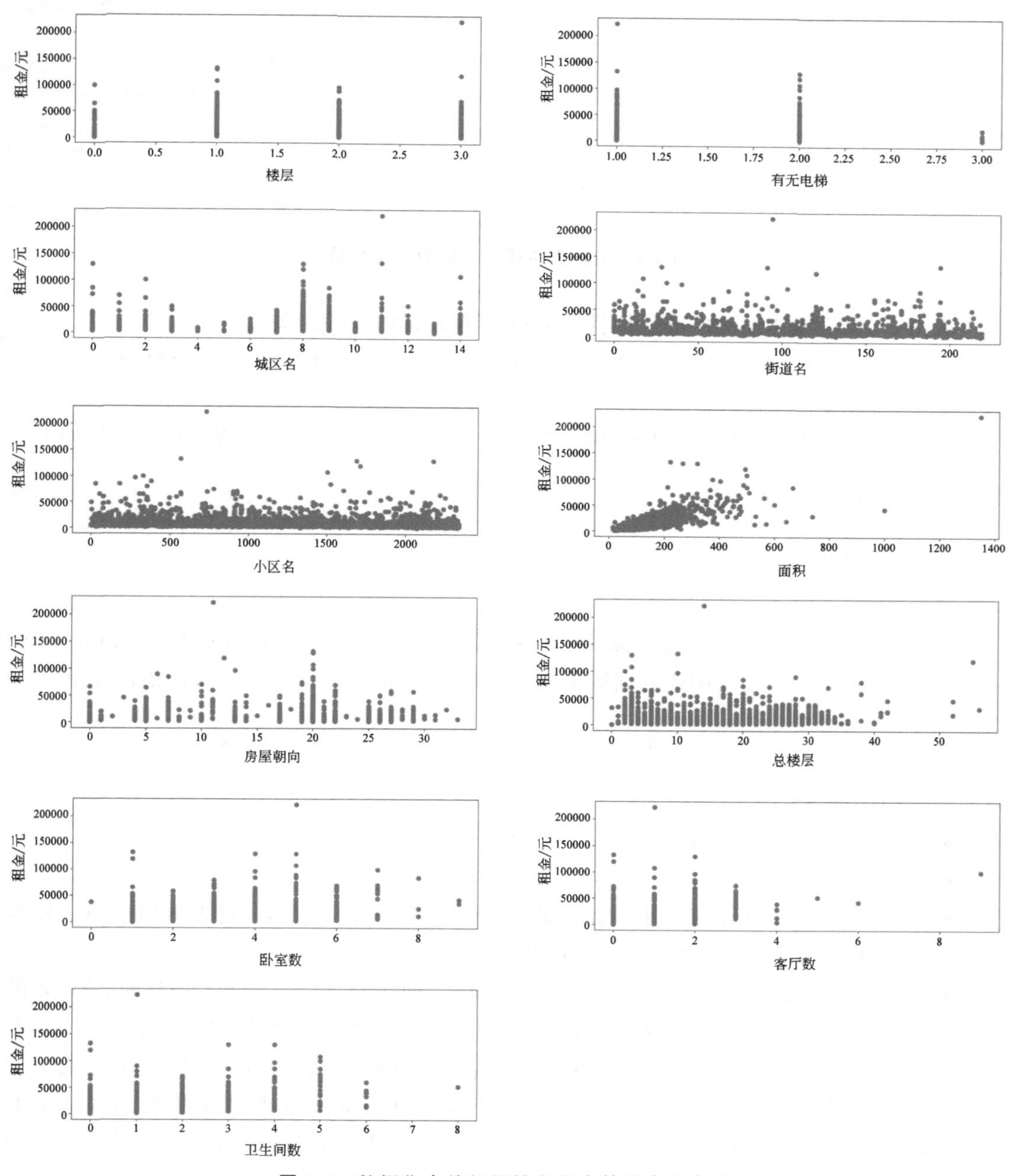

图 8-4 数据集中特征属性和租金的散点分布图

② 第二种方法：使用相关系数判定。Pandas 提供了 corr()方法计算变量之间的相关性，该方法的返回值范围为[-1,1]，0 表示两个变量不相关，正值表示正相关，负值表示负相关，绝对值越大，相关性越强。实现代码如下，结果如图 8-5 所示。

```
corr = df1[['floor', 'lift', 'district', 'street', 'community', 'area', 'toward',
'totalfloor','bedroom', 'livingroom','bathroom','rent']].corr()
print(corr)
```

	floor	lift	district	street	community	area	toward	totalfloor	bedroom	livingroom	bathroom	rent
floor	1.000000	0.042062	-0.004999	0.038270	-0.002216	-0.135462	-0.001167	-0.040864	-0.064281	-0.058990	-0.115969	-0.110143
lift	0.042062	1.000000	0.056651	0.081721	-0.004339	-0.085261	0.099664	-0.638361	-0.015368	0.136059	-0.052500	-0.131319
district	-0.004999	0.056651	1.000000	0.087066	0.043552	-0.005809	0.007428	-0.046526	-0.027736	0.039382	-0.008208	0.004679
street	0.038270	0.081721	0.087066	1.000000	0.097504	-0.068962	0.019166	-0.084634	-0.038218	0.013737	-0.065740	-0.132210
community	-0.002216	-0.004339	0.043552	0.097504	1.000000	-0.006717	0.015352	-0.056223	-0.001150	0.015889	-0.012616	-0.040569
area	-0.135462	-0.085261	-0.005809	-0.068962	-0.006717	1.000000	0.035247	0.021097	0.644972	0.503515	0.692222	0.768255
toward	-0.001167	0.099664	0.007428	0.019166	0.015352	0.035247	1.000000	-0.114123	0.062078	0.107839	0.061610	-0.034893
totalfloor	-0.040864	-0.638361	-0.046526	-0.084634	-0.056223	0.021097	-0.114123	1.000000	-0.106770	-0.112610	-0.073351	0.127868
bedroom	-0.064281	-0.015368	-0.027736	-0.038218	-0.001150	0.644972	0.062078	-0.106770	1.000000	0.370746	0.660291	0.405586
livingroom	-0.058990	0.136059	0.039382	0.013737	0.015889	0.503515	0.107839	-0.112610	0.370746	1.000000	0.509255	0.308794
bathroom	-0.115969	-0.052500	-0.008208	-0.065740	-0.012616	0.692222	0.061610	-0.073351	0.660291	0.509255	1.000000	0.485616
rent	-0.110143	-0.131319	0.004679	-0.132210	-0.040569	0.768255	-0.034893	0.127868	0.405586	0.308794	0.485616	1.000000

图 8-5　数据表中属性之间的相关系数

从图 8-5 可以看出，只有 area 属性和 rent 存在较强的线性相关关系。

根据以上两种方法的结果，选择 area 作为特征属性与租金建立线性回归模型。

(4) 建立线性回归模型。

① 读取特征列数据和目标列数据。使用 area 作为特征列，目标列为 rent。代码如下。

扫一扫

```
x=df1['area']
y=df1['rent']
x=np.array([x]).T
y=np.array([y]).T
```

② 将数据集划分为训练集和测试集。在 sklearn.model_selection 中导入 train_test_split()方法，从样本中按比例选取训练集和测试集。train_test_split()方法的语法如下。

```
train_test_split(x, y, test_size=None, train_size=None, random_state=None)
```

参数说明如下。

- x：待划分的特征数据。
- y：待划分的目标数据。
- test_size：定义测试集大小。如果是 0.0 到 1.0 之间的浮点数，则表示用于测试样本的占比，如果是整数，则表示样本的数量。
- train_size：定义训练集大小，类似于 test_size。使用 train_test_split()方法时，应该提供 train_size 或 test_size。如果两者都没有给出，则用于测试的数据集的默认占比为 0.25。
- random_state：随机数的种子，在划分数据集时控制随机化。它可以是 None 或一个整数，如果 random_state 等于 None，则每次产生的训练集和测试集的划分结果不同。如果在重复试验时需要得到相同的划分数据集，则将 random_state 设置为非 0 的整数。

本章按照 8∶2 的比例将数据集划分为训练集和测试集，其中，test_size=0.2，random_state 设置为 1。代码如下。

```
x_train, x_test, y_train, y_test = train_test_split(x, y, random_state=1, test_size=0.20)
```

③ 构建线性回归模型，并输出线性方程。代码如下。

```
lr=linear_model.LinearRegression()
lr.fit(x_train, y_train)
#截距 b
b=lr.intercept_
#斜率 k
k=lr.coef_
print('线性方程的截距为: ', b)
print('线性方程的斜率为: ', k)
#输出线性回归方程
print('rent=','(', round(k[0,0],2),')', '*','area','+', '(', round(b[0],2),')')
```

输出结果为：

```
线性方程的截距为: [-2030.20533106]
线性方程的斜率为: [[117.93768023]]
rent=(117.94) * area + (-2030.21)
```

④ 画出训练数据的线性拟合图，通过可视化比较直观地看到线性拟合的效果。代码如下。

```
plt.rcParams['font.sans-serif']=['SimHei']          #调整字体设置
plt.plot(x_train,y_train,'k.')
y1=k * x_train + b
plt.plot(x_train,y1,'r-')
plt.xlabel('面积')
plt.ylabel('租金/元')
plt.show()
```

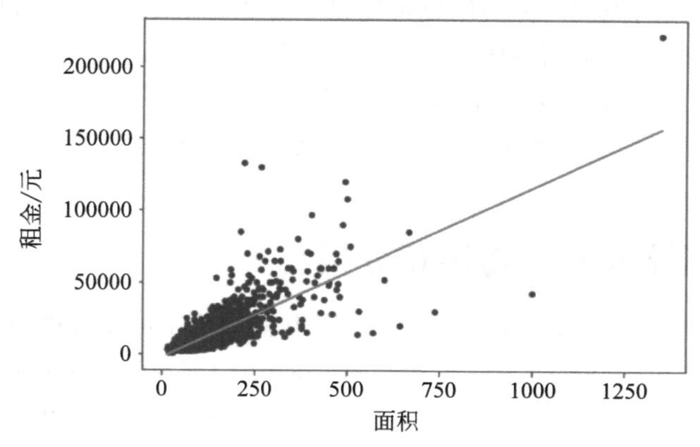

图 8-6　房屋租金数据集的线性拟合图

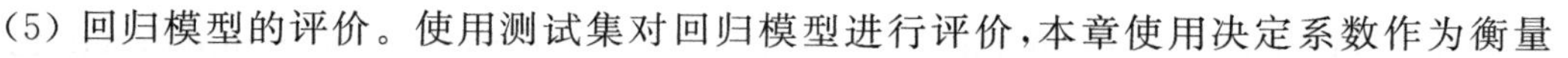
（5）回归模型的评价。使用测试集对回归模型进行评价，本章使用决定系数作为衡量

回归模型效果好坏的指标。这里调用了线性回归对象的 score()方法和 sklearn.metrics 模块下的 r2_score()方法。代码如下。

```
from sklearn.metrics import  r2_score
y_pred_test=lr.predict(x_test)
print("测试集的决定系数={:.3f} ".format(lr.score(x_test, y_test)))
print("测试集的决定系数={:.3f} ".format(r2_score(y_test,y_pred_test)))
```

输出结果为：

```
测试集的决定系数=0.584
测试集的决定系数=0.584
```

可以看出,score()和 r2_score()方法的输出结果是一致的,这表明 Scikit-learn 库的 score()方法使用了"决定系数"这一指标。决定系数越接近于 1,说明模型的数据拟合性越好,反之,决定系数越接近于 0,表明模型的数据拟合度越差。

如果测试集和训练集的决定系数值差别比较大,则表明训练的回归模型可能存在一定问题。将回归模型应用于训练集,输出决定系数值。代码如下。

```
print("训练集的决定系数={:.3f} ".format(lr.score(x_train,y_train)))
```

输出结果为：

```
训练集的决定系数=0.591
```

从运行结果可以看出,训练集合的决定系数(0.591)略高于测试集合的决定系数(0.584),这是符合预期的。

8.2 构建并评估分类模型

分类问题是有监督学习的一个核心问题,它从数据中学习一个分类决策函数或分类模型,预测新的输入数据的类别。分类问题可以是二分类问题(是/不是),也可以是多分类问题(在多个类别中判断输入数据具体属于哪一个类别)。与回归问题相比,分类问题的输出不再是连续值,而是离散值,用来指定其属于哪个类别。

分类问题在现实中的应用非常广泛,比如垃圾邮件识别、手写数字识别、人脸识别、语音识别等。

8.2.1 案例导入——鸢尾花分类

鸢尾花(iris)数据集由 Fisher 在 1936 年收集整理。iris 数据集包含花萼长度(sepal length)、花萼宽度(sepal width)、花瓣长度(petal length)和花瓣宽度(petal width)4 个属性和 1 个类别标签。其中类别标签 0 代表山鸢尾(setosa)类,1 代表变色鸢尾(versicolour)类,2 代表维吉尼亚鸢尾(virginica)类,每一类有 50 个样本,共 150 个样本。鸢尾花分类是一个多分类问题。iris 数据集的部分数据如图 8-7 所示,详细介绍可以查看 UCI 机器学习数据集 http://archive.ics.uci.edu/ml/datasets/Iris。Scikit-learn 库中 sklearn.datasets 包含多个经典数据集，本节使用的 iris 数据集是从 sklearn.datasets 中加载的。

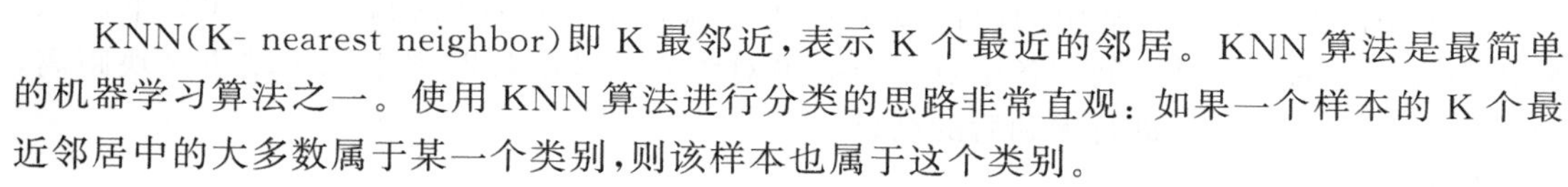

sepal length (cm)	sepal width (cm)	petal length (cm)	petal width (cm)	label
5.1	3.5	1.4	0.2	0
4.9	3	1.4	0.2	0
4.7	3.2	1.3	0.2	0
4.6	3.1	1.5	0.2	0
5	3.6	1.4	0.2	0
5.4	3.9	1.7	0.4	0
4.6	3.4	1.4	0.3	0
5	3.4	1.5	0.2	0
4.4	2.9	1.4	0.2	0
4.9	3.1	1.5	0.1	0

图 8-7 iris 数据集的部分数据展示

本节案例的任务是对 iris 数据集进行分类，使用某些分类算法，通过一些已知的样本数据找到其中的规律，从而通过特征属性来辨识花的品种，即通过 4 个特征属性来预测鸢尾花样本属于三个种类中的哪一类。

8.2.2 KNN 算法原理

扫一扫

KNN(K- nearest neighbor)即 K 最邻近，表示 K 个最近的邻居。KNN 算法是最简单的机器学习算法之一。使用 KNN 算法进行分类的思路非常直观：如果一个样本的 K 个最近邻居中的大多数属于某一个类别，则该样本也属于这个类别。

KNN 学习算法属于懒惰学习算法，即 KNN 算法没有显式的学习过程，也就是说没有训练阶段。它的预测过程是：在数据集特征值和标签已知的情况下，输入新样本数据，将待分类样本的特征与已知数据集中对应的特征进行比较，找到已知数据集中与之最为相似的前 K 个样本，则该待分类样本对应的类别就是 K 个样本中出现次数最多的那个类别。

KNN 算法的执行过程描述如下。

(1) 计算待测数据与已知数据集中每个样本之间的距离。

(2) 按照距离从小到大排序所有样本。

(3) 选取距离最小的 K 个样本。

(4) 确定前 K 个样本所属类别的出现频率。

(5) 返回前 K 个样本中出现频率最高的类别，作为待测数据的类别。

KNN 算法的原理如图 8-8 所示，图中标签已知的数据样本有 3 类：加号标示的样本的类标签为 0，圆点标示的样本的类标签为 1，三角形标示的样本的类标签为 2。星号标示的样本是待分类样本，计算待分类样本与所有样本的距离，圆圈内就是与待分类样本距离最近的 3 个邻居。这 3 个邻居中有 2 个邻居属于第 2 类，有 1 个属于第 1 类，出现频率最高的类别是第 2 类，所以最终星号样本的类别为第 2 类。

KNN 算法的 3 个基本要素是：K 值的选择、距离度量方式以及分类的决策规则。

(1) K 值的选择。即待分类样本要取多少个样本作为近邻。K 值较小时，模型会变得复杂，且对近邻样本较为敏感，容易出现过拟合。K 值较大时，模型则会趋于简单，此时较远的已知样本也会起到预测作用，容易出现欠拟合。那么如何确定 K 值呢？可以通过设置不同的 K 值，然后比较不同 K 值的分类正确率或其他评估指标，选择正确率或其他评估指标最好的 K 值作为最终 KNN 算法所使用的 K 值。

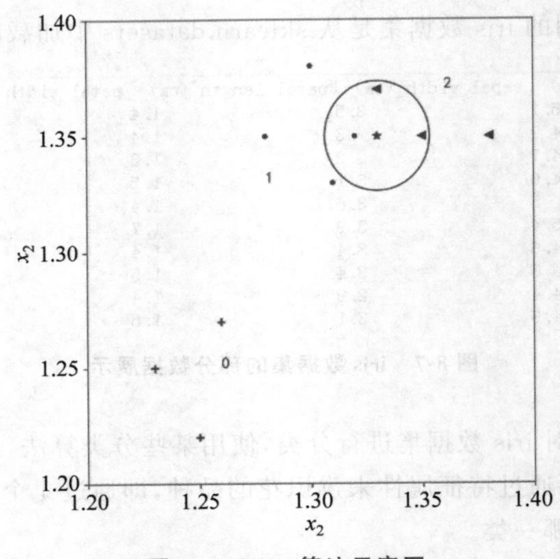

图 8-8 KNN 算法示意图

(2) 距离度量方式。常用的距离度量方式是欧式距离或曼哈顿距离,公式如下所示。欧氏距离衡量的是多维空间中各个点之间的绝对距离。曼哈顿距离来源于城市区块距离,是将多个维度上的距离进行求和后的结果。

欧式距离:

$$d(x,y)=\sqrt{\sum_{k=1}^{n}(x_k-y_k)^2}$$

曼哈顿距离:

$$d(x,y)=\sum_{k=1}^{n}|x_k-y_k|$$

(3) 分类的决策规则。

① 多数表决规则:少数服从多数,即预测样本的 K 个邻居中多数邻居的类别是哪一类,则该类别作为预测样本的类别。

② 加权表决:根据各个邻居与预测样本距离的远近来分配相应的投票权重。最简单的方式是取两者距离之间的倒数,距离越小,越相似,权重越大,将权重累加,最后选择累加值最高的类别作为该待测样本的类别。

KNN 算法的优点在于它简单易用,即使没有很好的数学基础,也能搞清楚它的原理。而且 KNN 算法的原理是根据邻近的 K 个样本来确定输出类别,因此,对于有交叉或重叠较多的待分样本集来说,KNN 方法较其他方法更为合适。不足之处是该算法时间复杂度和空间复杂度高,因为该算法存储了所有训练数据,而且需要计算每一个预测样本与所有已知类别样本的距离,计算很费时。现在有一些寻找邻居的优化算法,例如 KD 树、球树等,可以提高 KNN 搜索的效率。

8.2.3 决策树算法原理

决策树分类是一种树形结构的分类器,叶子节点表示类别,其他节点表示对样本特征空间的划分。分类时,只需要按照决策树中的节点依次判断,即可得到预测样本所属的类别。

例如，有一个是否买保险的数据集，其决策树分类的结构如图 8-9 所示。其中，c_1 表示买保险，c_2 表示不买保险，从该决策树可以得到分类规则：①年龄在 41～50 岁，则买保险；②年龄小于等于 40 岁，是公司职员，则买保险；③年龄小于 40 岁，不是公司职员，则不买保险；④年龄大于 50 岁，信誉度为良，则买保险；⑤年龄大于 50 岁，信誉度为优，则不买保险。人们可以使用这些规则对新样本进行分类。例如，有一人年龄为 30 岁，是公司职员，信誉度为良，使用上述规则可以判断此人属于 c_1 类，即可能买保险。

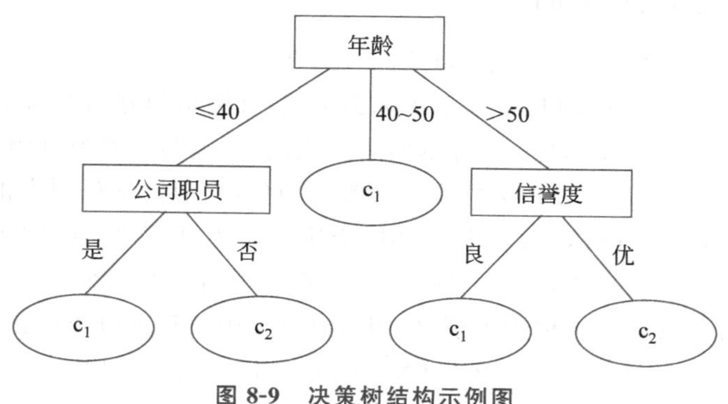

图 8-9 决策树结构示例图

决策树算法的关键在于如何构建一棵决策树。数据集中通常有多个特征属性，例如是否买保险的数据集中有年龄、是否是公司职员和信誉度三个特征属性，那么在决策树的每一层中选择哪个属性进行分裂并创建子节点呢？通常使用信息增益或基尼指数作为属性选择的衡量指标。

在介绍信息增益的概念之前先引入信息熵的概念，信息熵的计算公式如下：

$$\text{Entropy} = -\sum_{i=1}^{n} P_i * \log(P_i)$$

其中，P_i 表示第 i 类的样本占所有样本的比例，公式中对数的底最常用的是 2。信息熵可以衡量数据的混乱程度，熵越小，说明数据的混乱程度越低，不确定性越小，数据的纯度越高，反之，熵越大，数据的纯度越低。例如，现有 10 个样本，如果这 10 个样本全部属于一个类别，这时 $P_1=1$，$\log_2(P_1)=0$，则信息熵的值为 0，这时数据的纯度是最高的(所有样本全部属于一个类别)。如果这 10 个样本分别属于 10 个不同的类别，$P_i=0.1$，则信息熵 $=-10*(0.1*\log_2 0.1)=3.32$，这时此样本集的纯度是最低的。

信息增益＝分裂前的信息熵－分裂后的信息熵，其含义为使用某一个特征属性来分裂数据的信息增益为使用该属性来分裂数据前的信息熵减去使用该属性分裂数据后的信息熵，如果信息增益为 0，说明使用该属性来分裂数据创建的子节点获得的数据纯度没有变化，即这个属性不能提供任何有益于分类的信息；如果信息增益越大，说明该属性分裂数据创建子节点所获得的纯度越高，即该属性有助于分类。例如图 8-9 中使用年龄分裂数据集的信息增益比较大。

基尼指数的计算公式如下：

$$\text{Gini} = 1 - \sum_{i=1}^{n} P_i^2$$

其中，P_i 表示第 i 类的样本占所有样本的比例。基尼指数与信息熵的思想相似，基尼值越小,数据的纯度越高,基尼值越大,数据的纯度越低。

决策树构建的基本思路为:从根节点开始,计算特征属性的信息增益或基尼指数,选择信息增益最大或基尼指数最小的一个特征对样本进行分裂,并创建子节点,循环此过程,直到决策树构建完成。决策树本质上是寻找一种对特征空间上的最优划分,衡量特征划分质量的标准为信息增益或基尼指数等。

8.2.4 分类算法评估

(1) 基本概念。分类算法评估中用到以下几个概念。

① 真阳性(true positive,TP):样本实际为正例,且模型预测结果为正例。

② 假阴性(false negative,FN):样本实际为正例,但模型预测为负例。

③ 假阳性(false positive,FP):样本实际类别为负例,但模型预测为正例。

④ 真阴性(true negative,TN):样本实际类别为负例,且模型预测为负例。

(2) 评价指标。常用的分类评价指标有准确率、召回率、精确率和F1度量等。

① 准确率(accuracy)。也称为识别率,即所有分类中被正确分类的比例。

$$\text{accuracy}=(\text{TP}+\text{TN})/(\text{TP}+\text{TN}+\text{FP}+\text{FN})$$

② 召回率(recall)。也称为灵敏率、真正例识别率,即被模型正确识别的正样本占实际为正样本的比例。

$$\text{recall}=\text{TP}/(\text{TP}+\text{FN})$$

③ 精确率(precision)。即被模型正确识别的正样本个数占被模型预测为正样本的比例。

$$\text{precision}=\text{TP}/(\text{TP}+\text{FP})$$

④ F1度量。该指标是基于以上度量(精确率和召回率)衍生的计算指标,具体计算公式如下:

$$\text{F1}=2\times\frac{\text{precision}\times\text{recall}}{\text{precision}+\text{recall}}$$

下面以是否买保险的分类说明以上分类评价指标的计算方法。

一个是否买保险的样本集内有两个分类:买保险的客户和不买保险的客户。把买保险的客户称为正样本,不买保险的客户称为负样本。设总样本数为100,其中正样本数为60,负样本数为40。使用某分类算法将这100个样本进行分类后,结果统计如表8-1所示。

表8-1 分类结果统计表

		预测值	
		预测为正样本	预测为负样本
真实值	正样本	50(TP)	10(FN)
	负样本	5(FP)	35(TN)

从表8-1可以得到,使用分类算法后,有50个样本的真实值为正样本,预测值也是正样本,即真阳性TP;有10个样本的真实值为正样本,但预测值为负样本,即假阴性FN;有5个样本的真实值为负样本,但预测值是正样本,即假阳性FP;有35个样本的真实值为负样本,

预测值也是负样本,即真阴性 TN。根据上述准确率、召回率、精确率和 F1 的定义,可以得到该分类算法的 4 个评价指标的值:

$$\text{accuracy}=(TP+TN)/(TP+TN+FP+FN)$$
$$=(50+35)/(50+35+5+10)=0.85$$
$$\text{recall}=TP/(TP+FN)=50/(50+10)=50/60=0.83$$
$$\text{precision}=TP/(TP+FP)=50/(50+5)=50/55=0.91$$
$$F1=2\times(0.91\times0.83)/(0.91+0.83)=0.868$$

(3) Scikit-learn 库中 metrics 模块方法评价分类模型。可以使用 Scikit-learn 库中的 metrics 模块方法计算准确率、召回率、精确率和 F1 度量,该模块还提供了其他评价方法,常用评价方法如表 8-2 所示。

表 8-2 Scikit-learn 库 metrics 模块中的常用评价方法

评价方式函数	函数功能
accuracy_score()	计算分类模型的准确率
classification_report()	建立一个包含主要评价方法结果的报告
confusion_matrix()	计算分类器预测结果的混淆矩阵
f1_score()	计算 F1 度量
precision_recall_curve()	针对不同的概率阈值计算精确率和召回率
auc()	计算 ROC 曲线的下面积 AUC,使用梯形规则
roc_auc_score()	根据预测百分比计算受试者操作特征曲线 ROC 下的面积 AUC
roc_curve()	计算 ROC 的横纵坐标

8.2.5 Scikit-learn 实现 KNN 和决策树分类

扫一扫

(1) Scikit-learn 实现 KNN 分类。可以使用 Scikit-learn 库中的 neighbors.KNeighborsClassifier()方法实现 KNN 分类,语法格式如下。

```
sklearn.neighbors.KNeighborsClassifier(n_neighbors=5, *, weights='uniform',
algorithm='auto', leaf_size=30, p=2, metric='minkowski', metric_params=None,
n_jobs=None, **kwargs)
```

主要参数说明如下。

① n_neighbors:整数,表示使用的邻居数,即 KNN 的 K 的值,默认值为 5。

② weights:字符串或自定义函数,表示权重。参数可以是 uniform、distance,也可以是用户自己定义的函数。uniform 是均等的权重,即所有的邻近点的权重都是相等的。distance 是不均等的权重,距离近的点比距离远的点的影响大。用户自定义的函数,接收距离的数组,返回一组维数相同的权重。默认是 uniform。

③ algorithm:取值有{'auto','ball_tree','kd_tree','brute'},表示近邻搜索算法,默认参数为 auto,表示由 KNN 自动决定合适的搜索算法。除此之外,用户也可以自己指定搜索算法 brute、kd_tree、ball_tree 进行搜索。brute 是穷举搜索,也就是线性扫描,当训练集很大时,

计算非常耗时。kd_tree 表示构造 kd 树存储数据,以便快速检索,kd 树也就是数据结构中的二叉树,在维数小于 20 时效率高。ball_tree 是为了克服 kd 树高维失效而发明的,其构造过程是以中心 C 和半径 r 分割样本空间,每个节点是一个超球体。

④ leaf_size: 整数,默认值为 30,表示构造的 kd 树和 ball 树的大小。这个值的设置会影响树构建的速度和搜索速度,同样也影响着存储树所需的内存大小,需要根据问题的性质选择最优的大小。

⑤ p: 整数,表示距离度量公式,默认值为 2,即默认使用欧式距离公式进行距离度量。也可以设置为 1,表示使用曼哈顿距离公式进行距离度量。

以下代码使用 KNN 算法对图 8-8 中的数据点进行分类。

① 构造数据集 X 和 y,其中 X 有 2 个特征属性,y 是目标属性。

```
>>> import numpy as np
>>> X=np.array([[1.25,1.22],[1.23,1.25],[1.26,1.27],[1.28,1.35],[1.31,1.33],
[1.32,1.35],[1.3,1.38],[1.33,1.37],[1.38,1.35],[1.35,1.35]])
>>> y=np.array([0, 0, 0, 1, 1, 1, 1, 2, 2, 2])
```

② 构建 KNN 分类器。导入 neighbors 模块,实例化 KNN 分类器,设置邻居数为 3,使用 fit()方法对数据进行拟合。

```
>>> from sklearn import neighbors
>>> neigh=neighbors.KNeighborsClassifier(n_neighbors=3)
>>> neigh.fit(X, y)
KNeighborsClassifier(n_neighbors=3)
```

③ 对新数据预测其分类,并输出新数据的 3 个邻居。Kneighbors()方法可以返回待分类样本与 K 个邻居的距离 distances,以及这 K 个邻居在数据集中的下标 indices。

```
>>> print(neigh.predict([[1.33,1.35]]))   #新数据,即图 8-8 中的星号样本
[2]
>>> distances, indices=neigh.kneighbors([[1.33,1.35]])
>>> distances
array([[0.01, 0.02, 0.02]])
>>> indices
array([[5, 9, 7]], dtype=int64)
>>> X[indices]
array([[[1.32, 1.35],
        [1.35, 1.35],
        [1.33, 1.37]]])
```

扫一扫

(2) Scikit-learn 实现决策树分类。模块 sklearn.tree 包括决策树分类的实现方法。该模块使用信息增益和基尼指数来选择特征属性创建子节点。语法格式如下。

```
sklearn.tree.DecisionTreeClassifier(criterion='gini',splitter='best',max_
depth=None,min_samples_split=2,random_state=None,…)
```

主要参数说明如下。

① criterion：表示衡量特征划分质量的标准，取值有“gini”或“entropy”，默认使用“gini”，即基尼指数，“entropy”表示信息熵。

② splitter：表示节点划分时的策略，取值有“best”或“random”，默认使用“best”。“best”表示在所有特征属性中选择最优特征来划分，“random”表示在部分特征属性中选择最优特征。

③ max_depth：表示树的最大深度。如果为 None，表示不对决策树的最大深度作约束，直到每个叶子节点上的样本均属于同一类，或者直到所有叶子包含小于 min_samples_split 的样本。也可以指定某一整数来设置树的最大深度。

④ min_samples_split：设置节点的最小样本数量，当样本数量可能小于此值时，节点将不会再划分。

⑤ random_state：当参数 splitter 设置为“random”时，可以通过该参数设置随机种子。

以下代码使用决策树对图 8-8 中的数据点进行分类。

```
>>> import numpy as np
>>> X=np.array([[1.25,1.22],[1.23,1.25],[1.26,1.27],[1.28,1.35],[1.31,1.33],
[1.32,1.35],[1.3,1.38],[1.33,1.37],[1.38,1.35],[1.35,1.35]])
>>> y=np.array([0, 0, 0, 1, 1, 1, 1, 2, 2, 2])
>>> from sklearn.tree import DecisionTreeClassifier          #导入决策树分类模块
>>> DTC=DecisionTreeClassifier(criterion='gini', random_state=1)
#实例化决策树分类器,使用基尼指数选择属性,读者可以尝试 criterion='entropy'
>>> DTC.fit(X, y)                                  #训练决策树分类器
DecisionTreeClassifier(random_state=1)
>>> y_pred=DTC.predict([[1.33,1.35]])              #对图 8-8 中的星号标示样本进行预测
>>> y_pred
array([2])
>>> import matplotlib.pyplot as plt
>>> from sklearn.tree import plot_tree
>>> plot_tree(DTC,fontsize=13)                     #绘制决策树的结构图
>>> plt.show()
```

上述代码构建的决策树如图 8-10 所示，此决策树的每一个非叶子节点由 4 项组成：本次分裂的特征属性、本次分裂对应的 gini 值、参与本次分裂的样本数、本次分裂前每类对应的样本数。例如，根节点被解释为：本次分裂的特征属性为 $X[1]$，如果 $X[1]<=1.3$ 则分裂为左子树，否则分裂为右子树，参与本次分裂的样本数为 10 个，对应 3 个类别的样本数分别为[3,4,3]，即第 0 类为 3 个样本，第 1 类为 4 个样本，第 2 类为 3 个样本，本次分裂的基尼指数 gini=0.66，读者可以根据基尼指数的公式自行计算。决策树的叶子节点表示类别，从根节点出发，按照规则遍历到叶子节点就可以得到类别。以图 8-10 最右下方的叶子节点为例，叶子节点中的 value=[0,0,3]分别对应 3 个类的数目，只有第 2 类数目为 3，说明从根节点走到这个叶子节点得到 3 个第 2 类样本，分类规则可以描述为 if X[1]>1.3 and X[0]>1.325 then class=2。

另外，还可以使用 export_text()方法，以文本格式导出树。这种方法不需要安装外部

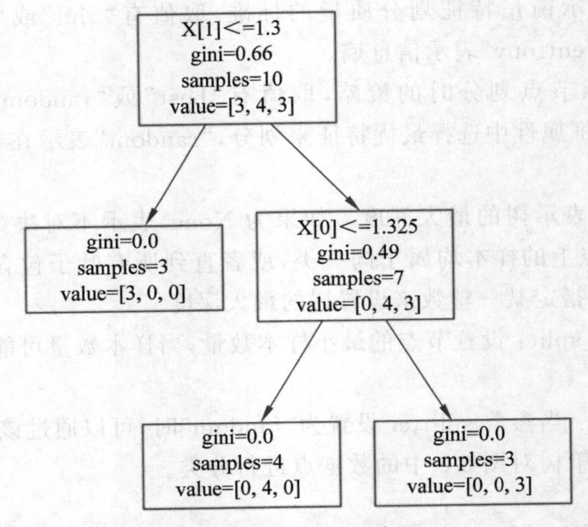

图 8-10 决策树示意图

库,而且更紧凑。代码如下。

```
>>> from sklearn.tree import export_text
>>> rule=export_text(DTC, feature_names=['X1','X2'])
>>> print(rule)
|--- X2 <= 1.30
|   |--- class: 0
|--- X2 >  1.30
|   |--- X1 <= 1.33
|   |   |--- class: 1
|   |--- X1 >  1.33
|   |   |--- class: 2
```

8.2.6 案例实现

本案例使用 KNN 和决策树两种算法实现鸢尾花的分类,即以花萼长度(sepal length)、花萼宽度(sepal width)、花瓣长度(petal length)和花瓣宽度(petal width)4 个特征属性来预测鸢尾花的种类,具体实现过程如下。

扫一扫

(1) 导入库。代码如下。

```
from sklearn.datasets import load_iris
import pandas as pd
from sklearn.model_selection import train_test_split
from sklearn.neighbors import KNeighborsClassifier
from sklearn.tree import DecisionTreeClassifier
import matplotlib.pyplot as plt
from sklearn.tree import plot_tree
```

（2）导入数据，并将数据划分为训练集和测试集。使用 load_iris()方法导入数据对象。使用数据对象的 feature_names 属性获取花萼长度、花萼宽度、花瓣长度和花瓣宽度 4 个特征的列标签。使用数据对象的 target 属性获取类别标签，其值为 0、1、2，分别对应山鸢尾(setosa)、变色鸢尾(versicolour)和维吉尼亚鸢尾(virginica)。使用 train_test_split()函数，按照 8∶2 的比例将数据集划分为训练集和测试集。代码如下。

```
iris=load_iris()                    #导入 iris 数据
colname=iris.feature_names
df=pd.DataFrame(iris.data,columns=colname)
                                    #df 是一个 150 * 4 的 DataFrame,不包含其类别标签
df['label']=pd.DataFrame(iris.target)
df.to_csv('iris.csv')               #保存到 iris.csv 文件以方便查看数据
X=iris.data                         #X 是 150 行 4 列的数据
y=iris.target                       #y 是 150 个样本的所属类别
X_train, X_test, y_train, y_test=train_test_split(X, y, random_state=0, test_
size=0.20)                          #划分为训练集和测试集
```

（3）设置模型参数创建模型，并对测试集进行预测。

① 创建 KNN 分类器，并对测试集进行预测。本案例设置邻居数 n_neighbors=5，读者可以设置其他 n_neighbors，并分析不同的 n_neighbors 值对分类结果的影响。代码如下。

```
knn=KNeighborsClassifier(n_neighbors=5)
knn.fit(X_train, y_train)
knn_pred=knn.predict(X_test)
```

② 创建决策树分类器，并对测试集进行预测。本案例使用基尼指数作为衡量特征划分质量的标准。使用决策树分类后，绘制决策树图形如 8-11 所示，图中的“X1”“X2”“X3”

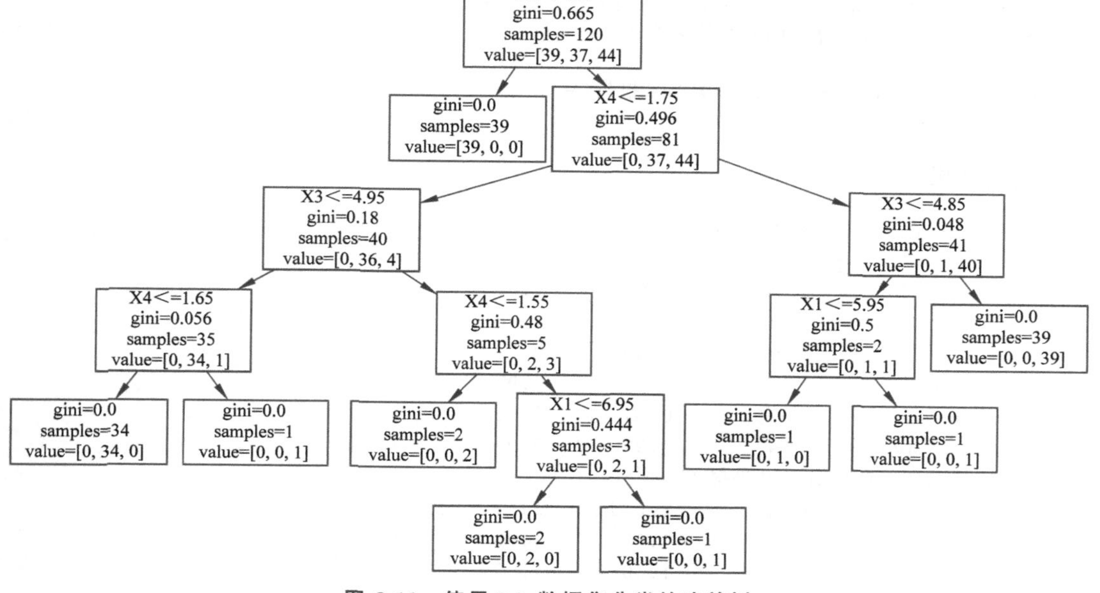

图 8-11 使用 Iris 数据集分类的决策树

“X4”分别对应 iris 数据集的 4 个特征属性“sepal length (cm)”“sepal width (cm)”“petal length (cm)”和“petal width (cm)”。从图 8-11 可以看出,根节点使用了“X4”,即属性“petal width (cm)”作为本次分裂的特征属性,这个节点可解释为:如果 X4<=0.8,则分裂为左子树,否则分裂为右子树,参与本次分裂的样本数为 120,对应的 3 个类别样本数分别为[39,37,44],本次分裂的基尼指数 gini=0.665。读者可自行解释其他节点。叶子节点表示类别,从根节点出发,按照规则遍历到叶子节点就可以得到类别。代码如下。

```
DTC=DecisionTreeClassifier(criterion='gini', random_state=1)
DTC.fit(X_train, y_train)
dtc_pred=DTC.predict(X_test)
plt.figure(figsize=(10, 6))
plot_tree(DTC,fontsize=10, feature_names=['X1','X2','X3','X4'])
plt.tight_layout()
plt.show()
```

扫一扫

(4) 评估模型。使用测试集对创建的 KNN 分类器和决策树分类器进行评估,评估指标包括准确率、召回率、精确率、F1 等,这几个指标可以使用 sklearn.metrics 模块中的 accuracy_score()、recall_score()、precision_score()、f1_score()方法,也可以使用 sklearn.metrics 模块中的 classification_report()方法,该方法包括以上几个指标。

以下代码使用了 classification_report()显示两个算法的分类评估指标,其中输出结果“precision”表示每一类的预测精确率,“recall”表示每一类的预测召回率,“f1-score”表示每一类的预测 F1 度量值,“accuracy”表示所有预测的准确率,“support”表示每一类的样本数。“macro avg”表示召回率、精确率、f1-score 3 个指标的算术平均,“weighted avg”表示 3 个指标的加权平均,使用每一个类别样本数量在所有类别的样本总数的占比作为权重。代码如下。

```
from sklearn.metrics import classification_report
result_KNN=classification_report(y_test, knn_pred)
result_DTC=classification_report(y_test, dtc_pred)
print('----KNN算法的分类结果报告----')
print(result_KNN)
print('----决策树算法的分类结果报告----')
print(result_DTC)
```

输出结果为:

```
----KNN算法的分类结果报告----
              precision    recall    f1-score    support
       0       1.00        1.00      1.00        11
       1       1.00        0.92      0.96        13
       2       0.86        1.00      0.92        6
    accuracy                         0.97        30
   macro avg    0.95        0.97      0.96        30
weighted avg    0.97        0.97      0.97        30
----决策树算法的分类结果报告----
              precision    recall    f1-score    support
       0       1.00        1.00      1.00        11
       1       1.00        1.00      1.00        13
       2       1.00        1.00      1.00        6
```

```
    accuracy                          1.00       30
   macro avg       1.00      1.00     1.00       30
weighted avg       1.00      1.00     1.00       30
```

从运行结果来看，两个分类器的分类效率均达到95%以上，两者对比来看，决策树分类器的分类效果好于KNN的分类效果。

常见的评估方法还有混淆矩阵，混淆矩阵以矩阵形式描绘样本数据的真实类别与分类模型预测类别之间的关系。以下代码给出了KNN分类和决策树分类模型的混淆矩阵，以KNN算法的混淆矩阵为例解释混淆矩阵的构成。混淆矩阵是一个3×3的方阵，矩阵的行标签表示样本的真实类别，列标签表示预测类别，矩阵中的值是样本数量，例如矩阵中的matrix[0,0]=11表示真实类别为第0类，预测类别也是第0类的样本数是11，矩阵主对角线的样本都是预测正确的，若非对角线上有数值，说明有一些样本被分类算法预测错了，例如matrix[1,2]=1表示有一个样本的真实类别为第1类，而被分类算法预测为第2类。利用混淆矩阵能够分析误判的类别，从而对机器学习的模型进行调整。实现代码如下。

```
from sklearn.metrics import confusion_matrix
print('----KNN算法预测结果的混淆矩阵----')
cm_knn=confusion_matrix(y_test, knn_pred)
print(cm_knn)
print('----决策树算法预测结果的混淆矩阵----')
cm_DTC=confusion_matrix(y_test, dtc_pred)
print(cm_DTC)
```

输出结果为：

```
----KNN算法预测结果的混淆矩阵----
[[11  0  0]
 [0  12  1]
 [0  0  6]]
----决策树算法预测结果的混淆矩阵----
[[11  0  0]
 [0  13  0]
 [0  0  6]]
```

另外，可以使用ConfusionMatrixDisplay将混淆矩阵可视化，更加直观地查看分类结果。绘制KNN分类器和决策树分类器的混淆矩阵如图8-12所示。

```
from sklearn.metrics import ConfusionMatrixDisplay
cm_knn_display=ConfusionMatrixDisplay(cm_knn)
cm_knn_display.plot(cmap=plt.cm.Blues)
plt.rcParams['font.sans-serif']=['SimHei']          #调整字体设置
plt.xlabel('预测类别',fontsize=12)
plt.ylabel('真实类别',fontsize=12)
plt.title("KNN分类器",fontsize=14)
cm_DTC_display=ConfusionMatrixDisplay(cm_DTC)
cm_DTC_display.plot(cmap=plt.cm.Blues)
plt.xlabel('预测类别',fontsize=12)
```

```
plt.ylabel('真实类别',fontsize=12)
plt.title("决策树分类器",fontsize=14)
plt.show()
```

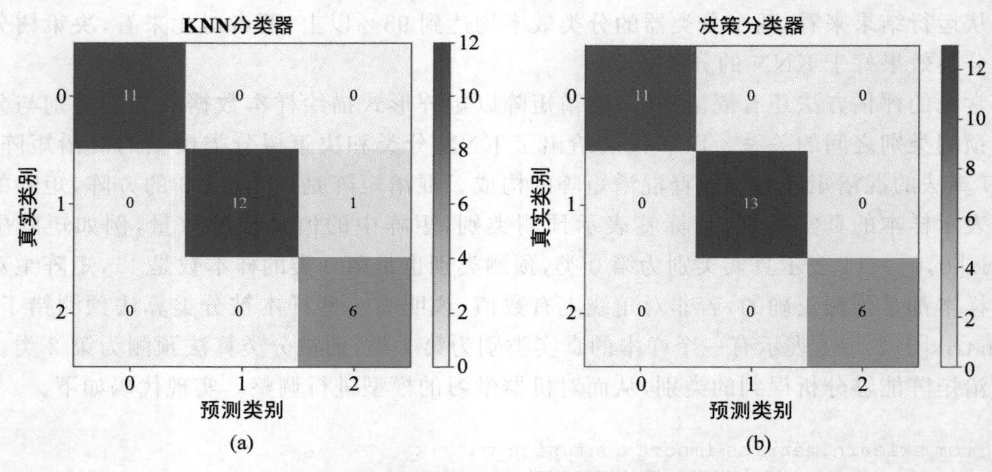

图 8-12 KNN 和决策树分类的混淆矩阵

8.3 构建并评估聚类模型

聚类是一种经典的无监督学习方法,无监督学习的目标是通过对无标记训练样本的学习,发掘和揭示数据集本身潜在的结构与规律,即不依赖于训练数据集的类标记信息。聚类试图将数据集划分为若干个互不相交的类簇,从而每个簇对应一个潜在的类别。

聚类算法体现了"物以类聚,人以群分"的思想。"物以类聚,人以群分"出自《战国策·齐策三》,用于比喻同类的东西常聚在一起,志同道合的人相聚成群。俗话说"近朱者赤,近墨者黑",每一个人都或多或少地受周围的人的影响,所以我们要"见贤思齐,择善而从",向优秀的人学习,树立积极进取、乐观向上的人生态度,从而形成正确的人生价值评判标准。

扫一扫

8.3.1 案例导入——客户聚类

通过对客户的消费行为进行聚类分析,将客户细分,从而企业可以针对不同客户提供不同的产品内容,采取不同的促销手段等。

本案例数据集来自 UCI 机器学习数据集 Wholesale customers,该数据集记录了某批发经销商不同商品的年度销售情况。数据集包括 440 行记录和 8 个属性列,这些属性分别为客户渠道(channel)、客户所在区域(region)以及新鲜商品(fresh)、奶制品(milk)、零食(grocery)、冷冻商品(frozen)、洗涤剂和纸品(detergents_paper)、熟食(delicatessen)6 种商品的年度销售。该数据集的部分数据如图 8-13 所示,详细介绍可以查看 UCI 机器学习数据集 http://archive.ics.uci.edu/ml/datasets/Wholesale+customers。

本案例通过 6 种商品的销售数据对客户进行聚类,分析客户的消费行为,从而帮助经销商针对不同客户制订营销计划。

channel	region	fresh	milk	grocery	frozen	detergents_paper	delicatessen
2	3	12669	9656	7561	214	2674	1338
2	3	7057	9810	9568	1762	3293	1776
2	3	6353	8808	7684	2405	3516	7844
1	3	13265	1196	4221	6404	507	1788
2	3	22615	5410	7198	3915	1777	5185
2	3	9413	8259	5126	666	1795	1451
2	3	12126	3199	6975	480	3140	545
2	3	7579	4956	9426	1669	3321	2566
1	3	5963	3648	6192	425	1716	750
2	3	6006	11093	18881	1159	7425	2098

图 8-13 Wholesale customers 数据集的部分数据展示

8.3.2 K-means 聚类算法原理

扫一扫

K-means 是最常用的基于欧式距离的聚类算法，该算法将一组样本划分为 k 个无交集的簇，在一个簇中的数据被认为是同一类，每个簇中所有样本的均值被称为这个簇的中心，K-means 这个名称中的 means 就是均值的意思。K-means 算法首先指定初始的聚类中心，根据样本与中心的远近划分为不同的簇，接着重新计算聚类中心，迭代直至收敛。K-means 的算法流程具体描述如下。

(1) 选择初始化的 k 个样本作为初始聚类中心。

(2) 对数据集中每个样本，计算它到 k 个聚类中心的距离，并将其分到距离最小的聚类中心所对应的类中。

(3) 对每个类别，重新计算它的聚类中心。

重复上面第(2)和(3)步操作，直到达到终止条件(类中心不再变化或迭代次数达到事先设置的最大值等)。聚类中心变化示例如图 8-14 所示。其中两个“×”表示两个聚类中心。从图 8-14 可以看出，聚类中心从随机初始化，经过多次重新计算，一步一步移动到两个类簇的中心。

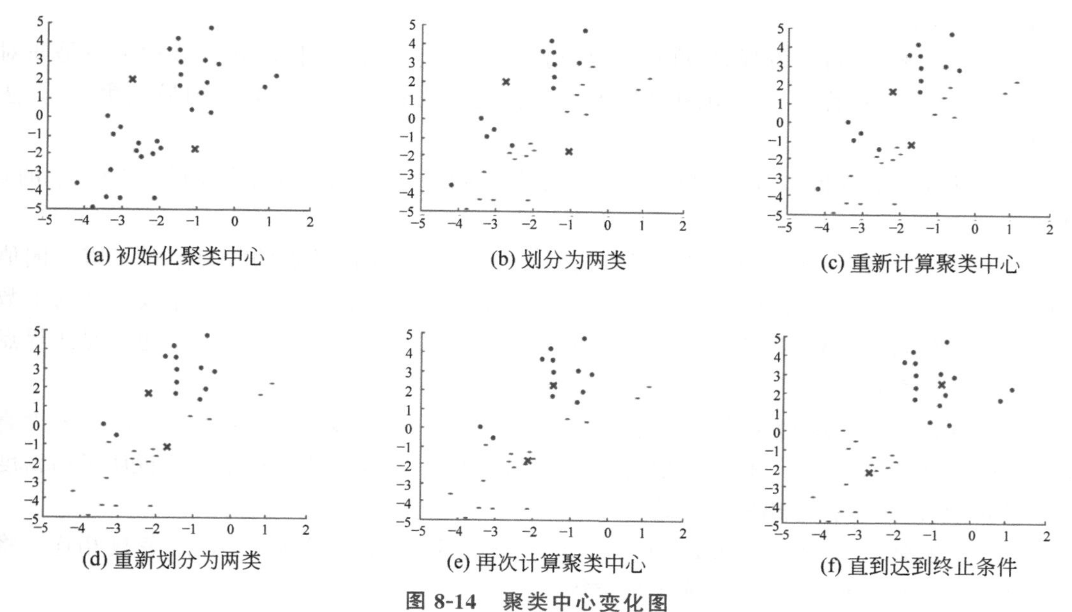

(a) 初始化聚类中心 (b) 划分为两类 (c) 重新计算聚类中心

(d) 重新划分为两类 (e) 再次计算聚类中心 (f) 直到达到终止条件

图 8-14 聚类中心变化图

K-means 聚类追求的是"簇内距离小,簇外距离大"。对于一个簇来说,所有样本点到聚类中心的距离之和越小,认为这个簇中的样本越相似,簇内差异越小。距离的衡量方法有多种,例如欧式距离、曼哈顿距离和余弦距离等。以欧氏距离为例,一个簇中所有样本点到该簇中心的距离的平方和,被称为簇内平方和(cluster sum of square,CSS),又称作 inertia,公式如下:

$$\mathrm{CSS}=\sum_{i=1}^{n}(x_i-\mu_j)^2$$

其中,μ_j 表示第 j 个簇的中心,x_i 表示第 j 个簇中的一个样本,n 表示该簇中的样本数目。K-means 算法的目标是求解能够让簇内平方和最小化的簇中心。

扫一扫

8.3.3 DBSCAN 算法原理

DBSCAN(density-based spatial clustering of applications with noise)是一个比较有代表性的基于密度的聚类算法。它可以在具有较高噪声的数据集中检测高密度区域,并划分成类簇。它的核心思想是先发现密度较高的样本点,然后把相近的高密度点逐步都连成一片,进而生成各种簇。

假设样本集合 $D=\{x_1,x_2,\cdots,x_n\}$,密度聚类算法的几个基本定义如下。

(1) ε 邻域:对 $x_i\in D$,其 ε 邻域包含样本数据集 D 中与 x_i 的距离不大于 ε 的样本。

(2) 核心对象:如果给定对象 x_i 的 ε 领域内的样本点数大于等于阈值 MinPts,则称该对象为核心对象。

(3) 直接密度可达:对于样本集合 D,如果样本点 x_j 在 x_i 的 ε 领域内,并且 x_i 为核心对象,则称 x_j 由 x_i 直接密度可达。

(4) 密度可达:对于样本集合 D,存在样本点序列$(p_1,p_2,\cdots,p_m)$,其中,$p_1=x_i$,$p_m=x_j$,如果对象 p_i 由 p_{i-1} 直接密度可达,则 x_j 由 x_i 密度可达。

(5) 密度相连:对于样本集合 D 中的样本点 x_k,如果 x_i 和 x_j 均由 x_k 密度可达,那么 x_i 和 x_j 密度相连。

基于以上概念,可以发现,密度可达是直接密度可达的传递闭包,并且这种关系是非对称的,密度相连是对称关系。DBSCAN 聚类的目的是找到密度相连对象的最大集合,算法流程如下。

(1) 以每一个数据点 x_i 为圆心,以 ε 为半径画一个圆圈。这个圆圈被称为 x_i 的 ε 邻域。

(2) 对这个圆圈内包含的点进行计数。如果一个圆圈里面的点的数目超过了密度阈值 MinPts,那么将该圆圈的圆心记为核心点,即核心对象。如果某个点的 ε 邻域内点的个数小于密度阈值,但是落在核心点的邻域内,则称该点为边界点。既不是核心点也不是边界点的点,就是噪声点。

(3) 核心点 x_i 的 ε 邻域内的所有的点,都是 x_i 的直接密度直达。如果 x_j 由 x_i 密度直达,x_k 由 x_j 密度直达,x_n 由 x_k 密度直达,那么 x_n 由 x_i 密度可达。这个性质说明了由密度直达的传递性,可以推导出密度可达。

(4) 如果对于 x_k,使 x_i 和 x_j 都可以由 x_k 密度可达,那么就称 x_i 和 x_j 密度相连。将密度相连的点连接在一起,就形成了聚类簇。

基于密度的聚类算法的主要目标是寻找被低密度区域分离的高密度区域。与基于距离的聚类算法不同的是，基于距离的聚类算法的聚类结果是球状的簇，而基于密度的聚类算法可以发现任意形状的聚类，这对于带有噪音点的数据起着重要的作用。

8.3.4 聚类算法评估

扫一扫

常用的两种聚类算法的评估指标为：簇内平方和、轮廓系数。

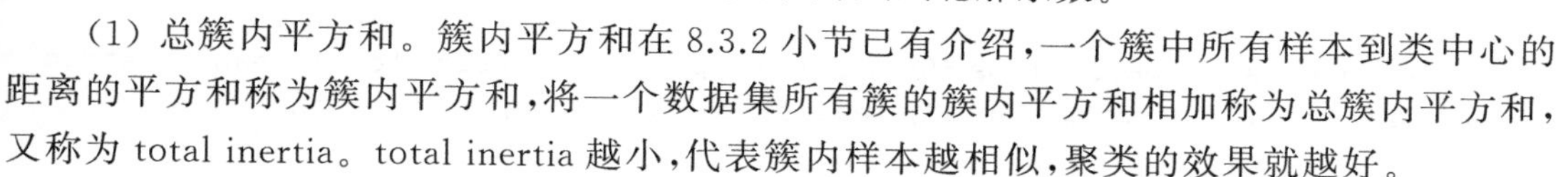

(1) 总簇内平方和。簇内平方和在8.3.2小节已有介绍，一个簇中所有样本到类中心的距离的平方和称为簇内平方和，将一个数据集所有簇的簇内平方和相加称为总簇内平方和，又称为total inertia。total inertia越小，代表簇内样本越相似，聚类的效果就越好。

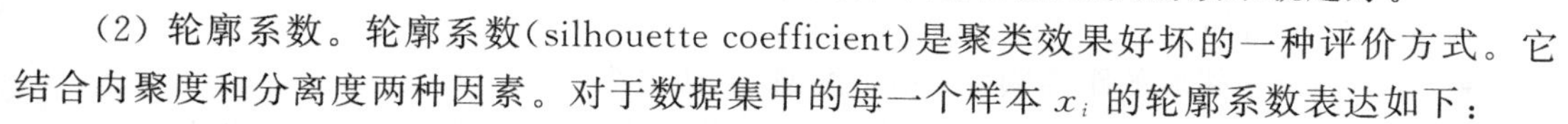

(2) 轮廓系数。轮廓系数(silhouette coefficient)是聚类效果好坏的一种评价方式。它结合内聚度和分离度两种因素。对于数据集中的每一个样本 x_i 的轮廓系数表达如下：

$$S(i)=\frac{b(i)-a(i)}{\max\{a(i),b(i)\}}$$

其中，$a(i)$等于样本 x_i 到同簇中其他样本距离的平均值，表示簇内凝聚度，$b(i)$等于样本 x_i 到其他簇样本的平均距离的最小值，表示簇间分离度。

聚类结果的轮廓系数定义为：

$$S=\frac{1}{N}\sum_{i=1}^{N}S(i)$$

其中，N 为数据集的样本总数。从上述公式可以看出，所有样本的轮廓系数 $S(i)$的均值称为聚类结果的轮廓系数 S。S 取值为$[-1,1]$，越接近1，表示样本与自己所在的簇中的样本越相似，并且与其他簇中的样本不相似。当样本点与簇外的样本更相似的时候，轮廓系数就为负。当轮廓系数为0时，则代表两个簇中的样本相似度一致，两个簇本应该是一个簇。轮廓系数越接近于1，聚类效果越好，负数则表示聚类效果较差。

可以调用 sklearn.metrics 模块中的 silhouette_score()方法得到所有样本的平均轮廓系数 S。

8.3.5 Scikit-learn 实现 K-means 和 DBSCAN 聚类

扫一扫

(1) Scikit-learn 中 K-means 和 DBSCAN 聚类的具体形式及参数介绍。

① K-means 算法的实现使用 Scikit-learn 库中的 KMeans 模块，语法格式如下。

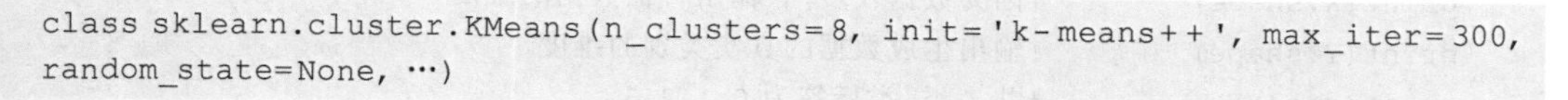

```
class sklearn.cluster.KMeans(n_clusters=8, init='k-means++', max_iter=300,
random_state=None, …)
```

主要参数说明如下。

- n_clusters：表示类中心数量，也就是聚类个数，默认是8个。
- init：表示初始化类中心的选取方式，主要值为“k-means++”或“random”，默认是“k-means++”。因为初始中心是随机选取的，会造成局部最优解，所以需要更换几次随机类中心，这时通过给 init 参数传入“k-means++”即可。
- max_iter：表示最大迭代次数，默认是300。
- random_state：表示控制每次类中心初始化的随机种子。

执行完 KMeans 算法后,返回几个常用的属性,用于后续的聚类分析。

- cluster_centers_:表示算法结束后,收敛到的类中心坐标。
- labels_:表示每个样本对应的标签。
- inertia_:表示总体的簇内平方和 total inertia。
- n_iter_:表示实际的迭代次数。

② DBSCAN 算法的实现使用 Scikit-learn 库中的 DBSCAN 模块。语法格式如下。

```
sklearn.cluster.DBSCAN(eps=0.5, min_samples=5, metric='euclidean', metric_
params=None, algorithm='auto', leaf_size=30, p=None, n_jobs=None)
```

主要参数说明如下。

- eps:表示 ε 邻域的距离阈值,float 类型,默认值为 0.5。
- min_samples:表示 ε 邻域样本数的阈值,默认值为 5,一般和 eps 一起调参。
- metric:表示距离计算方法,默认为欧氏距离。
- algorithm:计算最近邻使用的算法,包括"auto""ball_tree""kd_tree"和"brute"。
- leaf_size:表示传递给"ball_tree"或者"kd_tree"的叶子节点的数量。

执行完 DBSCAN 算法后,返回几个常用的属性,用于后续的聚类分析。

- core_sample_indices_:表示核心对象的标签。
- components_:表示算法结束后,每个核心对象的聚类簇。
- labels_:表示每个样本的聚类标签,其中-1 表示噪声样本。

(2) K-means 和 DBSCAN 聚类示例。首先构造模拟数据,然后分别使用 K-means 和 DBSCAN 两种算法对数据进行聚类分析。

扫一扫

①使用 Scikit-learn 提供的函数构造聚类算法所用的数据。以下代码使用 datasets.make_blobs()函数构造聚类需要的仿真数据,该函数中常用的参数有:n_samples 表示生成的样本数,n_features 表示特征的数量,centers 表示生成的类中心数量,即生成数据的真实类别数量,random_state 表示生成数据时的随机种子,详细介绍见 Scikit-learn 官方文档 https://scikit-learn.org/stable/modules/generated/sklearn.datasets.make_blobs.html。为了方便展示数据,将特征数据的维度 n_features 设置为 2,样本数量为 200,类别数为 4。

```
from sklearn.datasets import make_blobs
X, Y=make_blobs(n_samples=200,n_features=2,centers=4,random_state=1)
print(X.shape)          #因为数据较多,只输出特征数据的维度
print(Y.shape)          #输出生成数据的真实类别的维度
print(set(Y))           #共 4 类,类标签为 0、1、2、3
```

输出结果为:

```
(200, 2)
(200,)
{0, 1, 2, 3}
```

② 绘制原始数据的散点图。使用不同的形状(倒三角形、三角形、乘号、圆点)分别表示不同的类别,如图 8-15 所示,观察一下这个数据集的数据分布。代码如下。

```
import matplotlib.pyplot as plt
markers=['v','^','o','x']
for i in range(4):
    plt.scatter(X[Y==i,0],X[Y==i,1],s=20,marker=markers[i])
plt.show()
```

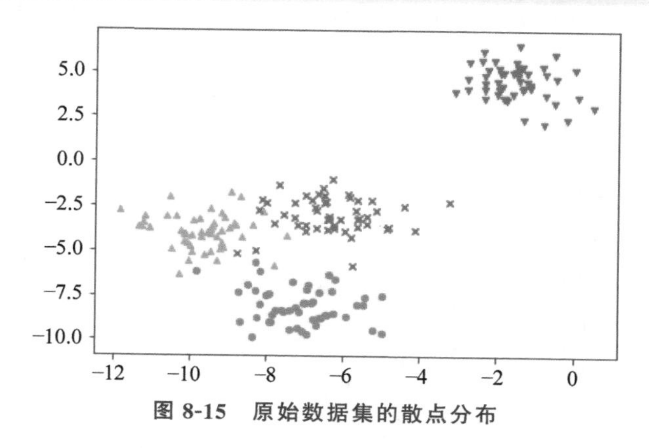

图 8-15 原始数据集的散点分布

③ 使用 K-means 算法将数据集聚为 4 类，并查看聚类对象的几个重要属性。代码如下。

```
from sklearn.cluster import KMeans
cluster=KMeans(n_clusters=4, random_state=1)
#训练拟合
cluster=cluster.fit(X)
centroid=cluster.cluster_centers_
print('----聚类为 4 个簇的类中心----')
print(centroid)
print('----聚类的总簇内平方和----')
inertia=cluster.inertia_
print(inertia)
#重要属性 labels_表示聚类后每个样本的标签
y_predict=cluster.labels_
```

输出结果为：

```
----聚类为 4 个簇的类中心----
[[-6.3414962  -2.89069409]
 [-1.54465562  4.4600113 ]
 [-7.03925738 -8.12235782]
 [-9.74296129 -4.04838373]]
----聚类的总簇内平方和----
345.925
```

绘制 K-means 聚类结果的散点图，如图 8-16 所示，其中星号表示 4 个簇的中心。需要注意的是，图 8-16 与图 8-15 的每个类簇的数据形状不一样，也就是聚类得到的类标签和真实类标签不一样，但也只是顺序不一样。例如图 8-15 中右上角的数据点的类标签为 0，用倒三角形表示，而图 8-16 中右上角的数据点的类标签为 1，用三角形表示。聚类得到的类标签与真实类标签不一致也容易理解，聚类作为非监督学习，得到的标签只是用来说明相同标签的数据属于同一类。代码如下。

```
for i in range(4):
    plt.scatter(X[y_predict==i,0], X[y_predict==i,1], s=20, marker=markers
[i])
plt.scatter(centroid[:,0],centroid[:,1],s=60,marker='*',color='black')
plt.show()
```

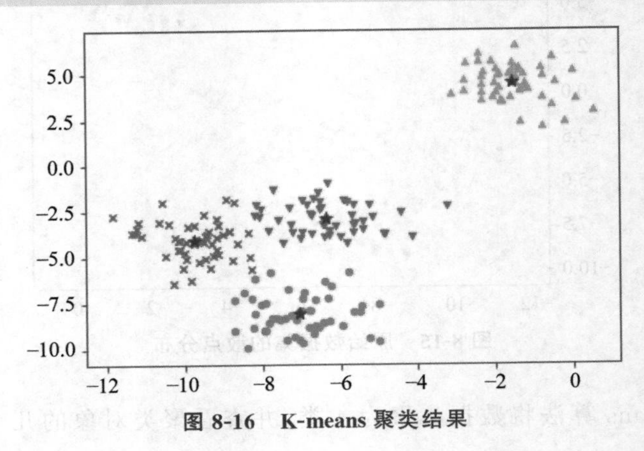

图 8-16 K-means 聚类结果

K-means 算法的参数 n_clusters 是一个超参数,需要人工事先设定,而 n_clusters 值的设定直接影响后续的聚类效果,那么怎样选择合适的 n_clusters 值呢? 一般常用的方法是肘部法则(elbow method)。该方法的原理是:为 n_clusters 设置多个值,使用一种衡量聚类效果的指标作为目标函数,根据目标函数值的变化选择最合适的 n_clusters 值。一般来说,随着 n_clusters 增大,目标函数值会减小。但随着 n_clusters 继续增大,目标函数值的变化会趋于平稳。在 n_clusters 值增大过程中,目标函数改善程度最大的位置对应的 n_clusters 就是肘部,使用此时的 n_clusters 一般可以取得较好的效果。例如,以下代码使用肘部法则确定合适的 n_clusters 值,采用总簇内平方和作为目标函数,结果如图 8-17 所示。可以看出,n_clusters＝4 时,总簇内平方和下降最大,以后趋于平稳,所以 n_clusters＝4 就是肘部,这与生成数据时真实类别的数量完全一致。

```
from sklearn.datasets import make_blobs
from sklearn.cluster import KMeans
import matplotlib.pyplot as plt
plt.rcparams['font.sans-serif']=['SimHei']          #调查字体设置
X,Y=make_blobs(n_samples=200,n_features=2,centers=4,random_state=1)
maxK=10
array_K=range(2, maxK)              #n_clusters 的取值范围为[2,9]
all_i=[]                            #保存每一次聚类后的总簇内平方和 inertia_
for i in array_K:
    cluster=KMeans(n_clusters=i,random_state=1).fit(X)
    y_predict=cluster.labels_
    all_i.append(cluster.inertia_)
plt.plot(array_K, all_i, 'kx-') #绘制不同的 n_clusters 值对应的目标值
```

```
plt.xlabel("簇个数")
plt.ylabel("总簇内平方和")
plt.show()
```

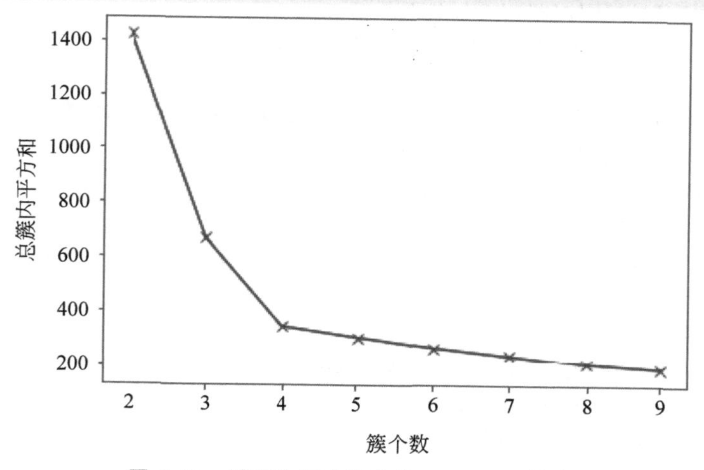

图 8-17 肘部法则确定参数 n_clusters 的值

由此可见，K-means 聚类算法中的参数 n_clusters 不是直接给定一个值，而是要不断试验，才能得到合适的 n_clusters 值，使聚类效果最优。在现实生活中，成功不是一蹴而就的，需要多次试验，在挫折中不断寻找成功的方向，逐步形成“不言放弃、精益专注”的工匠精神。

④ 用 DBSCAN 算法实现聚类，并查看聚类对象的属性：labels_，core_sample_indices_和 components_。设置 DBSCAN 算法参数 eps＝0.8 和 min_samples＝7。代码如下。

```
import numpy as np
from sklearn.cluster import DBSCAN
cluster=DBSCAN(eps=0.8, min_samples=7)
#训练拟合
cluster=cluster.fit(X)
#重要属性 labels_表示聚类后每个样本的标签
clusterlabels=cluster.labels_
#聚类数量
uniquecluster=set(cluster.labels_)
print(uniquecluster)
#核心对象的标签
core_sample=cluster.core_sample_indices_
#核心对象的聚类簇
core_component=cluster.components_
#标记核心对象对应下标为 True
core_sample_mask=np.zeros_like(cluster.labels_, dtype=bool)
core_sample_mask[core_sample]=True
```

输出结果为：

```
{0, 1, 2, 3, 4, -1}
```

从输出结果可以看出，本次聚类后，样本被分为 5 类，类标签分别为 0、1、2、3、4，另外－1 表示噪声样本。绘制 DBSCAN 聚类结果的散点图，使用不同的形状（倒三角形、三角形、圆点、乘号、星形)分别表示不同的类别,加号表示噪声样本,如图 8-18 所示。代码如下。

```
import matplotlib.pyplot as plt
markers=['v','^','o','x','*','+']
colors=['red','green','blue','gray','pink','black']
for label in uniquecluster:
    #clusterindex是包含True和False的数组,True表示对应的样本为cluster类
    clusterindex=(clusterlabels==label)
    #绘制核心对象
    coresamples=X[clusterindex&core_sample_mask]
    plt.scatter(coresamples[:,0], coresamples[:,1], marker=markers[label],
    c=colors[label],s=60)
    #绘制非核心对象
    noncoresamples=X[clusterindex&~core_sample_mask]
    plt.scatter(noncoresamples[:,0],noncoresamples[:,1], marker=markers
    [label],c=colors[label],s=15)
plt.show()
```

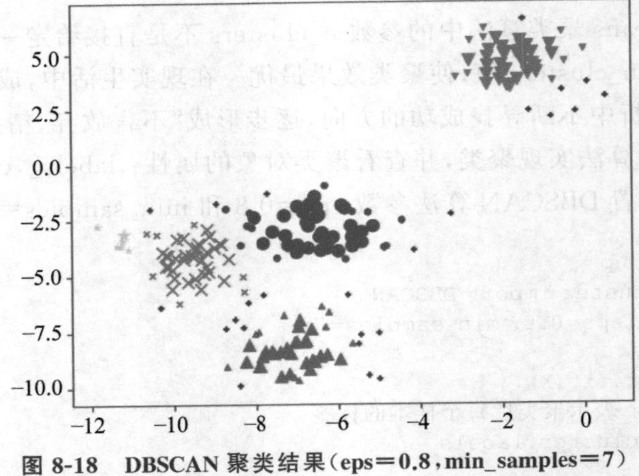

图 8-18 DBSCAN 聚类结果(eps=0.8,min_samples=7)

在图 8-18 中,对于同一类簇中的样本,绘制了哪些样本是核心对象,哪些是非核心对象,哪些是噪声样本。例如,右上角的倒三角形标识的数据点被聚为一类,其中大一些的倒三角形为该簇的核心对象,小一点的倒三角形为该簇的非核心对象,旁边的加号标识为该类的噪声数据。另外,与原始数据集的类别相比,这次聚类多分了一类,即图 8-18 最左边星形标识的几个数据点被聚为一簇。

密度聚类的结果与参数 eps(ε 邻域的距离阈值)和 min_samples(ε 邻域样本数的阈值)有关,一般对两个参数一起进行调参。若将上例中的参数 eps 和 min_samples 调整为 eps=0.9,min_samples=12,则聚类结果的类别标签为{0,1,2,3},共 4 类。绘制此次聚类结果的散点图,如图 8-19 所示。本次聚类的结果类簇与原始数据集的类簇基本一致。由此可以看出,不同的参数设置对聚类结果影响比较大,恰当的参数可以使得聚类结果更准确。

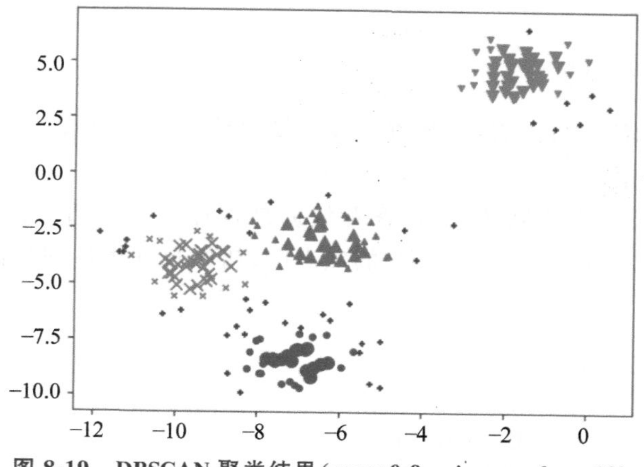

图 8-19 DBSCAN 聚类结果(eps=0.9,min_samples=12)

8.3.6 案例实现

使用某批发经销商的 6 种商品的年度销售数据集 Wholesale customers,采用 K-means 聚类算法对其客户进行聚类,分析客户的消费行为。

(1) 导入库。代码如下。

```
import numpy as np
import pandas as pd
import matplotlib.pyplot as plt
from sklearn.preprocessing import Normalizer
from sklearn.cluster import KMeans
from sklearn.metrics import silhouette_score
from collections import Counter
```

(2) 导入数据,并对数据做预处理。为了方便展示字段名称,从数据表中读取数据时,将列名指定为中文。因为本案例主要通过 6 种商品的年度销售量分析客户行为,所以只使用数据表中的 6 列商品数据,即列号从 2 至 7。代码如下。

```
df0=pd.read_csv("Wholesale_customers_data.csv", header=0, names=['渠道', '区域', '新鲜商品', '奶制品', '零食', '冷冻商品', '洗涤剂和纸品', '熟食'])
df=df0.iloc[:, 2:8]
print(df.info())    #输出数据表的基本信息(维度、列名称、数据格式、所占空间等)
```

输出结果为:

```
<class 'pandas.core.frame.DataFrame'>
RangeIndex: 440 entries, 0 to 439
Data columns (total 6 columns):
新鲜商品          440 non-null int64
奶制品            440 non-null int64
零食              440 non-null int64
冷冻商品          440 non-null int64
洗涤剂和纸品      440 non-null int64
熟食              440 non-null int64
```

```
dtypes: int64(6)
memory usage: 20.7 KB
```

从数据表的基本信息可以看出,数据表没有缺失值。下面对数据表的异常值进行处理,然后对数据进行标准化。

① 异常值处理。首先绘制散点图,查看数据是否存在异常值。代码如下。函数 plot_scatter()的功能是绘制数据表中 6 种商品的散点图,初始数据集各列数据的散点图如图 8-20 所示。

```
def plot_scatter(df):
    """
    绘制数据集中 6 种商品销量的散点图
    :param df:数据集，类型为 DataFrame
    """
    plt.rcparams['font.sams-serif']=['SimHei']      #调整字体设置
    plt.figure(figsize=(14, 10))
    for i in range(0, 6):
        plt.subplot(2,3,i+1)
        field=df.columns[i]
        plt.scatter(df.index, df[field], s=5, c='b')
        plt.title(field)
        plt.xlabel('索引')
    plt.tight_layout()
    plt.show()
plot_scatter(df)                                    #调用函数
```

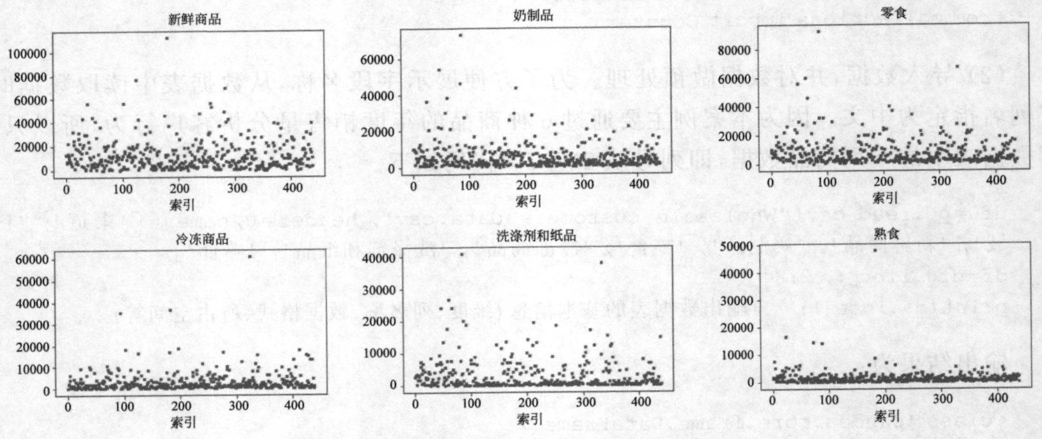

图 8-20 初始数据集各列数据的散点图

从图 8-20 可以看出,6 种商品都存在一些异常值。函数 drop_outlier(df,n)的功能是删除数据集中 6 种商品的异常值,其中参数 df 表示原始数据集,参数 n 表示标准差的倍数,即使用均值和标准差进行异常值判定:异常值是指在[mean－n * std,mean＋n * std]范围之外的数据。原数据集样本容量为 440,调用 drop_outlier()函数删除异常值后得到的新数据集容量为 396,即删除了 44 个异常值。绘制新数据集中各列数据的散点图,如图 8-21 所示。

代码如下。

```
def drop_outlier(df, n):
    """
    删除数据集中 6 种商品的异常值
    :param df:数据集,类型为 DataFrame
    :param n: 标准差的倍数,一般取值为 2 或 3
    :return:删除异常值后的数据集,类型为 DataFrame
    """
    for i in range(0, 6):
        field=df.columns[i]
        mu=round(df[field].mean())
        sigma=round(df[field].std())
        df=df[(df[field]>=mu-n * sigma) & (df[field]<=mu+n * sigma)]
        return df
df_new=drop_outlier(df, 3)      #调用函数删除 3 倍标准差之外的异常值
plot_scatter(df_new)            #绘制新数据集中 6 种商品销量的散点图
print("原有样本容量:{0}, 删除异常值后样本容量:{1}".format(df.shape[0], df_new.
shape[0]))
```

输出结果为:

```
原有样本容量:440, 删除异常值后样本容量:396
```

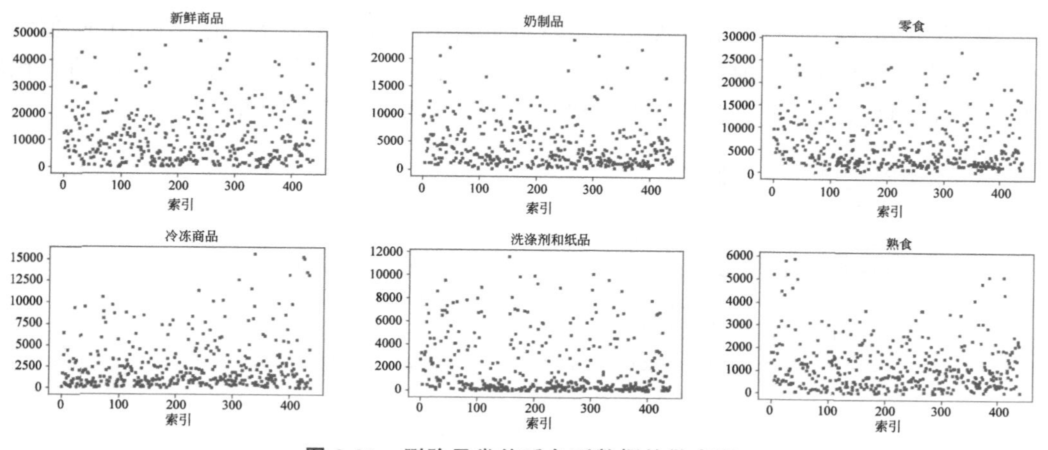

图 8-21 删除异常值后各列数据的散点图

② 数据标准化。以下代码输出数据集中各列的统计信息,可以看出各列数据的数值差别比较大,所以在聚类前需要标准化。

```
print(df_new.describe())    #输出数据的统计信息
```

输出结果为:

```
        新鲜商品          奶制品         ...   洗涤剂和纸品     熟食
count   396.000000      396.000000     ...   396.000000     396.000000
mean    10867.648990    4529.628788    ...   1993.757576    1176.411616
std     9898.704567     4127.472099    ...   2520.657749    1082.264178
min     3.000000        55.000000      ...   3.000000       3.000000
```

```
25%      3082.000000     1445.000000   ...    241.750000    391.000000
50%      8180.000000     3251.000000   ...    708.000000    836.000000
75%      16180.000000    6338.500000   ...    3335.250000   1629.500000
max      49063.000000    23527.000000  ...    11577.000000  5864.000000
```

使用 sklearn.preprocessing.Normalizer()方法对数据进行标准化,然后输出标准化后的数据。这里使用 Normalizer()方法的默认参数,即对样本的所有值计算其 2-范数,然后用该样本的每个元素除以该范数。代码如下。可以看出,标准化后,各列数据在同一个量级。

```
X=df_new.values          #读取 df 的数据
norm_X=Normalizer().fit_transform(X)
print(norm_X)
```

输出结果为:

```
[[0.70833271  0.53987376  0.42274083  0.01196489  0.14950522  0.07480852]
 [0.44219826  0.61470384  0.59953989  0.11040858  0.20634248  0.11128583]
 [0.85683654  0.07725417  0.27265036  0.41365859  0.03274905  0.11549369]
 ...
 [0.99087151  0.03614605  0.0192981   0.11391941  0.00234911  0.0592583]
 [0.93773743  0.1805304   0.20340427  0.09459392  0.01531     0.19365326]
 [0.67229603  0.40960124  0.60547651  0.01567967  0.11506466  0.01254374]]
```

扫一扫

(3) 使用 K-means 算法对标准化的数据进行聚类。如何选择合适的 n_clusters 值?本案例中使用轮廓系数作为肘部法则的目标函数,选择轮廓系数最大的 n_clusters 值。代码如下。读者可自行练习采用总簇内平方和作为目标函数的肘部法则算法。

```
#选择合适的 n_clusters 值
range_n_clusters=[2, 3, 4]
for n_clusters in range_n_clusters:
    cluster=KMeans(n_clusters=n_clusters, random_state=1)
    cluster_labels=cluster.fit_predict(norm_X)
    #计算所有样本的平均轮廓系数
    silhouette=silhouette_score(norm_X, cluster_labels)
    print("For n_clusters=", n_clusters,
          ", silhouette_score is :", round(silhouette,2))
```

输出结果为:

```
For n_clusters=2, silhouette_score is : 0.5
For n_clusters=3, silhouette_score is : 0.41
For n_clusters=4, silhouette_score is : 0.36
```

n_clusters=2 时,轮廓系数最大,所以选用 n_clusters=2 对数据集进行聚类分析。代码如下。

```
cluster=KMeans(n_clusters=2, random_state=1)
cluster=cluster.fit(norm_X)
y_predict=cluster.labels_
df_new['类别']=y_predict
```

```
#如果要保存聚类的类别,可以将 df_new 保存为 csv 文件
df_new.to_csv('Wholesale_customers_data_new.csv',encodig='gbk')
```

(4) 分析聚类结果。可以查看聚类后每一类的样本数,以及每一类的类中心等信息。代码如下。

```
print(Counter(y_predict))             #输出聚类后每一类的样本数
centroid=cluster.cluster_centers_
df_center=pd.DataFrame(centroid[:, 0:6], columns=['新鲜商品', '奶制品', '零食',
'冷冻商品', '洗涤剂和纸品', '熟食'])
print(df_center)                      #输出聚类中心
```

输出结果为:

```
Counter({0: 235, 1: 161})
      新鲜商品     奶制品      零食     冷冻商品    洗涤剂和纸品      熟食
0  0.876220  0.175133  0.231543  0.215976   0.051554   0.071461
1  0.274993  0.486292  0.653139  0.146034   0.232953   0.106691
```

通过聚类,将客户分为两类:客户群 1(类标签为 0)和客户群 2(类标签为 1),客户群 1 的样本数为 235,客户群 2 的样本为 161。centroid 变量保存了这两类客户群的类中心,即这两类客户群的平均购买情况,将类中心绘制为如图 8-22 所示的柱状图,代码如下所示。注意,在图 8-22 中,y 轴是标准化后的销售额。可以看出客户群 1 主要购买新鲜品,客户群 2 主要购买零食和奶制品。

```
plt.rcParams['font.sans-serif']=['SimHei']  #用来正常显示中文标签
plt.rcParams['axes.unicode_minus']=False
colors_list=['snow','gainsboro','silver','darkgray','gray','black']
df_center.plot(kind='bar', color = colors_list, ec='k')
plt.xticks(rotation=360)
plt.show()
```

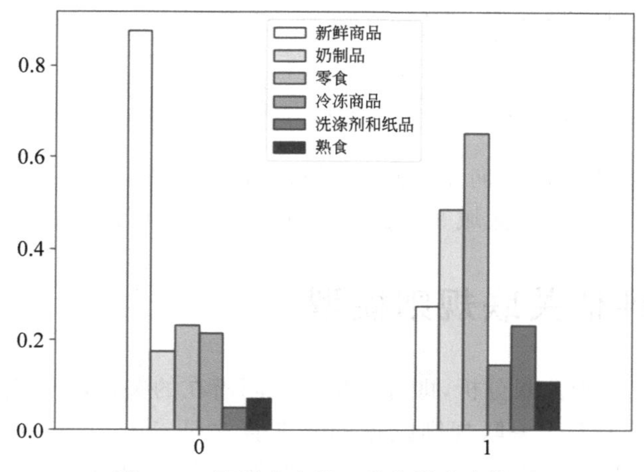

图 8-22 聚类中心的 6 种商品分布情况

下面分析客户群 1 和客户群 2 的购买总额情况,代码如下。可以看出客户群 1 的购买总额比客户群 2 的购买总额大,客户群 1 是重要的价值客户。公司可进行一些打折促销活

动,刺激客户群 2 的购买行为。

```
df_group = df_new.groupby(by=['类别'])['新鲜商品','奶制品','零食','冷冻商品','洗涤剂和纸品','熟食'].sum()
print('------------两类客户的 6 种商品销售总额----')
print(df_group)
```

输出结果为:

```
------------两类客户的 6 种商品销售总额----
          新鲜商品    奶制品      零食    冷冻商品   洗涤剂和纸品     熟食
类别
0         3722318    675420   882189   749196    193694      266530
1         581271    1118313  1564385   261990    595834      199329
```

下面分析两类客户的购买渠道(channel)和所在区域(region),代码如下。因为渠道和区域这两列数据在初始数据表 df0 里,而在 df_new 数据表中没有这两列数据,所以,首先需要将聚类后的类别标签写入初始数据表 df0 里,然后再分析两类客户在渠道和区域的分布情况。

```
df0_new = df0.loc[df_new.index]
df0_new['类别'] = y_predict
print("----两类客户在数据列'渠道'的统计----")
print('客户群 1: ', Counter(df0_new[df0_new.类别==0]['渠道']))
print('客户群 2: ', Counter(df0_new[df0_new.类别==1]['渠道']))
print("----两类客户在数据列'区域'的统计----")
print('客户群 1: ', Counter(df0_new[df0_new.类别==0]['区域']))
print('客户群 2: ', Counter(df0_new[df0_new.类别==1]['区域']))
```

输出结果为:

```
----两类客户在数据列'渠道'的统计----
客户群 1: Counter({1: 203, 2: 32})
客户群 2: Counter({2: 82, 1: 79})
----两类客户在数据列'区域'的统计----
客户群 1: Counter({3: 169, 1: 41, 2: 25})
客户群 2: Counter({3: 118, 1: 26, 2: 17})
```

可以看出,客户群 1 来源倾向于渠道 1(channel=1),可加大在该渠道上的宣传力度。客户群 1 和客户群 2 都倾向于区域 3(region=3),营销政策可以倾向于该区域。

8.4 构建并评估关联规则模型

挖掘关联规则又称为关联分析,即分析事物之间潜在的关系,经典案例是沃尔玛超市中啤酒和尿布存在关联关系。关联规则挖掘的经典算法是 Apriori 算法。本节讲解 Apriori 算法的原理,并使用 Python 编写 Apriori 算法,实现关联规则挖掘。

扫一扫

8.4.1 案例导入——超市购物篮分析

购物篮分析是通过分析顾客在一次购买行为中放入购物篮的不同商品之间的关联,研究顾客的购买行为，从而辅助企业制定营销策略的一种数据分析方法。现在，很多商场通过对销售数据进行关联分析得到顾客的购买行为特征，并根据发现的规律采取有效的行动，制订商品摆放、商品定价、新商品采购计划，增加销量并获取最大利润。

本案例使用 Apriori 关联规则算法实现购物篮分析，发现超市不同商品之间的关联关系，并根据商品之间的关联规则制定销售策略。本案例使用的超市购物数据集由 315 个订单组成，共 1340 条记录，包括订单编号、商品、数量、价格、总价，部分数据如图 8-23 所示。

orderid	Goods	count	price	total
1	黄瓜	3	3.99	11.97
1	土豆	3	4.8	14.4
1	牛奶	2	11.9	23.8
2	黄瓜	2	3.99	7.98
2	土豆	1	4.8	4.8
2	牛奶	1	11.9	11.9
3	蛋类	1	4.6	4.6
3	糕点	2	22.9	45.8
3	土豆	1	4.8	4.8
3	香蕉	2	3.99	7.98

图 8-23 超市购物数据集的部分数据展示

8.4.2 Apriori 算法原理

扫一扫

首先介绍在 Apriori 算法中使用的几个术语。

(1) 项集：购物篮中的每一个商品称为一个项目，则多个商品的集合称为项集。项集中商品的个数称为项集的长度，长度为 k 的项集称为 k-项集，例如{面包，牛奶}称为 2-项集。

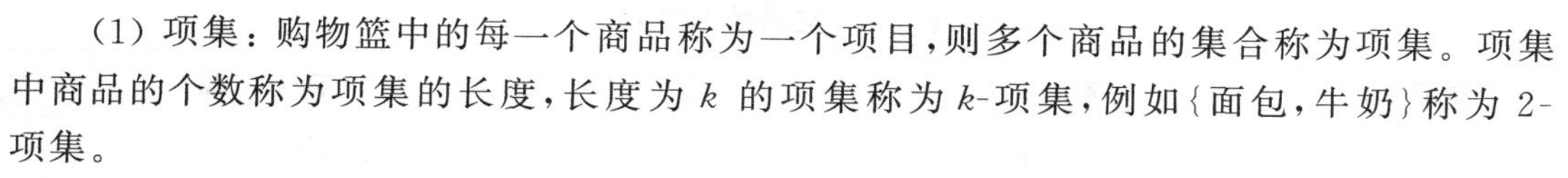

(2) 交易：每一笔交易 T 是项目全集的一个子集。交易全体构成了交易数据集 D。

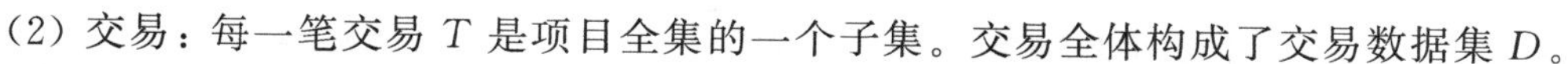

(3) 支持度：项集的支持度是指包含该项集的交易占交易数据集的比例。定义如下：

$$\text{support}(X)=\text{count}(X \in T)/|D|$$

(4) 频繁项集：满足给定的最小支持度的项集被称为频繁项集。

(5) 关联规则：关联规则是形如 $X \rightarrow Y$ 的蕴含式，表示项集 X 在某一交易中出现，则 Y 以某概率也会出现。

(6) 置信度：关联规则 $X \rightarrow Y$ 的置信度表示包含项集 X 和项集 Y 的交易数与包含项集 X 的交易数之比。定义如下：

$$\text{confidence}(X \rightarrow Y)=\text{count}(X \cup Y)/\text{count}(X)$$

支持度反映了交易中包含项集 X 的概率，置信度反映了如果交易中包含 X，则交易也包含 Y 的概率。

(7) 强关联规则：规则 $X \rightarrow Y$ 的支持度和置信度均不小于事先设定的最小支持度和最小置信度阈值，则该规则称为强关联规则。关联规则挖掘的目的就是找出强关联规则，从而指导商家的决策。下文如果没有特殊说明，本章所指的关联规则是强关联规则。

关联规则挖掘主要分为两个步骤：首先找出大于等于最小支持度阈值的频繁项集，然后根据最小置信度阈值在频繁项集中生成关联规则。假设想找到支持度大于 0.8 的所有项集，应该如何去做呢？一个办法是生成一个物品所有可能组合的清单，然后对每一种组合，统计它出现的频繁程度,但是当物品成千上万时,上述做法就非常慢了。

假设一共有4个商品:商品0、商品1、商品2、商品3。所有可能的项集组合为({0},{1},{2},{3},{0,1},{0,2},{0,3},{1,2},{1,3},{2,3},{0,1,2},{0,1,3},{0,2,3},{1,2,3},{0,1,2,3}),如果计算所有组合的支持度,共需要计算15次。即 $2^4-1=15$。随着商品的增加,计算的次数呈指数的形式增长。

为了降低计算次数和时间,研究人员发现,如果某个项集是频繁的,那么它的所有非空子集也是频繁的。例如,如果{0,1}是频繁的,那么{0},{1}也是频繁的。如果一个项集是非频繁项集,那么它的所有超集也是非频繁项集。如果{2,3}是非频繁项集,那么利用上面的知识可知,{0,2,3},{1,2,3},{0,1,2,3}都是非频繁的。也就是说,如果计算出{2,3}的支持度,知道它是非频繁项集之后,就不需要再计算{0,2,3},{1,2,3},{0,1,2,3}的支持度。使用该原理就可以避免项集数目的指数增长,从而在合理的时间内计算出频繁项集。Apriori算法就是使用这一原理生成频繁项集的。

Apriori算法是一种最有影响的挖掘频繁项集的算法。其名字来源于该算法基于先验知识(prior knowledge)搜索频繁项集。它使用一种被称作逐层搜索的迭代方法,使用 k-项集搜索 $(k+1)$ 项集:首先,找出频繁1项集的集合,该集合记作 L_1,L_1 用于找频繁2项集的集合 L_2,而 L_2 用于找 L_3,如此下去,直到不能找到频繁项集。

下面通过一个例子介绍Apriori算法的思想。

首先给定交易数据集 D,如表8-3所示。

表8-3 交易数据集 D

交易ID	商品	交易ID	商品
1	牛奶、牛肉、蛋类、糕点	5	牛奶、蛋类
2	牛奶、牛肉、蛋类	6	牛奶、蛋类
3	牛肉、牛奶、土豆	7	牛肉、牛奶、蛋类
4	牛肉、蛋类		

Apriori算法的执行过程如下。

(1) 扫描数据集 D 对每个项集计数得到候选项集 C_1。

(2) 支持度的计数,这里设定最小支持度计数为2,保留支持度计数大于等于2的项集,得到频繁项集 L_1。

(3) 将频繁项集 L_1 中的元素进行组合,生成候选项集 C_2。

(4) 重复进行步骤(2)和(3),如果频繁项集无法组合生成更大的候选项集,或者所有候选项集支持度都低于指定的最小支持度,则算法结束。

上述过程的展示如图8-24所示。

从频繁2项集 L_2 和频繁3项集 L_3 中生成强关联规则,设定最小置信度阈值为0.6,这里只展示频繁3项集 L_3 的规则,频繁2项集的生成规则,读者可以进行练习。

项集 L_3 为{牛肉,牛奶,蛋类},这里有3个商品,可以生成6种情况的关联规则,如下所示。

后件为1项集的关联规则如下。

{牛肉,牛奶}→{蛋类},置信度=3/4

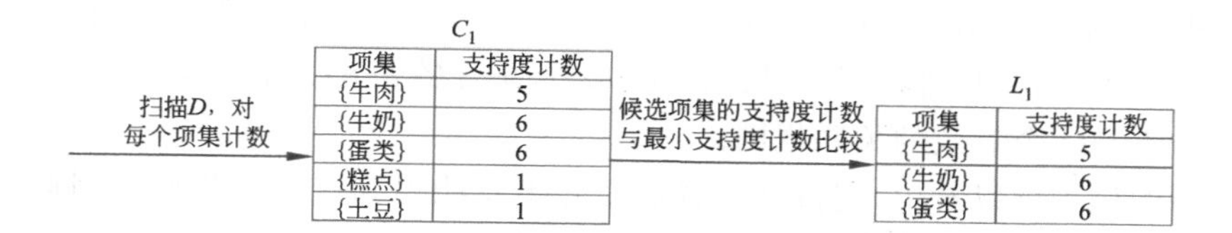

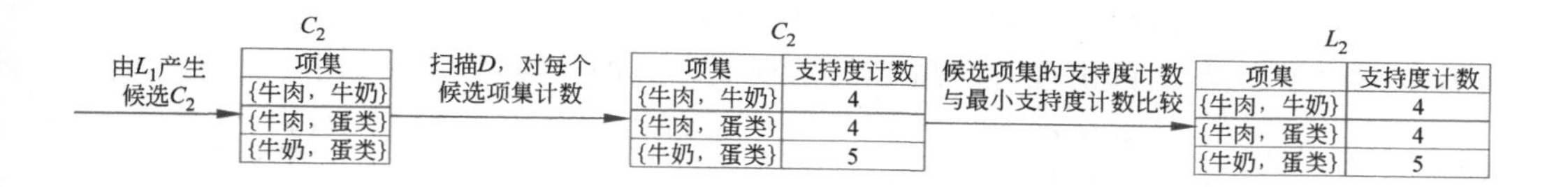

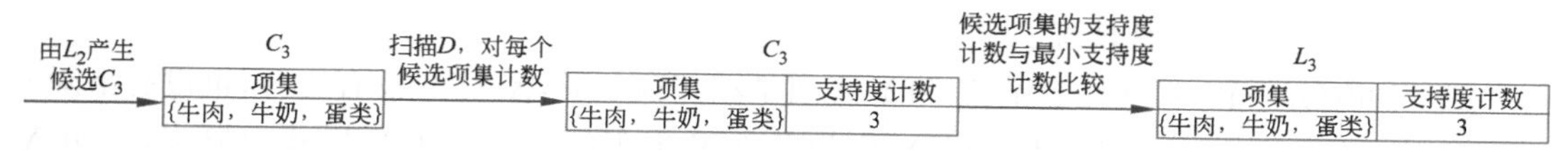

图 8-24 Apriori 算法执行过程

{牛肉,蛋类}→{牛奶},置信度=3/4

{牛奶,蛋类}→{牛肉},置信度=3/5

后件为 2 项集的关联规则如下。

{牛肉}→{牛奶,蛋类},置信度=3/5

{牛奶}→{牛肉,蛋类},置信度=1/2(置信度不满足最小置信度阈值)

{蛋类}→{牛肉,牛奶},置信度=1/2(置信度不满足最小置信度阈值)

所以,对于频繁 3 项集生成的强关联规则为:{牛肉,牛奶}→{蛋类},{牛肉,蛋类}→{牛奶},{牛奶,蛋类}→{牛肉}和{牛肉}→{牛奶,蛋类}。

8.4.3 关联规则的评价指标

常见的关联规则的评价指标是支持度和置信度,支持度表示项集出现的频率,它体现了数据的重要性,置信度表示项集 X 出现的情况下项集 Y 出现的概率,它体现了数据的可靠性。在现实中,只使用支持度和置信度阈值未必总能找到符合实际情况的规则,所以,人们提出其他评价指标来挖掘更有效的关联规则。下面通过一个例子介绍支持度和置信度的问题,然后引入提升度这一评价指标。

对某超市顾客购买果汁和咖啡的情况进行调查,共调查了 1000 个订单。其中果汁出现 500 次,咖啡出现 900 次,二者同时出现在一个订单上的次数为 400 次。下面分析"果汁→咖啡"这一规则是不是有效的关联规则。

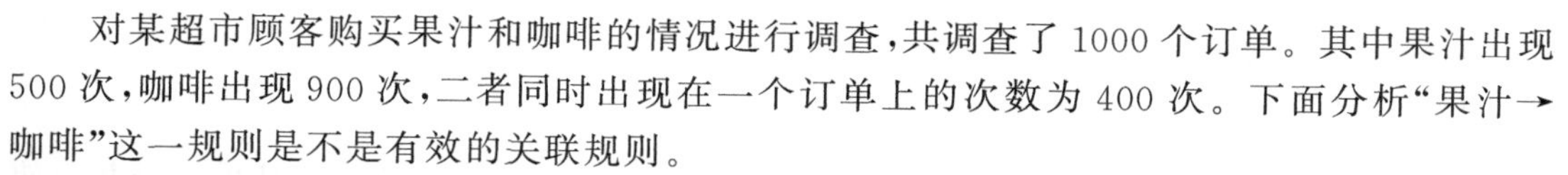

果汁→咖啡的支持度和置信度计算如下:

$$\text{support}(果汁 \rightarrow 咖啡) = \text{support}(\{果汁,咖啡\}) = \frac{400}{1000} = 0.4$$

$$\text{confidence}(果汁 \rightarrow 咖啡) = \frac{\text{support}(\{果汁,咖啡\})}{\text{support}(\{果汁\})} = \frac{400}{500} = 0.8$$

假设设置最小支持度和最小置信度分别为 0.3 和 0.6,果汁→咖啡的支持度和置信度大于设定的阈值,则果汁→咖啡是强关联规则,该规则可描述为:购买果汁的订单里有 80%的可能购买咖啡,果汁的销售可以促进咖啡的销售,可以将果汁和咖啡捆绑销售。但实际上,在1000个订单里购买咖啡的概率已经高达90%,果汁的销售并不能提升咖啡的销售,所以果汁→咖啡不是一个有效的关联规则。

从上面的例子可以看出,支持度和置信度并不总能得到有效的规则。因此需要一些其他的评价标准来过滤掉那些有问题的规则。对于关联规则的评价规则有很多,包括提升度、确信度、卡方系数、全自信度等。这里着重介绍提升度。

提升度反映了商品 X 的出现对商品 Y 的出现概率的提升程度,定义如下:

$$\text{lift}(X \rightarrow Y)=\frac{\text{support}(X \cup Y)}{\text{support}(X) * \text{support}(Y)}=\frac{\text{confidence}(X \rightarrow Y)}{\text{support}(Y)}=\frac{P(Y \mid X)}{P(Y)}$$

提升度可以理解为 X 条件对 Y 的提升程度,即有 X 作为前提,对 Y 出现的概率有什么样的影响?提升度有3种情况:

① 当 $\text{lift}(X \rightarrow Y)=1$ 时,表示 X 和 Y 之间是相互独立的,X 对 Y 没有提升,也没有下降。

② 当 $\text{lift}(X \rightarrow Y)<1$ 时,表示以 X 作为条件 Y 出现的概率小于 Y 出现的概率,说明 X 对 Y 没有提升,以 X 为条件反而使得 Y 出现的概率下降了。

③ 当 $\text{lift}(X \rightarrow Y)>1$ 时,表示以 X 作为条件 Y 出现的概率大于 Y 出现的概率,说明 X 对 Y 有提升。

因此,当 $\text{lift}(X \rightarrow Y)>1$ 时,认为规则($X \rightarrow Y$)是一条有效的规则。上面例子中的规则,即果汁→咖啡的提升度等于 $\frac{\text{confidence}(\text{果汁}\rightarrow\text{咖啡})}{\text{support}(\text{咖啡})}=\frac{0.8}{0.9}=0.89<1$,所以这个规则不是有效的关联规则。

8.4.4 案例实现

本案例的目标是探索商品之间的关联关系,因此采用关联规则算法。本案例使用Apriori算法挖掘频繁项集,然后根据得到的频繁项集分析关联规则。

目前,如何设置最小支持度与最小置信度并没有统一的标准。大部分都是根据经验设置初始值,然后经过多次调整,获取与业务相符的关联规则结果。本案例设置最小支持度阈值为0.1,最小置信度阈值为0.5。

关联规则挖掘的具体实现如下。

(1) 首先导入所需要的库。代码如下。

```
import pandas as pd
import itertools
```

使用Pandas库处理csv文件,包括读取数据集,并且根据orderid对商品进行合并。使用itertools来生成子集,itertools是Python内置库,功能十分强大。

扫一扫

(2) 计算支持度计数。定义calculateSupp()函数,其功能是在交易数据集 D 中扫描候选项集 C_k 的支持度计数。具体过程是,遍历数据集 D,对于每一个候选项集,使用Python语言中集合对象的issubset()方法检测该候选项集是否是数据集 D 的子集,若该项集是数据集 D 中的子集,则该项集的支持度计数加1,否则不变。最后将项集及其支持度计数保存到字典support_num中。代码如下。

```
def calculateSupp(D, Ck):
    """
    扫描候选项集,计算候选项集中每个项集的支持度计数,存放到字典 support_num 中
    :param D:交易数据集, 类型为 set 集合
    :param Ck:候选项集, 类型为 set 集合
    :return:候选项集中每个项集及其支持度计数, 类型为 dict 字典
    """
    #字典 support_num 用以记录候选项集及其支持度计数
    support_num={}
    #扫描交易数据集和候选项集
    for row in D:
        for item in Ck:
            #issubset()检测是否是子集,若是子集,则支持度+1
            if item.issubset(row):
                support_num[item]=support_num.get(item, 0) + 1
    return support_num
```

(3) 生成频繁项集。定义 generateFreq()函数,其功能是生成频繁项集。具体过程是,对候选项集进行筛选,如果大于设定的最小支持度计数,则加入频繁项集 L_k,并将频繁项集及其支持度计数保存到字典 Lk_supportData 中。代码如下。

扫一扫

```
def generateFreq(support_num, minSupport_num):
    """
    对候选项集进行筛选,如果大于设定的最小支持度计数就加入 Lk 频繁项集
    :param support_num:候选项集中的每个项集及其支持度计数, 类型为 dict 字典
    :param minSupport_num:设定的最小支持度计数
    :return:频繁项集 Lk 及其支持度计数, dict 类型
    """
    #字典 Lk_supportData 用以记录频繁项集及其支持度计数
    Lk_supportData={}
    for key in support_num.keys():
        if support_num[key] >= minSupport_num:
            Lk_supportData[key]=support_num[key]
    return Lk_supportData
```

(4) 生成候选项集。定义 generateCandi()函数,其功能是由频繁项集 L_k 生成候选 $(k+1)$项集。具体过程是,首先遍历频繁项集 L_k,取出集合中的两个元素,然后进行排序,当两个元素的长度相同时,合并后即可生成原项集长度加 1 的候选项集,并添加到候选 $(k+1)$项集 new_C 中。代码如下。

扫一扫

```
def generateCandi(Lk, k):
    """
    通过频繁项集 Lk 和项集的个数 k 生成个数为(k+1)的候选项集 new_C
    :param Lk:频繁项集 Lk, list 类型
    :param k:项集的长度, int 类型
    :return:长度为(k+1)的候选项集 new_C, list 类型
    """
    #使用列表 new_C 存放候选项集
```

```
    new_C=[]
    lenLk=len(Lk)
    for i in range(lenLk):
        for j in range(i + 1, lenLk):
            #取出一个项集的前 k-1 个元素
            L1=list(Lk[i])[:k - 2]
            #取出另外一个项集的前 k-1 个元素
            L2=list(Lk[j])[:k - 2]
            #进行排序
            L1.sort()
            L2.sort()
            #只有 k-1 项相同的时候,才能合并后生成 k+1 项
            if L1==L2:
                new_C.append(Lk[i] | Lk[j])
    return new_C
```

(5) Apriori 算法。定义 apriori()函数,函数参数是交易数据集和最小支持度阈值,其功能是从交易数据集中筛选出满足最小支持度阈值的频繁项集。apriori()函数的实现流程如图 8-25 所示。

扫一扫

apriori()函数的具体实现代码如下。

```
def apriori(data_list, minSupport_num):
    """
    apriori 函数,包含 Apriori 算法的核心思想
    :param data_list:交易数据集
    :param minSupport_num: 最小支持度计数
    :return: 所有的频繁项集 L(list 类型)和项集的支持度计数(dict 类型)
    """
    #1.构建候选 1 项集 C1
    C1=[]
    #1.1 遍历整个 data_list,将每一个项目放入 C1
    for row in data_list:
        for item in row:
            #if 判断防止有重复的元素
            if not [item] in C1:
                C1.append([item])
    #1.2 对 C1 进行排序
    C1.sort()
    #1.3 使用循环把列表类型的 C1 转换成不变集合(frozenset)
    C1=[frozenset(i) for i in C1]
    #2.生成频繁 1 项集合 L1
    #2.1 调用 calculateSupp()函数,计算候选项集 C1 的支持度计数
    D=list(map(set, data_list))
    support_num=calculateSupp(D, C1)
    #2.2 调用 generateFreq()函数, 得到频繁项集 L1
    L1_supportData=generateFreq(support_num, minSupport_num)
    L1=list(L1_supportData.keys())
    #3.使用循环结构,生成候选项集 Ck 和频繁项集 Lk
    L=[L1]
    k=2
    while(len(L[k-2])>0):
        #3.1 调用 generateCandi()函数由频繁项集 Lk-1 和项集长度(k-1)生成长度为 k 的
          候选项集 Ck
```

```
        Ck=generateCandi(L[k - 2], k)
        #3.2 调用 calculateSupp()函数,计算候选项集 Ck 中的支持度计数
        support=calculateSupp(D, Ck)
        #3.3 调用 generateFreq()函数, 得到频繁项集 Lk
        Lk_supportData_item=generateFreq(support, minSupport_num)
        Lk=list(Lk_supportData_item.keys())
        #3.4 把频繁项集 Lk 中项集及其支持度计数更新到 support_num 里
        support_num.update(Lk_supportData_item)
        L.append(Lk)
        k += 1
    #删除最后一个空集
    del L[-1]
    return L, support_num
```

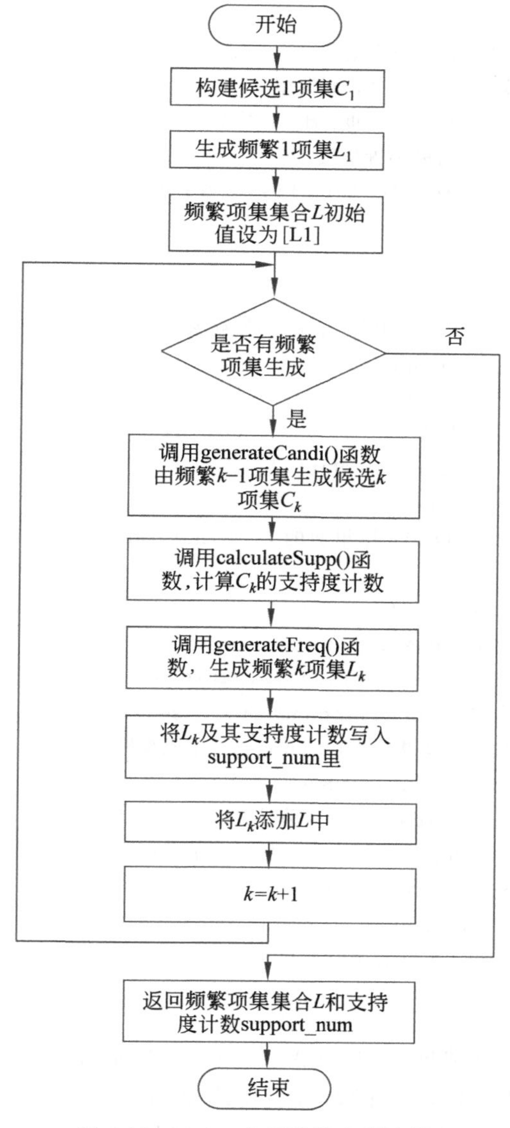

图 8-25　apriori()函数的实现流程

扫一扫

(6) 生成规则。定义 generateRule()函数,其功能是由频繁项集 L 生成大于最小置信度阈值的关联规则。频繁项集的集合 L 中包含频繁 1 项集、频繁 2 项集、频繁 3 项集……要生成形如 $X \rightarrow Y$ 的规则,所以不需要遍历频繁 1 项集的集合,从频繁 2 项集、频繁 3 项集……中生成规则。以一个频繁 3 项集 freqSet $=\{X,Y,Z\}$ 为例说明由频繁项集生成规则的过程,具体过程是,将项集转换成列表,通过 itertools 库里面的 combinations()方法求出该项集的真子集为 all_subset $=\{\{X\},\{Y\},\{Z\},\{X,Y\},\{Y,Z\}\}$,遍历这些真子集,将每一个真子集作为规则后件 backSet,将 freqSet-backSet 作为规则的前件,计算(freqSet-backSet)→backSet 的置信度,如果其置信度大于设定的最小置信度阈值,则将其添加到列表 bigRuleList 中。生成规则的代码如下。

```
def generateRule(L, support, minConf):
    """
    计算置信度并且生成相对应的规则
    :param L:所有的频繁项集 L, list类型
    :param support:项集及其支持度, dict类型
    :param minConf:设定的最小置信度
    :return:生成的规则 bigRuleList, list类型, 其中包括生成规则的前件和后件,并存放
    支持度和置信度
    """
    bigRuleList=[]
    #从频繁 2 项集遍历整个频繁项集 L, L[1]为频繁 2 项集
    for i in range(1, len(L)):
        for freqSet in L[i]:
            #转换为 list 类型
            freq_list=list(freqSet)
            all_subset=[]
            #使用了 itertools 库里面的 combinations 方法求项集的所有子集, 存入 all_
             subset 中
            n=len(freq_list)
            for num in range(1,n):
                for i in itertools.combinations(freq_list, num):
                    all_subset.append(frozenset(i))
            #遍历项集的子集集合 all_subset, 生成规则
            for backSet in all_subset:
                #freqSet-backSet 为前件, backSet 为后件, 计算置信度
                conf=support[freqSet] / support[freqSet-backSet]
                if conf>=minConf:
                    bigRuleList.append([freqSet-backSet, backSet, support
                    [freqSet], conf])
    return bigRuleList
```

扫一扫

(7) 主函数。首先加载数据集,并将相同 orderid 的商品合并,调用 apriori()函数来获取所有的频繁项集 L 和其支持度计数,最后使用 generateRule()来计算置信度,并生成规则。设定最小支持度为 0.2,最小置信度为 0.6。代码如下。

```
if __name__ == '__main__':
    #1.导入数据合并相同 orderid 的商品
    #1.1 利用 Pandas 库中的 read_csv 打开数据集
    df_data=pd.read_csv("chap8-4.csv", encoding='gbk', index_col='orderid')
    #1.2 利用集合去掉重复的订单编号
    orders=set(df_data.index)
    #1.3 data_list 记录合并好的交易数据集
    data_list=[]
    for order in orders:
        #取出同一订单的商品
        data_temp=df_data['Goods'].loc[order].values
        #扁平化,将同一订单的商品变成一个一维的数组
        data=data_temp.flatten()
        #将同一订单的商品由数组转换成列表,并且添加到 data_list
        data_list.append(list(data))
    #2. 挖掘频繁项集
    #2.1 求 data_list 的长度
    length=len(data_list)
    #2.2 设定最小支持度和最小置信度
    minSupport, minConf=0.2, 0.6
    #2.3 将最小支持度转换成最小支持度计数
    minSupport_num=minSupport * length
    #2.4 进行 Apriori 算法
    L, support_num=apriori(data_list, minSupport_num=minSupport_num)
    #2.5 根据支持度计数/数据集长度得到支持度 support
    support={}
    for sup in support_num:
        support[sup]=support_num[sup]/length
    #3.生成并输出规则
    #3.1 生成规则
    rule=generateRule(L, support, minConf=minConf)
    #3.2 输出规则
    for item in rule:
        print(list(item[0]), '-->', list(item[1]), '支持度', round(item[2],3),
        '置信度: ',round(item[3],3))
    print(len(rule))
```

执行程序,得到了 58 条规则。这里的程序并未使用提升度这一指标,根据上文介绍,当提升度>1 时,规则才有意义。以下代码使用 filterbyLift()函数来筛选提升度大于 1 的规则。

```
def filterbyLift(rule, support):
    """
    :param rule:规则, list 类型
    :param support:项集中的支持度, dict 类型
    :return:提升度大于 1 的规则, list 类型
    """
    #filterbyLiftRule 用以存放提升度大于 1 的规则,包括支持度、置信度和提升度
    filterbyLiftRule=[]
```

```
    for item in rule:
        #提升度 lift 计算 lift = P(AB)/P(A) * P(B)
        lift = item[2] / (support[item[1]] * support[item[0]])
        if lift > 1:
            item.append(lift)
            filterbyLiftRule.append(item)
    return filterbyLiftRule
```

修改主函数,调用 filterbyLift()来筛选提升度大于 1 的规则。代码如下。

```
#3.2 计算规则的提升度,筛选大于 1 的规则
filterbyLiftRule = filterbyLift(rule, support)
#计算筛选后的规则数量
print(len(filterbyLiftRule))
#3.3 输出筛选后的规则
for item in filterbyLiftRule:
    print(list(item[0]), '-->', list(item[1]), ': 支持度', round(item[2], 3), '置信度',round(item[3], 3), '提升度',round(item[4], 3))
```

最终得到了 9 条满足条件的规则,内容如下。

```
['香蕉'] --> ['酸奶'] : 支持度 0.276 置信度 0.707 提升度 1.367
['香蕉', '牛奶'] --> ['酸奶'] : 支持度 0.276 置信度 0.707 提升度 1.367
['香蕉'] --> ['牛奶', '酸奶'] : 支持度 0.276 置信度 0.707 提升度 1.367
['香蕉', '黄瓜'] --> ['酸奶'] : 支持度 0.238 置信度 0.676 提升度 1.306
['香蕉'] --> ['酸奶', '黄瓜'] : 支持度 0.238 置信度 0.61 提升度 1.289
['香蕉', '牛奶', '黄瓜'] --> ['酸奶'] : 支持度 0.238 置信度 0.676 提升度 1.306
['香蕉', '黄瓜'] --> ['牛奶', '酸奶'] : 支持度 0.238 置信度 0.676 提升度 1.306
['香蕉', '牛奶'] --> ['黄瓜', '酸奶'] : 支持度 0.238 置信度 0.61 提升度 1.289
['香蕉'] --> ['黄瓜', '牛奶', '酸奶'] : 支持度 0.238 置信度 0.61 提升度 1.289
```

对其中一条规则进行解释分析如下:

['香蕉','牛奶'] --> ['酸奶']这条规则的支持度约为 27.6%,置信度约为 70.7%。说明同时购买香蕉、牛奶和酸奶这 3 种商品的概率达 27.6%,在购买香蕉和牛奶的同时也购买了酸奶的可能性约为 70.7%。因此,商场应该根据实际情况将酸奶放在顾客购买香蕉和牛奶的必经之路上,或是放在商场显眼的位置,以方便顾客拿取。顾客同时购买香蕉、牛奶和酸奶的概率较高,因此商场可以考虑捆绑销售,或者适当调整商场布置,将这些商品的距离尽量拉近,从而提升顾客的购物体验。

8.5 本章知识要点

(1) 数据挖掘的主要内容包括分类与回归、聚类、关联规则等,从数据中提取隐藏的、有价值的模式或知识。

(2) 在有监督学习算法中,输入特征数据和预期目标值,训练算法模型,模型被训练达到要求后,用来预测未知数据的目标值。分类和回归属于有监督学习。

(3) 在无监督学习算法中,输入数据只有特征数据,没有目标值,这时学习过程中没有

已知目标值“监督”算法的学习。聚类是经典的无监督学习。

(4) 回归是基于已有数据分析变量之间的关系来建立模型,进而对新的数据进行预测。使用 sklearn.linear_model.LinearRegression()实现线性回归算法。

(5) 评价回归模型的常用指标有均方误差(MSE)、均方根误差(RMSE)、决定系数(R^2)等。

(6) KNN(K- nearest neighbor),K 最邻近算法。该算法的 3 个基本要素是 K 值的选择,距离度量方法以及分类的决策规则。使用 Scikit-learn 库中的 neighbors.KNeighborsClassifier()可实现 KNN 分类。

(7) 决策树分类是一种树形结构的分类器,叶子节点表示类别,其他节点表示对样本特征空间的划分。在分类时,只需要按照决策树中的节点依次判断,即可得到预测样本的所属类别。使用 sklearn.tree.DecisionTreeClassifier()实现分类决策树的二叉树形式。

(8) 分类算法的评估指标有准确率(accuracy)、召回率(recall)、精确率(precision)、F1 度量、混淆矩阵等。

(9) K-means 是基于距离的聚类算法,该算法将一组样本划分为 k 个无交集的簇,一个簇中的数据被认为是同一类,每个簇中所有样本的均值被称为这个簇的中心。K-means 聚类过程追求的是“簇内距离小,簇外距离大”。使用 sklearn.cluster.KMeans()实现 K-means 聚类算法。

(10) DBSCAN 是基于密度的聚类算法,它的核心思想是先发现密度较高的样本点,然后把相近的高密度点逐步都连成一片,进而生成各种簇。使用 sklearn.cluster.DBSCAN()实现 K-means 聚类算法。

(11) 常用的两种聚类算法的评估指标是总簇内平方和(total inertia)和轮廓系数(silhouette coefficient)。

(12) 关联规则挖掘主要分为两个步骤:首先找出大于等于最小支持度阈值的频繁项集,然后根据最小置信度阈值在频繁项集中生成关联规则。关联规则挖掘的经典算法是 Apriori 算法。Apriori 使用一种被称作逐层搜索的迭代方法,k-项集用于搜索 $k+1$ 项集。

(13) 常见的关联规则的评价指标是支持度、置信度和提升度等。

8.6 习题

(1) Scikit-learn 库中内置了波士顿房价数据集,此数据集中的每一行数据都是对波士顿周边或城镇房价的情况描述,包括 13 个属性列(CRIM、ZN、INDUS、CHAS、NOX、RM、AGE、DIS、RAD、TAX、PTRATIO、B、LSTAT)和 1 个目标列(price)。对于此数据集,编写程序完成下面的任务。

① 从 Scikit-learn 库中导入 boston 数据集。

② 假设此数据集中房价这一列有少量缺失值,用房价的平均值代替这些缺失值。

③ 删掉房价等于 50.0 的数据。

④ 删掉房价在 3σ 之外的异常值(3σ 即 3 倍标准差)。

⑤ 分别对“RM”和“LSTAT”这两个字段与房价建立线性回归模型,数据集的划分为:70%作为训练集,剩余 30%作为测试集。

⑥ 输出两个线性回归方程，并分别画出两个线性回归模型的拟合效果图。

⑦ 使用均方误差、均方根误差和决定系数 3 个指标对模型进行评估。

(2) Scikit-learn 库中内置了鸢尾花数据集，请使用 KNN 对鸢尾花数据集进行分类，要求设置不同的 n_neighbors 参数值，并分析 n_neighbors 值对分类结果的影响。

(3) 使用 DBSCAN 实现 8.3 节的案例。

第 9 章

初识深度学习

深度学习正以极快的速度改变我们的生活。无论是网络购物中的商品推荐、影视平台的影视推荐、搜索引擎的网络搜索、移动支付中的人脸识别还是自动驾驶、医疗辅助诊断等，都应用了深度学习。在数据量不断增加的当今环境中，深度学习相比于传统的统计学习方法，更能充分利用数据，提升学习效果。深度学习的快速发展取决于多个方面，例如，数据量的指数级增长，硬件设备(GPU 等)计算能力的不断增强，以及研究人员不断提出的新网络和新算法等。本章以使用基于深度学习的星系图像分类任务为主线介绍深度学习技术，包括如何建立神经网络，使用数据训练网络，并评价网络效果等。

本章学习目标

- 理解人工神经网络及相关概念。
- 理解卷积神经网络中的卷积、池化操作。
- 掌握不同的激活函数和损失函数的使用。
- 了解经典的卷积神经网络模型。
- 掌握 TensorFlow 和 Keras 框架的安装方法。
- 掌握 Keras 的常用模块及应用。
- 掌握使用卷积神经网络对星系图片进行分类的方法。

本章思维导图

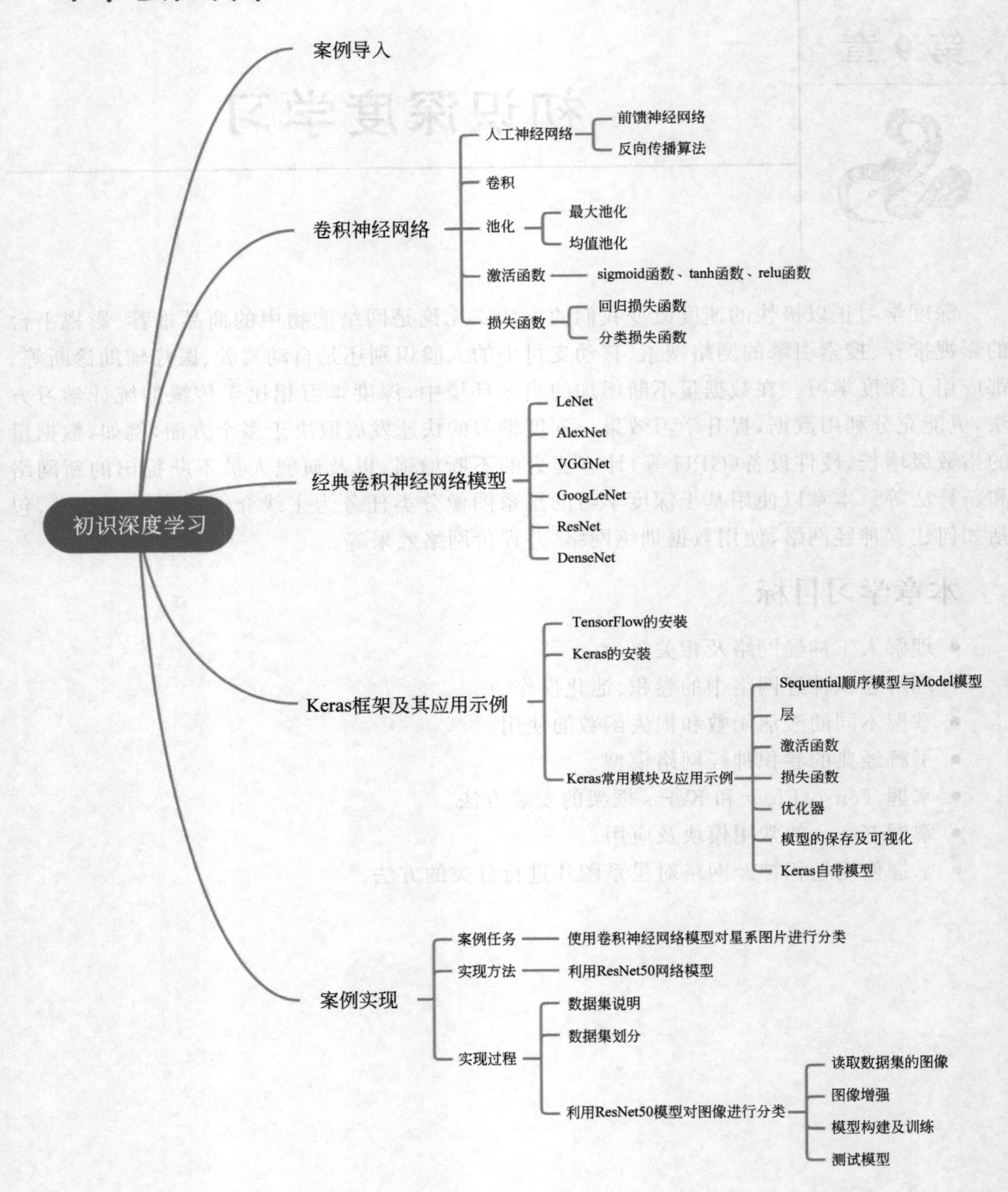

9.1 案例导入

星系动物园(galaxy zoo)是由牛津大学等研究机构组织并邀请公众协助的志愿者科学计划,目的是为超过 100 万个星系图像进行分类。这是天文学中一次规模浩大的公众星空普查活动，大众参与热情高涨，在近十万名志愿者的积极参与下，只用了 175 天就完成了第一阶段的星系动物园项目：对 95 万个星系进行了分类，而且平均每个星系被分类了 38 次。

根据星系动物园的研究结果，星系图像可以分为 4 大类：圆形星系、中间星系、侧向星系和旋涡星系。图 9-1 显示了随机挑选的 4 类星系的图像。第 1 行是圆形星系，即星系形状是边缘平滑的圆形。第 2 行是中间星系，即星系形状是椭圆，之所以称之为中间星系，是指它的形状介于第 1 行的圆形星系与第 3 行的侧向星系之间。第 3 行显示的侧向星系，是中心有凸起的侧向盘状星系。第 4 行是旋涡星系，顾名思义，这类星系形状呈旋涡状，星系中间是核球，四周有旋臂，银河系就是一个典型的旋涡星系。

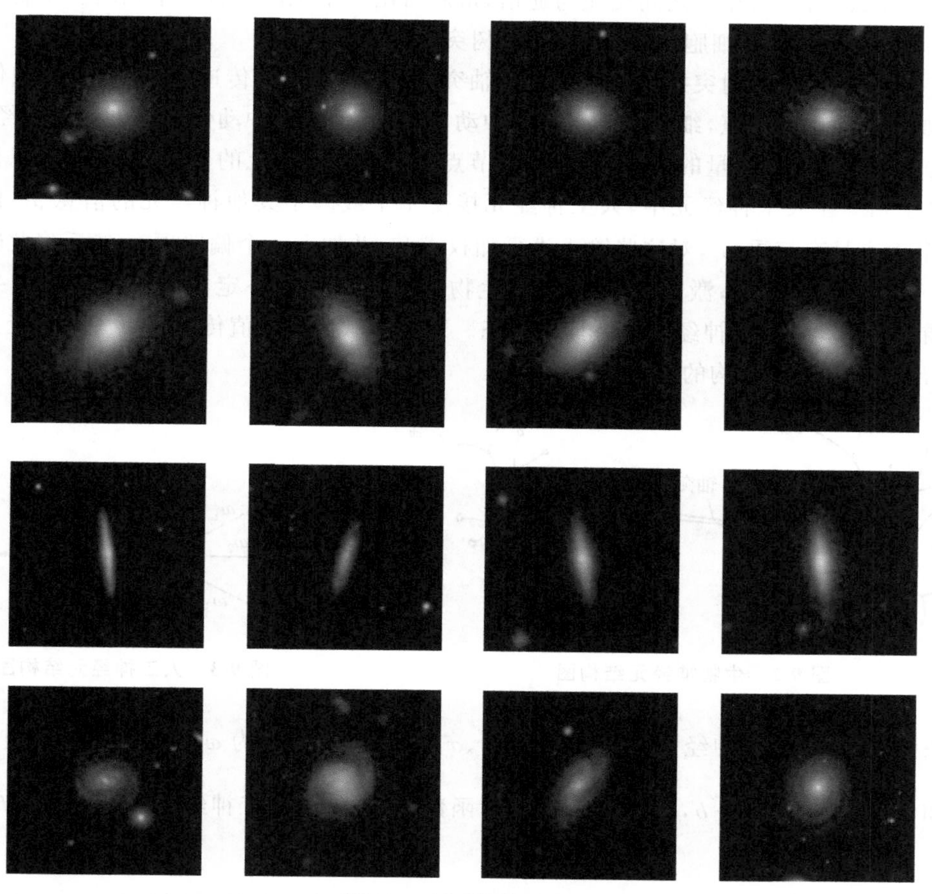

图 9-1　星系图像示例

因为星系动物园的原始数据集比较大，本章只使用其中的一部分数据：在 4 类星系样本中各选择 500 张图片，所以，本章的数据样本为 4×500＝2000 张图片。每一张图片是带分类标签的 RGB 图片，图片大小为 424×424×3 像素。类别标签为 0、1、2、3，分别代表圆形星系、中间星系、侧向星系和旋涡星系。

本案例的任务是使用卷积神经网络对 2000 张星系图片进行分类，并评价网络模型的分类效果。

9.2 卷积神经网络

9.2.1 人工神经网络

1. 人工神经网络

人工神经网络(artificial neural network,ANN)是受到生物学神经系统的启发,模仿人类大脑对复杂信息的处理机制而构建的数学模型。人的大脑是由许多生物神经元构成的,这些神经元数以亿计,相互之间交流与通信,最后得出一个想法或者一个判断。生物神经元主要由3部分构成:①细胞体;②轴突;③树突,如图9-2所示。

在生物神经元中,树突接受其他神经元轴突传递的冲动,并传递给细胞体,细胞体接收冲动,如果冲动达到阈值,细胞体产生新的冲动,并通过轴突将冲动传递给下一个神经元。

人工神经网络由大量的节点构成,这些节点类似于神经学上的生物神经元,所以被称为人工神经元。在人工神经元中,人工神经元接受1个或多个其他神经元的信息 x_i 作为输入,每个输入具有权重 ω_i,对这些输入进行加权求和,并加上一个偏置项 b,然后将此输入之和送入一个激活函数 f,激活函数 f 模拟生物神经元在接受一定的刺激之后产生兴奋信号,如果刺激不够的话,神经元保持抑制状态。最后将激活后的值传递到下一个神经元。图9-3给出人工神经元结构的示意图。

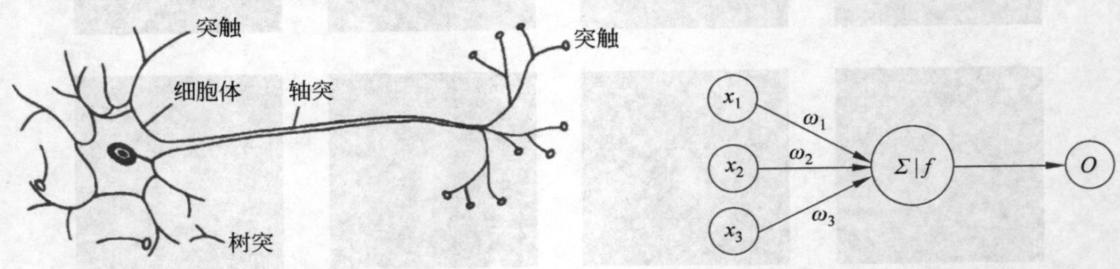

图9-2 生物神经元结构图　　图9-3 人工神经元结构图

在图9-3中,人工神经元有三个输入 x_1、x_2、x_3,权重分别为 ω_1、ω_2、ω_3,则神经元的加权求和值 $\upsilon=\sum_{i=1}^{3}\omega_i x_i+b$,将 υ 输入到激活函数 f 中,得到人工神经元的输出 $O=f(\upsilon)$。

2. 前馈神经网络

前馈神经网络(feedforward neural network,FNN)是人工神经网络的一种,采用一种单向多层结构,其中每一层包含若干个神经元,每一层的神经元与下一层的神经元建立连接,信号从输入层向输出层单向传播。前馈神经网络分为单层前馈神经网络和多层前馈神经网络。单层前馈神经网络是最简单的一种人工神经网络,只包含一个输入层和一个输出层。多层前馈神经网络含有一个或多个隐藏层。一般地,神经网络的输入层被称为第0层,因为输入层只起到将数据传送到下一层的作用,所以计算网络层数时只计算隐藏层和输出层的个数。例如,包含一个输入层、两个隐藏层和一个输出层的神经网络被称作三层神经网络,一个三层神经网络结构如图9-4所示。

其中,X 表示输入数据,ω 表示权重,Y 表示输出。

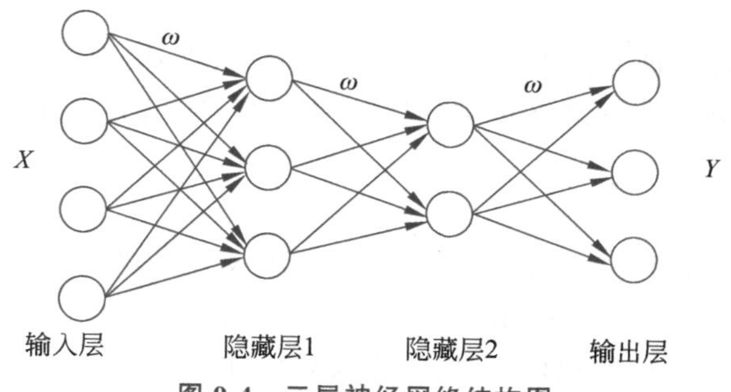

图 9-4 三层神经网络结构图

构建神经网络的重点在于如何选择合适的层数以及隐藏层节点数，这个问题在很大程度上会影响神经网络的性能。输入层和输出层的节点数量很容易得到，输入层的神经元数量等于输入变量的数量，输出层的神经元数量等于输出变量的数量，而真正的困难之处在于如何确定合适的隐藏层及其神经元的数量。

(1) 关于隐藏层层数的建议。

如果拟解决的问题是一个线性可分函数或决策，比如分类问题中的两个类可以用一条直线整齐地分开，建议神经网络不需要设置隐藏层。多个隐藏层可以用于拟合非线性函数。对于较简单的数据集，通常一两层隐藏层就足够了。但对于涉及时间序列或计算机视觉等复杂的数据集，则需要额外增加层数。

(2) 关于隐藏层神经元数量的建议。

在隐藏层中使用太少的神经元将导致欠拟合，使用过多的神经元会导致过拟合，并会增加训练时间。隐藏层神经元的最佳数量需要通过不断试验获得。建议隐藏层层数和其神经元个数从一个较小数值开始试验，比如隐藏层层数从 1 到 5 层、神经元个数从 1 到 100 个神经元开始，如果欠拟合，就添加更多的层和神经元，如果过拟合，就减小层数和神经元。

3. 反向传播算法

反向传播算法(back propagation，BP)是训练多层神经网络的经典算法。在神经网络的训练过程中，输入训练数据，通过前向传播最终产生一个网络输出值(预测值)，计算预测值与真实值的误差，将预测值与真实值的误差的平方和作为目标函数，转入反向传播，计算梯度，并更新网络权重，网络的学习在权值修改过程中完成。误差达到期望值时，网络学习结束。反向传播算法的工作过程可以分为以下几步。

(1) 初始化网络权重。首先，使用随机数初始化网络的权重 ω，每个神经元也要初始化它的偏置项 b。

(2) 数据前向传播。将训练数据提供给网络的输入层，输入层不对数据进行处理，只起到将数据传入下一层的作用。隐藏层和输出层的输入来自前一层输出值的加权和加上偏置项，再通过激活函数后激活，获得该层的输出值，传递给下一层神经元，在之后的误差反向传播过程中，这些神经元的输出值还会被用到，所以在实际中会保存这些中间值，以减少计算量。经过不断计算，最终在输出层得到输出值。

(3) 误差反向传播。数据向前传播得到了网络的输出值，这时需要计算输出值与真实值的误差。为使输出值与真实值的误差最小，从后向前计算梯度，根据梯度信息修改权重和偏置项的值，即从输出层开始，经过每个隐藏层向前传播。反向传播可以使用梯度下降法修改权重。

(4) 达到终止条件。训练终止的条件可以是训练误差达到收敛,或者是训练的迭代次数达到预先指定的次数。当训练终止时,网络效果越好,输出值与真实值越接近。

扫一扫

9.2.2 卷积

卷积神经网络(convolutional neural networks,CNN)是包含卷积层且具有深度结构的特殊的神经网络,是深度学习(deep learning)的代表算法之一。

卷积层通过一定数目的卷积核(又称为滤波器)对输入的多个通道的特征图进行扫描和运算,每个卷积核输出一个维度的特征图,每个特征图包含一定的更高层的语义信息。下面以二维数据的卷积操作为例介绍卷积的执行过程。

一个卷积操作示意如图 9-5 所示。事先给定一个卷积核(convolutional kernel),从输入特征图的左上角开始,将输入特征图的与卷积核大小相同的窗口中每一个位置的数值与卷积核对应位置的数据相乘,再将乘积相加,得到这次卷积操作的输出值,将此值作为输出特征图对应位置的数值,一次卷积操作完成。然后按照指定的步长(stride)移动窗口,再一次进行卷积操作,得到下一个输出。步长可以理解为窗口"滑行"的距离。如果输入特征图与卷积核进行卷积时,特征图边缘的特征不能位于卷积核中心,就丢失了特征图边界处的信息。此时采用填充(padding)操作,即在特征图边界之外再填充一些值,以增加特征图大小,通常使用"0"来填充。

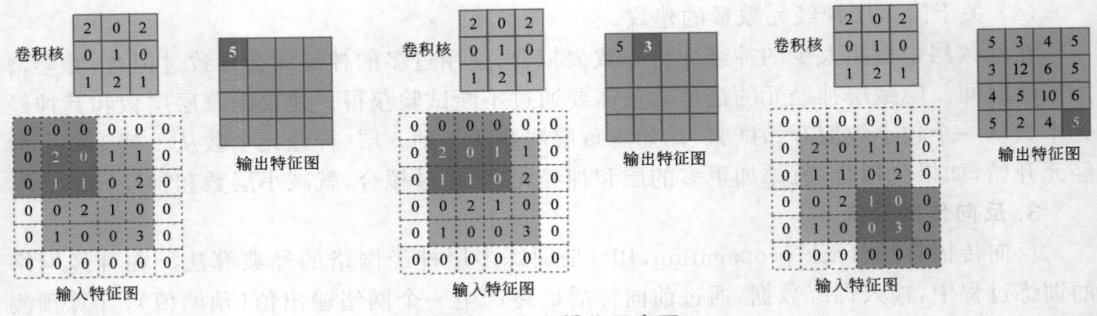

图 9-5 卷积操作示意图

在图 9-5 中,输入特征图是一个 4×4 方阵,边界的数字 0 表示对输入特征图进行了填充。卷积核尺寸大小为 3×3。该示例使用的步长为 1,表示在窗口位置完成一次卷积计算之后,窗口向右或向下移动 1 个方格。图 9-5 展示了第 1 次、第 2 次和最后一次卷积操作,第 1 次卷积将 3×3 的卷积核和输入特征图中最左上角的 3×3 方阵中的对应数字相乘,并将得到的乘积相加,即 $2\times0+0\times0+2\times0+0\times0+1\times2+0\times0+1\times0+2\times1+1\times1=5$,将 5 作为输出特征图最左上角的数值;第 2 次卷积将输入特征图的窗口向右滑动 1 个步长,将 3×3 的卷积核和 3×3 方阵相乘,并将得到的乘积相加,即 $2\times0+0\times0+2\times0+0\times2+1\times0+0\times1+1\times1+2\times1+1\times0=3$,将 3 作为输出特征图的第 2 个数值;最后一次卷积操作是卷积核和特征图最右下角的 3×3 方阵相乘,并将得到的乘积相加,将得到的 5 送入输出特征图的最后一个位置上。

输出特征图的尺寸大小 $n_h^{(o)}\times n_w^{(o)}$ 由以下几个方面计算:输入特征图的尺寸大小

$n_h^{(i)} \times n_w^{(i)}$，卷积核的尺寸 $k_h \times k_w$，上下两侧分别填充量 p_h，左右两侧分别填充量 p_w、上下步长 s_h 和左右步长 s_w，公式如下：

$$n_e^{(o)} = \frac{n_e^{(i)} + 2p_e - k_e}{s_e} + 1, \quad e \in \{w, h\}$$

在步长 s_e 大于 1 时，结果可能为非整数。此时，一些深度学习框架会采取向下取整的方式，放弃一部分边界数据。

卷积操作具有一些特性：①局部连接，输出层的节点只与输入层的部分节点相连；②权重共享，卷积核的滑动窗口机制使得输出层不同位置的节点与输入层有关节点连接的权重是一样的。这些特性使得卷积层比全连接少很多参数和计算量。

9.2.3 池化

池化(pooling)是卷积神经网络中的一个重要操作，它属于一种降采样技术，使用一个窗口对输入特征图进行降维压缩，以加快运算速度。常见的池化类型有最大池化(max pooling)和均值池化(average pooling)。最大池化是指使用一个窗口"扫描"输入特征图，每次扫描得到特征图的最大值，作为池化操作的结果。例如，最大池化操作的示例如图 9-6 所示。输入特征图为 4×4 的矩阵，使用一个 2×2 的池化窗口，步长设置为 2。每次计算特征图中2×2 矩阵内特征值的最大值作为本次池化的结果，例如第 1 次扫描特征图最左上角 2×2 的矩阵，其中的数字为 5、3、3、12，最大值为 12，所以取 12 作为本次池化的结果，放在结果矩阵的左上角，然后将窗口向右移动 2 个方格(步长为 2)，继续计算，直到结束。最终池化的结果将一个 4×4 的特征图压缩为 2×2 的特征图。

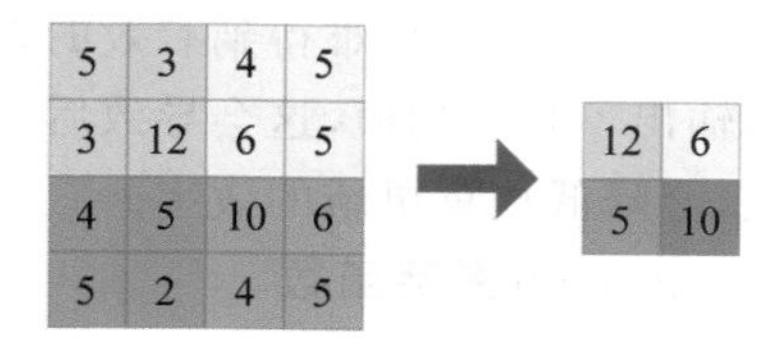

图 9-6 最大池化操作示意图

均值池化是指每次扫描时取窗口内的均值作为池化结果。最大池化提取的是特征图的最大值，更好保留纹理特征；而均值池化提取的是特征图的平均值，保留整体数据的特征，较好地突出背景信息。池化本质上是特征选择的过程，达到降维的目的，这种操作可能损失了一部分信息，但提高了计算性能。

9.2.4 激活函数

扫一扫

激活函数(activation functions)是运行在神经元上的函数，该函数将神经元的输入值映射到该神经元的输出端，并通过这种映射向神经网络引入非线性的因素。如果没有激活函数，每一层神经元的值都是上一层神经 0 元的线性组合，无论网络多深，都可以看作是更加复杂的线性组合。使用激活函数后，引入的非线性因素使得神经网络可以逼近任意非线性函数，以此获得更强大的学习和拟合能力。常用的激活函数包括 sigmoid 激活函数、tanh 激活函数、relu 激活函数等。

1. sigmoid 激活函数

sigmoid 激活函数是神经网络里最常见的，也是最早使用的激活函数之一。它的形状如图 9-7 所示。

sigmoid 激活函数可以将一个实数映射到(0,1)的范围内，输入值越小，输出值越接近

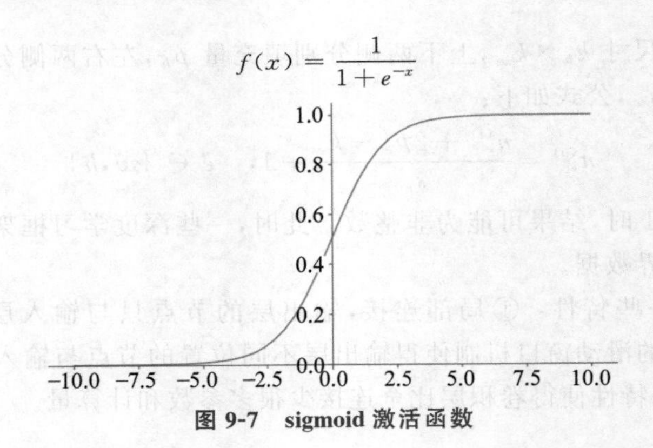

图 9-7 sigmoid 激活函数

0,输入值越大,输出值越接近 1,输入值为 0 时,输出 0.5。sigmoid 激活函数为神经网络引入了非线性因素,但它有两个主要的缺点:出现梯度消失和非 0 均值。梯度消失是指当输入值很大或很小时,sigmoid 激活函数的导数都趋近于 0,导致误差反向传播时,梯度变得非常小,网络参数很难得到有效的训练。非 0 均值是指 sigmoid 激活函数的输出均大于 0,使得输出不是 0 均值,这会导致后一层的神经元将得到上一层输出的非 0 均值的信号作为输入,会降低权重更新的效率。

2. tanh 激活函数

tanh 激活函数又称为双曲正切激活函数。它的形状如图 9-8 所示。

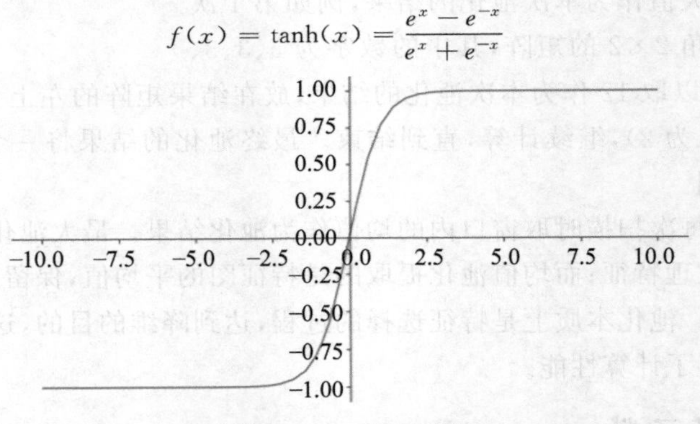

图 9-8 tanh 激活函数

tanh 激活函数可以将一个实数映射到(−1,1)的范围内,当输入值越小,输出值越接近 −1,输入值越大,输出值越接近 1,当输入值为 0 时,输出 0。实际上,tanh 激活函数相当于 sigmoid 激活函数的平移,但其输出是 0 均值的。当输入值很大或很小时,该函数导数同样趋近于 0,也存在梯度消失现象。

3. relu 激活函数

线性整流函数(rectified linear unit,relu),又称修正线性单元,是一种人工神经网络中常用的激活函数。它的形状如图 9-9 所示。

relu 激活函数可以将一个实数映射到非负实数范围内,输入值小于等于 0 时,输出值为 0,输入值大于 0 时,输出值为输入值本身。输入小于等于 0 时,其导数为 0,输入大于 0 时,其导数为 1。相比于以上两种激活函数,relu 具有计算优势,只需要一个阈值,而不需要进

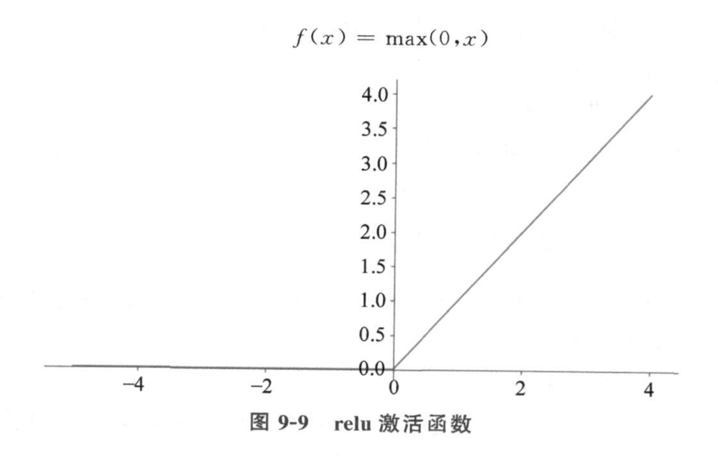

图 9-9 relu 激活函数

行指数计算,减少了计算量,同时有效地解决了梯度消失问题。relu 的问题在于会产生神经元死亡的问题,当负梯度经过 relu 激活函数时,永久地被置为 0,此后不对任何数据响应。并且,relu 激活函数的输出也不是 0 均值的。

选择激活函数时,建议首选 relu 激活函数,其次考虑 tanh 激活函数,二分类任务的输出层可以考虑 sigmoid 激活函数。

9.2.5 损失函数

损失函数(loss function)用来衡量模型得到的预测值和真实值的不一致程度,人们希望在模型学习过程中将它优化到最低。训练一个机器学习模型的目标是找到损失函数达到极小值的点。损失函数一般可以分为两类:回归损失函数和分类损失函数。

1. 回归损失函数

回归任务的学习目标是连续型数值,常用的损失函数有均方误差、均方根误差、平均绝对误差(mean absolute error,MAE)、平均绝对百分比误差(mean absolute percentage error,MAPE)。MSE 和 RMSE 在第 8 章已经介绍了,在这里不再赘述。

(1) MAE。

平均绝对误差又称为 L1 Loss,是绝对误差的平均值,它衡量的是预测值与真实值之间距离的平均误差幅度,优点是对离群点或者异常值更具有鲁棒性。缺点是其在 0 处的导数不连续,使得求解效率低下,导致收敛速度慢。

(2) MAPE。

公式如下。

$$\text{MAPE}=\frac{100\%}{n}\sum_{i=1}^{n}\left|\frac{\hat{y}_i-y_i}{y_i}\right|$$

MAPE 相当于把每个点的误差进行了归一化,降低了个别离群点带来的绝对误差的影响。

2. 分类损失函数

分类任务的目标是离散型数据或标签,常用的是交叉熵损失函数。交叉熵是信息论中的概念,p 表示真实值的分布,q 则为训练后的模型的预测值分布,交叉熵损失函数可以衡

量 p 与 q 的相似性。根据分类任务的类别数量,交叉熵损失函数又分为二分类交叉熵损失函数和多分类交叉熵损失函数。

(1) 二分类交叉熵损失函数。

在二分类任务中,模型需要预测的结果是正类或负类,二分类交叉熵损失函数的计算公式如下。

$$L=-\frac{1}{N}\sum_{i=1}^{N}[y_i\log p_i+(1-y_i)\log(1-p_i)]$$

其中,y_i 表示样本 i 的真实标签,正类为 1,负类为 0,p_i 表示样本 i 被预测为正类的概率,$1-p_i$ 为预测为负类的概率。

(2) 多分类交叉熵损失函数。

多分类问题实际上是对二分类问题的扩展,其交叉熵损失函数的计算公式如下:

$$L=-\frac{1}{N}\sum_{i=1}^{N}\sum_{j=1}^{k}y_{ij}\log p_{ij}$$

其中,N 表示样本数,k 表示类别数量,y_{ij} 表示第 i 个样本是否属于第 j 个类别,属于为 1,不属于为 0,p_{ij} 表示对于样本 i 属于类别 j 的预测概率。

9.3 经典卷积神经网络模型

9.3.1 LeNet

1998 年,Yann LeCun 等人发表了论文 *Gradient-based learning applied to document recognition*[①],这是第一篇利用反向传播算法成功训练卷积神经网络的研究。文中提出了著名的 LeNet 网络,并展示如何使用它来提高手写识别能力。LeNet 网络被广泛应用于自助取款机中支票的手写数字识别。LeNet-5 的网络架构如图 9-10 所示。

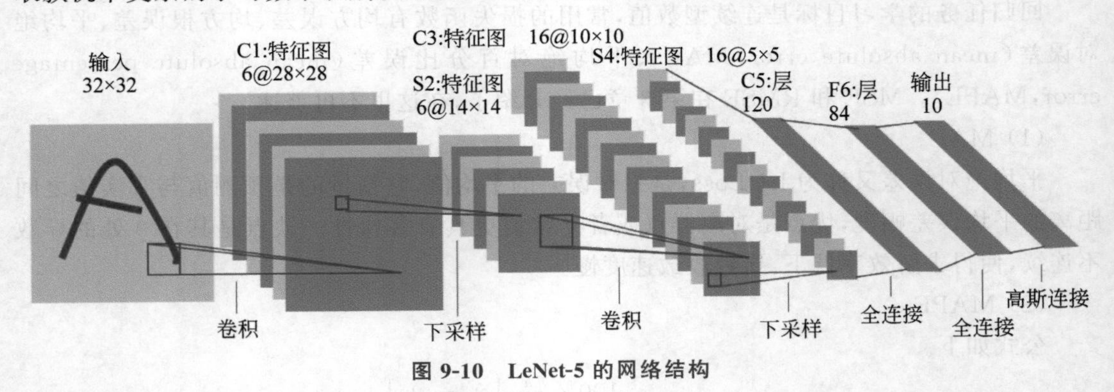

图 9-10 LeNet-5 的网络结构

LeNet-5 的网络模型有 7 层(不包括输入层),主要由卷积层、池化层和全连接层组成。该模型使用的卷积核大小为 5×5,步长为 1,池化方法为平均池化,激活函数采用 sigmoid 函数。LeNet-5 网络模型最初用于识别手写数字图片属于 0~9 中的哪个数字,具体执行过

① LeCun Y, Bottou L, Bengio Y, et al. Gradient-based learning applied to document recognition[J]. Proceedings of the IEEE, 1998, 86(11): 2278-2324.

程是：向网络中输入 32×32 的手写数字图片，经过 6 个 5×5 的卷积核生成 28×28 的特征图，通道数同时增长到 6；经过一个 2×2 的池化窗口，在保持通道数不变的情况下将特征图的长宽减半；再经过 16 个 5×5 的卷积核将通道数提升到 16，生成 10×10 特征图；再经过一个 2×2 的池化窗口，在保持通道数不变的情况下将特征图的长宽减半；经过 120 个 5×5 的卷积核，生成 120 个 1×1 特征图，刚好变成了全连接；之后经过 1 个全连接层，神经元个数为 84，最后输出层的 10 个节点分别代表数字 0 到 9，且如果节点 i 的值为 0，则网络识别的结果是数字 i。

LeNet-5 网络模型的缺点是输入图像太小，早期并没有在除手写数字识别之外的其他计算机视觉任务上取得大的突破。

9.3.2 AlexNet

2012 年，AlexNet 在大规模视觉识别竞赛（imageNet large scale visual recognition challenge，ILSVRC）上一举夺魁，在 top-5 错误率上达到了 15.3%。它利用 GPU 强大的并行计算能力，使用了两个 GPU，每个 GPU 只负责存储和计算模型的一半参数。与 LeNet 网络相比，AlexNet 使用 relu 作为激活函数，在一定程度上减缓了梯度消失。此外，AlexNet 还引入了局部响应归一化（local response normalization，LRN），应用了 dropout 和简单的数据增强措施来提升训练效果。今天，AlexNet 已经被更有效的架构所超越，但它是从浅层网络过渡到深层网络的关键一步，由此开启了深度学习时代。

AlexNet 使用了 5 个卷积层、3 个池化层和 3 个全连接层，输入为 224×224×3 的 RGB 图片，池化层使用最大池化，最后是具有 1000 个分类的输出层。网络架构如图 9-11 所示（来源于论文 *Imagenet classification with deep convolutional neural networks*[①]）。

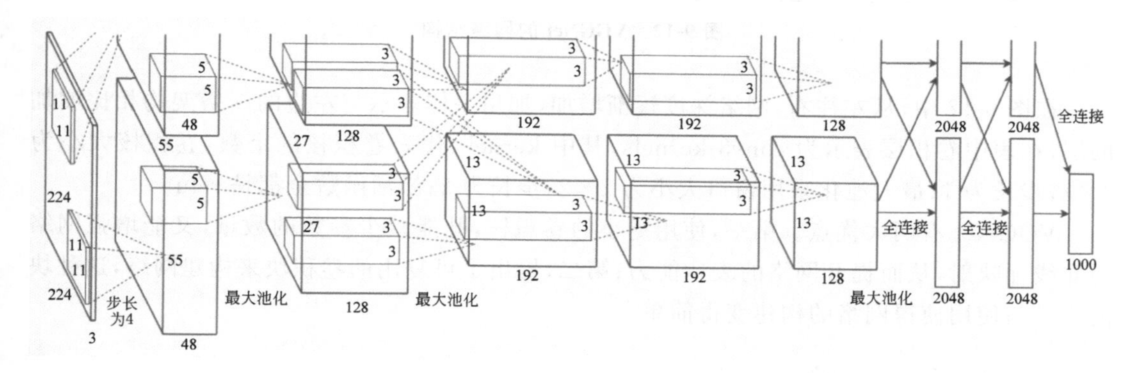

图 9-11 AlexNet 的网络结构

9.3.3 VGGNet

VGGNet 与 AlexNet 相比，使用了 3×3 的小卷积核来替代之前的 5×5 和 7×7 大卷积核，能够在保持同样感受野的情况下减少计算量和参数量，同时使用了 2×2 的池化窗口替

① Krizhevsky A, Sutskever I, Hinton G E. Imagenet classification with deep convolutional neural networks[J]. Communications of the ACM, 2017, 60(6): 84-90.

代之前的 3×3 池化窗口,达到了更深的网络深度。VGGNet 表明,卷积神经网络的深度增加和小卷积核的使用对网络的最终分类识别效果有很大的作用。VGGNet 的网络结构如图 9-12 所示(来源于论文 *Very deep convolutional networks for large-scale image recognition*①)。

网络配置					
A 11个 权重层	A-LRN 11个 权重层	B 13个 权重层	C 16个 权重层	D 16个 权重层	E 19个 权重层
输入(224×224 RGB 图像)					
conv3-64	conv3-64 **LRN**	conv3-64 **conv3-64**	conv3-64 conv3-64	conv3-64 conv3-64	conv3-64 conv3-64
最大池化					
conv3-128	conv3-128	conv3-128 **conv3-128**	conv3-128 conv3-128	conv3-128 conv3-128	conv3-128 conv3-128
最大池化					
conv3-256 conv3-256	conv3-256 conv3-256	conv3-256 conv3-256	conv3-256 conv3-256 **conv1-256**	conv3-256 conv3-256 **conv3-256**	conv3-256 conv3-256 conv3-256 **conv3-256**
最大池化					
conv3-512 conv3-512	conv3-512 conv3-512	conv3-512 conv3-512	conv3-512 conv3-512 **conv1-512**	conv3-512 conv3-512 **conv3-512**	conv3-512 conv3-512 conv3-512 **conv3-512**
最大池化					
conv3-512 conv3-512	conv3-512 conv3-512	conv3-512 conv3-512	conv3-512 conv3-512 **conv1-512**	conv3-512 conv3-512 **conv3-512**	conv3-512 conv3-512 conv3-512 **conv3-512**
最大池化					
全连接-4096					
全连接-4096					
全连接-1000					
soft-max					

图 9-12 VGGNet 的网络结构

在图 9-12 中,从左往右,网络深度逐渐增加,加粗字体表示与左边的网络架构相比增加的层,在表中卷积层表示为 conv3-kernels,其中 kernels 代表卷积核的个数,卷积核大小为 3×3,步长为 1;最大池化采用窗口大小为 2×2,步长为 2;激活函数全都是 relu。

VGGNet 有两大优点。第一,使用更小的卷积核,既能减少参数的数量,又能增强网络的非线性映射,从而提升网络的表达能力;第二,提出了可复用的卷积块来构建网络,这种块的定义与使用使得网络的构建变得简单。

9.3.4 GoogLeNet

针对深层网络模型容易产生过拟合且计算复杂度高这一问题,GoogLeNet 提出了 Inception 模块,将之前网络模型的大通道卷积层替换为由 3 个小通道卷积层组成的并行分支结构,并加入了 1 个最大池化分支,即使用了 1×1 卷积、3×3 卷积、5×5 卷积、3×3 最大池化进行多路特征提取,将每条分支的输出在通道维度上联结,提取到了更多的特征。另外,GoogLeNet 提出了瓶颈结构,指在计算较大的卷积层之前先通过 1×1 卷积降低通道

① Simonyan K, Zisserman A. Very deep convolutional networks for large-scale image recognition[J/OL]. [2023-02-19]. https://doi.org/10.48550/arXiv.1409.1556.

数，以减少计算量，即进行降维操作。在完成较大的卷积层计算后，可以根据需要再次使用1×1卷积恢复通道数，进行升维操作。Inception块的结构如图9-13所示（来源于论文*Going deeper with convolutions*①）。在图9-13中，(a)图为GoogLeNet的初始版本，(b)图为加入降维操作的版本。

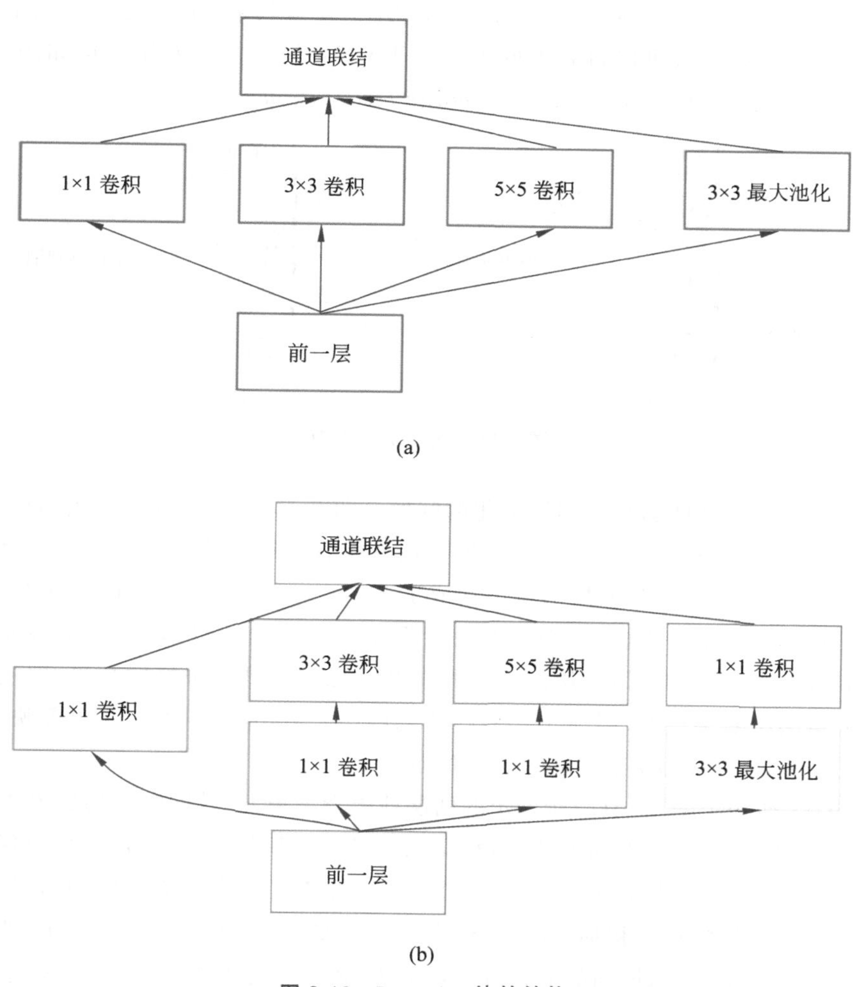

图 9-13　Inception 块的结构

9.3.5　ResNet

深度神经网络的层数决定了模型的容量，更大的模型容量可以使用更多的数据，从而不断地提升模型的表达能力和精度。然而，随着网络深度的不断增加，优化函数很容易陷入局部最优解，梯度消失的情况也变得很严重，因此，模型泛化的效果受到了很大的影响。随着网络深度的增加，训练误差和测试误差都会上升，这种现象称为网络的退化（degeneration）。

① Szegedy C, Liu W, Jia Y, et al. Going Deeper with Convolutions[J/OL].[2023-02-19]. https://doi.org/10.48550/arXiv.1409.4842.

针对这一问题,何凯明等人提出了残差网络(ResNet),这对构建深层的神经网络产生了深刻的影响,ResNet 赢得了 2015 年 ImageNet 大规模视觉识别挑战赛冠军。现在,利用残差网络可以将网络深度提升到成百上千层。

ResNet 使用了跳连(shortcut connection)结构,能够有效缩短误差反向传播的路径,有效的抑制了梯度消失现象,从而增加网络深度,却不会使得效果下降。通过为网络结构配置不同的通道数和残差块数可以得到不同大小的 ResNet 模型。残差块结构如图 9-14 所示(来源于论文 *Deep residual learning for image recognition*①)。

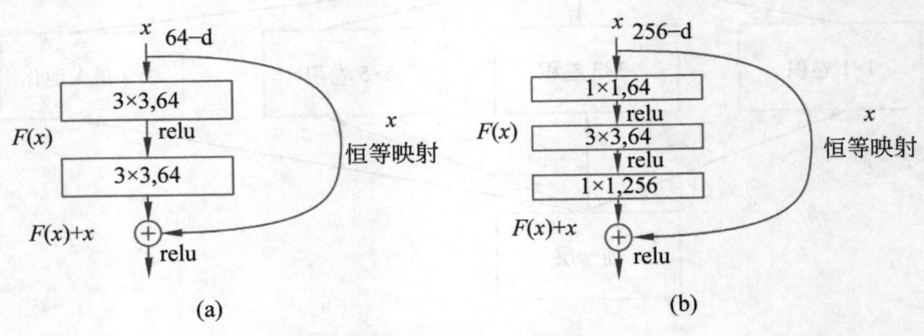

图 9-14 残差块结构图

这种残差学习结构能够解决网络退化的问题。图 9-14(a)展示的残差块结构是 ResNet 网络的基本残差单元,输入的 x 经过两个网络层变换后得到了 $F(x)$,同时 x 经过跳连也连接到两个网络层之后,最后这两层的输出变成了 $H(x)=F(x)+x$,经过这样的设计,神经网络的学习过程就是拟合 $F(x)=H(x)-x$,即输入 x 与输出 $H(x)$之间的残差。这正是残差网络名称的由来。如果该模块前一层的输出 x 已经学到了很好的结果,即使再加深网络也不会使得网络效果更差,因为 x 会被跳连到两层之后,直接学习一个恒等映射,这两层只需要学习目标输出 $H(x)$与 x 之间的残差即可。

ResNet-18 使用了图 9-14(a)所展示的两层残差学习单元,其网络结构如图 9-15 所示。

在图 9-15 中,当特征图长宽减半时(标记为"/2"),卷积核的通道数翻倍,以保持计算的时间复杂度(不同的颜色表示不同的通道数)。虚线跳连表示当通道维度翻倍时,不能直接将模块的输入与模块的输出相加,因为通道大小不一致,此时可以采取的措施有两种:一是当输出特征图大小不变时,增加的通道维度填充零,依然进行恒等映射,二是使用 1×1 的卷积操作改变输入的特征图大小和维度,以与输出的特征图大小、维度相同。

常用的残差块有两种:两层和三层残差块,分别如图 9-14(a)和(b)所示。三层的残差学习单元又称为 bottleneck。一般来说,两层残差学习单元可以用于 34 层或者更少的网络中,对于更深的网络(如 50 层、101 层或 152 层),则使用三层残差学习单元。从图 9-14(b)可以看到,残差块先使用 1×1 的卷积进行降维,将 256 个通道降低到 64 个通道,之后在经过 3×3 的卷积操作后,使用 1×1 的卷积操作将通道升维到 256 个通道,与不进行通道维度变化相比,能显著地降低运算复杂度。

---

① He K, Zhang X, Ren S, et al. Deep residual learning for image recognition[C]. Proceedings of the IEEE conference on computer vision and pattern recognition, 2016: 770-778.

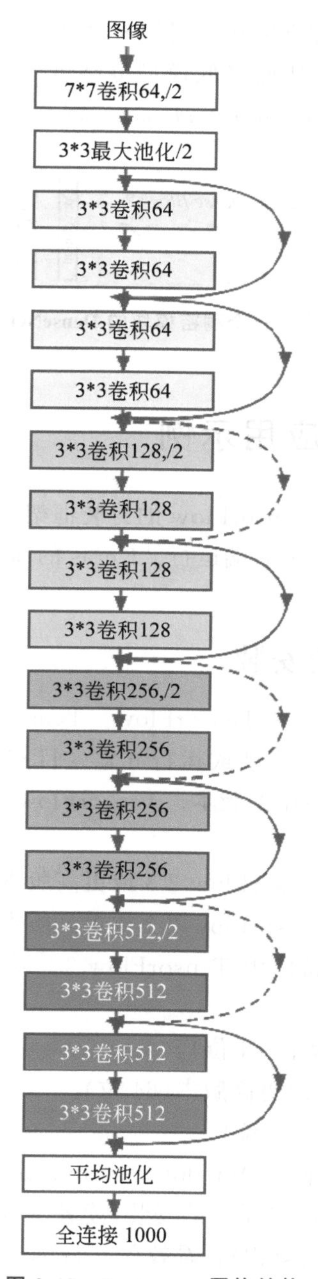

图 9-15　ResNet-18 网络结构

9.3.6　DenseNet

稠密连接网络(DenseNet)在某种程度上可以看作 ResNet 的扩展。残差网络一般只使用跨越了 2～3 个层的跨层连接形成残差模块,DenseNet 网络允许前面所有层与后面层的密集连接(dense connection),它的名称也是由此而来。与 ResNet 不同的是,DenseNet 的输出不是简单相加,而是在通道维度的联结,每个稠密块(dense block)都在通道维度联结,这使得模型很快变得复杂,因此在稠密块之间加入过渡层,通过卷积和池化操作来使得特征图的长宽减半,通道维度也减半,从而降低模型复杂度。DenseNet 的结构如图 9-16 所示(来源于论文 *Densely connected convolutional networks*①)。

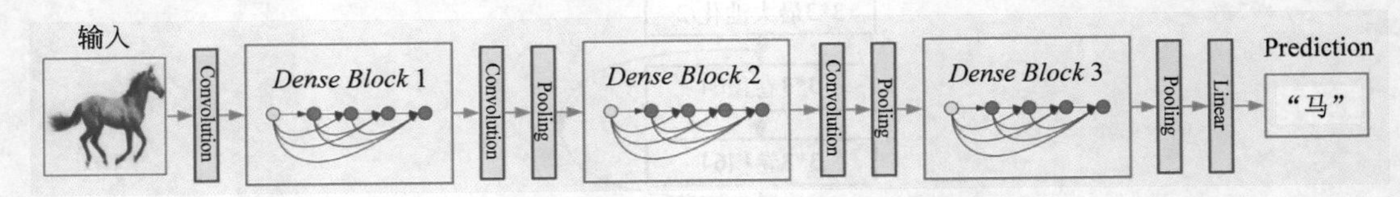

图 9-16 含有三个稠密模块的 DenseNet 网络结构

9.4 Keras 框架及其应用示例

Keras 是基于深度学习框架 TensorFlow 的封装框架,是用 Python 编写的高级神经网络 API,它能够以 TensorFlow 作为后端运行。Keras 的简单易用性是本章选择它作为深度学习入门工具的最主要原因。

扫一扫

9.4.1 TensorFlow 的安装

要想使用 Keras,首先必须安装 TensorFlow。TensorFlow 对开发环境有着较高的版本匹配要求,不正确的匹配会导致安装或运行异常。目前使用的 TensorFlow 版本大多数为 2.x 系列版本,也是本文推荐使用的版本。TensorFlow 2.x 系列对开发环境的要求如下。

1. Python 版本要求

(1) Python 3.9 支持使用 TensorFlow 2.5 或更高版本。

(2) Python 3.8 支持使用 TensorFlow 2.2 或更高版本。

(3) Python 3.6-3.7 版本支持使用 TensorFlow 2.2 以下版本。

2. 系统版本要求

(1) Ubuntu 16.04 或更高版本(64 位)。

(2) macOS 10.12.6(Sierra)或更高版本(64 位)。

(3) Windows 7 或更高版本(64 位)。

由于开发环境的限制,本章使用 Windows 10 作为系统版本,Python 3.7 作为 Python 的开发版本。对于 Linux 和 macOS 系统的安装,读者可以浏览 TensorFlow 中文官方网站(https://tensorflow.google.cn/install)查看教程。TensorFlow 的安装步骤如下。

(1) 下载并安装 Anaconda。Anaconda3 的安装已经在第 1 章介绍,请到第 1 章查看。

(2) 查看本机的 Python 版本。在开始菜单中找到"Anaconda3"目录下的"Anaconda Prompt",注意,为了后续安装 TensorFlow,打开"Anaconda Prompt"时应该使用管理员权限,即在"Anaconda Prompt"菜单项上右击,选择"以管理员身份运行",或者使用其他方式以管理员的身份进入"Anaconda Prompt"的操作。在打开的命令终端界面中输入以下命

① Huang G, Liu Z, VanDer Maaten L, et al. Densely connected convolutional networks[C]. Proceedings of the IEEE conference on computer vision and pattern recognition, 2017: 4700-4708.

令，可获得当前 Python 的版本，运行结果如图 9-17 所示。

```
python --version
```

图 9-17　查看 Python 版本

TensorFlow 提供了两个版本的安装形式，即 CPU 版本和 GPU 版本。GPU 版本需要使用支持 CUDA® 的显卡（适用于 Ubuntu 和 Windows）。以下分别介绍 CPU 版本和 GPU 版本的详细安装及注意事项。

（3）安装 CPU 版本。如果系统没有显卡或者显卡不太好，建议安装 CPU 版本。这是一个比较容易安装的版本，并且是基础版本。

①为你的 TensorFlow 创建一个虚拟环境，例如"mytfcpu"。安装 TensorFlow 或其他大型第三方库时，可能会对现有的库进行升级，而升级后会使原有的某些库不能使用了。为了避免出现这种情况，可以建立虚拟环境，在虚拟环境下安装 TensorFlow 或其他大型第三方库。虚拟环境中有着和实际 Python 环境一样的体验，通过使用虚拟环境可以更好地管理和隔离多个不同的 Python 环境。在 Anaconda 中可以建立多个虚拟环境，而且这些虚拟环境之间不会互相影响，在虚拟环境下进行实验，不会"破坏"系统的其余部分。

- 创建名为 mytfcpu 的虚拟环境。命令如下。

```
conda create -n mytfcpu python=3.7
```

命令中的 python=3.7 表明此虚拟环境使用 Python 3.7 版本。这时系统会下载并安装虚拟环境所需要的包，根据提示安装即可。安装完成后，在 Anaconda3 的目录下 envs 文件夹里多了一个名为"mytfcpu"的文件夹，这就是虚拟环境 mytfcpu 的系统目录。如果不需要这个虚拟环境了，可以使用如下命令删除虚拟环境。

```
conda remove -n 虚拟环境名 --all
```

- 激活并进入 mytfcpu 虚拟环境。命令如下。

```
conda activate mytfcpu
```

激活虚拟环境 mytfcpu 后，命令行前面会出现（mytfcpu）字样，代表已进入虚拟环境，括号内的名字是你的虚拟环境名字，如图 9-18 所示。

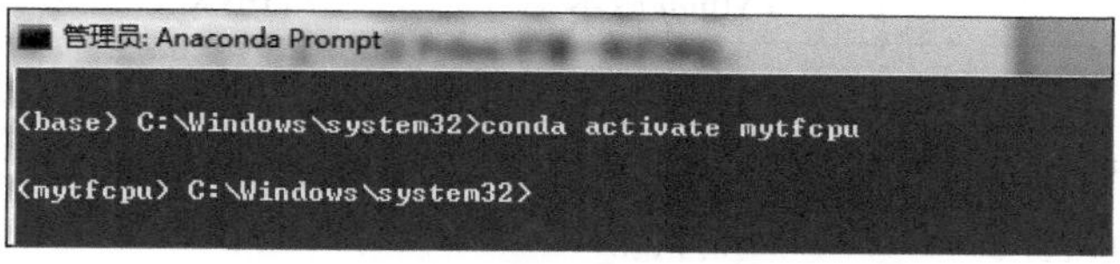

```
管理员: Anaconda Prompt
(base) C:\Windows\system32>conda activate mytfcpu

(mytfcpu) C:\Windows\system32>
```

图 9-18　激活虚拟环境

退出虚拟环境的命令为conda deactivate,这时命令行前面显示(base)字样,即退出了虚拟环境。

② 安装CPU版本的TensorFlow。这里以TensorFlow 2.6为例讲解在虚拟环境下安装CPU版本,安装命令如下。

```
conda install tensorflow==2.6
```

执行以上命令后,conda包管理工具会自动安装TensorFlow所有相关的依赖包。由于下载的包较多,花费的时间也较长,请耐心等待。可以使用国内的镜像源下载相关的依赖包,这样可以提高下载速度。当所有依赖安装完成,在最后出现"done"的时候,表示安装成功。

③无论是CPU版本还是GPU版本,安装完成后,都可以使用如图9-19所示的代码测试TensorFlow是否正常安装。在命令行输入Python,进入Python开发环境,导入TensorFlow库,输出其版本号,如果输出结果为2.6.0,说明安装成功。

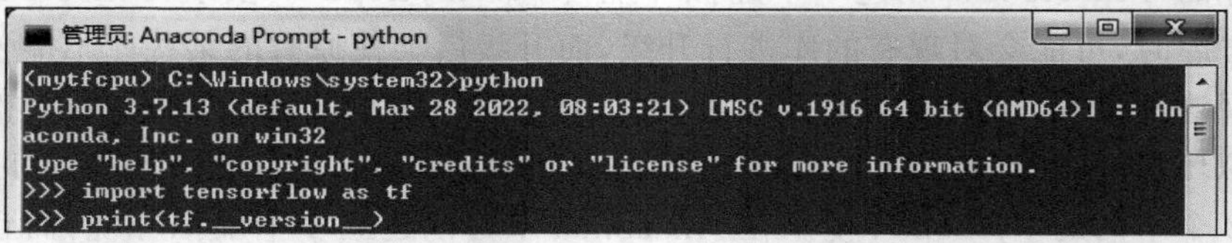

```
管理员: Anaconda Prompt - python
(mytfcpu) C:\Windows\system32>python
Python 3.7.13 (default, Mar 28 2022, 08:03:21) [MSC v.1916 64 bit (AMD64)] :: An
aconda, Inc. on win32
Type "help", "copyright", "credits" or "license" for more information.
>>> import tensorflow as tf
>>> print(tf.__version__)
```

图9-19 测试TensorFlow是否正常安装

④如果需要在虚拟环境里安装其他库,例如在虚拟环境mytfcpu中安装Spyder集成开发环境,可以使用如下命令。

```
conda install spyder
```

安装完成后,在虚拟环境的命令行中输入spyder,即可运行Spyder软件。

(4) 安装GPU版本。如果计算机有显卡,GPU可以大大提高TensorFlow程序的运行速度。此时应该选择安装GPU版本的TensorFlow。正式安装tensorflow-GPU开发环境之前,请务必保证计算机含有支持CUDA®的显卡。

不同TensorFlow版本需要安装对应的cuDNN和CUDA版本,匹配规则如表9-1所示。更多规则可查看https://tensorflow.google.cn/install/source_windows,读者可根据自己计算机的cuDNN和CUDA版本确定安装哪个版本的TensorFlow。本章以cuDNN=8.1和CUDA=11.2为例介绍TensorFlow 2.6 GPU版本的安装。

表9-1 TensorFlow-GPU与cuDNN和CUDA版本匹配规则

版　本	Python版本	cuDNN	CUDA
TensorFlow-GPU-2.6.0	3.6-3.9	8.1	11.2
TensorFlow-GPU-2.5.0	3.6-3.9	8.1	11.2
TensorFlow-GPU-2.4.0	3.6-3.8	8.0	11.0
TensorFlow-GPU-2.3.0	3.5-3.8	7.6	10.1

续表

版　本	Python 版本	cuDNN	CUDA
TensorFlow-GPU-2.2.0	3.5-3.8	7.6	10.1
TensorFlow-GPU-2.1.0	3.5-3.7	7.6	10.1
TensorFlow-GPU-2.0.0	3.5-3.7	7.4	10

① 创建虚拟环境，以便于后续将 GPU 版本的 TensorFlow 安装在虚拟环境里。推荐将 TensorFlow 安装到虚拟环境中，这样可以确保同一台机器中存在多个不同版本的 TensorFlow，但互不影响。

② 安装 CUDA 工具集。CUDA(compute uified device architecture)是一种操作 GPU 计算的硬件和软件架构，是建立在 NVIDIA 的 GPUs 上的一个通用并行计算平台和编程模型，提供了 GPU 编程的简易接口。基于 CUDA 编程可以构建基于 GPU 计算的应用程序，利用 GPUs 的并行计算引擎更加高效地解决比较复杂的计算难题。执行如下命令安装 CUDA11.2。

```
conda install cudatoolkit=11.2
```

③ 安装 cuDNN。cuDNN (CUDA deep neural network library)是 NVIDIA 打造的针对深度神经网络的加速库，是一个用于深层神经网络的 GPU 加速库。执行如下命令安装 cuDNN 8.1。

```
conda install cudnn=8.1
```

④ 安装 TensorFlow-GPU。命令如下。

```
conda install tensorflow-gpu==2.6
```

⑤ 安装完成之后，使用如图 9-19 所示代码测试 TensorFlow 是否正常安装。

另外，除了可以用 conda 命令安装 TensorFlow 外，还可以用 pip 命令安装 TensorFlow。安装教程读者可自行在网络中查找，本章不再介绍。

9.4.2 Keras 的安装

TensorFlow 安装成功后，安装 Keras 就很简单了。以管理员的身份进入 Anaconda Prompt，激活虚拟环境，准备安装 Keras。安装之前特别注意的是，TensorFlow 的版本要与 Keras 的版本匹配，否则程序可能会出错。匹配规则如表 9-2 所示，更多匹配规则读者可自行查询。

表 9-2 TensorFlow 与 Keras 版本匹配规则

TensorFlow 版本	Keras 版本	TensorFlow 版本	Keras 版本
TensorFlow 2.0.0	Keras 2.3.1	TensorFlow 2.4.0	Keras 2.4.3
TensorFlow 2.1.0	Keras 2.3.1	TensorFlow 2.6.0	Keras 2.6.0
TensorFlow 2.2.0	Keras 2.3.1		

上一节安装的 TensorFlow 版本为 2.6,所以这里选择 Keras 的安装版本为 2.6,读者可根据实际情况自行选择 Keras 版本。命令如下。

```
conda install keras==2.6
```

安装完成后,进入 Python 开发环境,导入 Keras 库,执行 print(keras.__version__),如果输出结果为 2.6.0,即安装成功。

9.4.3 Keras 常用模块及应用示例

Keras 的核心数据结构是 Model,用来组织神经网络的网络层。最简单的模型是 Sequential 顺序模型,它由多个网络层线性堆叠。对于更复杂的结构,可以使用 Keras 函数式 API,它允许构建任意的神经网络结构。

下面从网络模型、层、激活函数、损失函数、优化器和 Keras 自带模型等几个方面介绍。

1. Sequential 模型与 Model 模型

在 Keras 中有两类主要的模型:Sequential 顺序模型和 Model 模型。这两个模型有许多共同的方法和属性。

(1) compile()方法用于配置训练模型,语法格式如下。

```
compile(optimizer,loss=None,metrics=None,…)
```

主要参数说明如下。

① optimizer:优化器名或者优化器实例。

② loss:字符串(目标函数名)或目标函数。

③ metrics:在训练和测试期间的模型评估标准。例如,在分类问题中可以使用 metrics=['accuracy']。

(2) fit()方法:以固定数量的轮次(数据集上的迭代)训练模型。语法格式如下。

```
fit(x=None, y=None, batch_size=None, epochs=1, verbose=1, class_weight=None,
sample_weight=None)
```

主要参数说明如下。

① x:训练数据的 Numpy 数组。

② y:目标(标签)数据的 Numpy 数组。

③ batch_size:整数或 None,每次训练所使用的样本数。

④ epochs:整数,训练模型迭代轮次。

⑤ verbose:是否显示进度条,0 表示不输出进度条,1 表示输出进度条。

⑥ class_weight:字典类型,用来映射类标签和它的权重值,用于对损失函数加权(仅在训练期间)。

⑦ sample_weight:权重数组,用于对损失函数加权(仅在训练期间)。

(3) predict()方法:为输入样本生成输出预测。语法格式如下。

```
predict(x, batch_size=None, verbose=0, steps=None)
```

主要参数说明如下。

① x：输入数据，Numpy 数组。

② batch_size：整数，如未指定，默认为 32。

(4) evaluate()方法：用于测试模型，返回误差值和评估标准值。语法格式如下。

```
evaluate(x=None,y=None,batch_size=None, …)
```

主要参数说明如下。

① x：训练数据的 Numpy 数组。

② y：目标(标签)数据的 Numpy 数组。

2. 层

Keras 库使用 Dense 构建全连接层，Conv1D 构建一维卷积层，Conv2D 构建二维卷积层，MaxPooling1D 表示一维数据的最大池化，MaxPooling2D 表示二维数据的最大池化，下面分别介绍这些常用的方法，Keras 库中还有其他层的构建方法，读者可自行学习。

(1) Dense：构建全连接层。语法格式如下。

```
keras.layers.Dense(units, activation=None,use_bias=True,kernel_initializer=
'glorot_uniform')
```

主要参数说明如下。

① units：正整数，输出值的维度。

② activation：激活函数，若不指定，则不使用激活函数。

③ use_bias：布尔值，该层是否使用偏置向量。

④ kernel_initializer：kernel 权值矩阵的初始化器。

(2) Conv1D：构建一维卷积层。语法格式如下。

```
keras.layers.Conv1D(filters, kernel_size, strides=1, padding='valid', activation=
None,…)
```

主要参数说明如下。

① filters：整数，卷积核的个数。

② kernel_size：整数，指一维卷积核的长度。

③ strides：整数，指明卷积的步长。

④ padding：填充方式，“valid”“same”或“causal”之一。“valid”表示不填充，“same”表示填充输入以使输出具有与原始输入相同的长度，“causal”表示膨胀卷积。

⑤ activation：激活函数。

(3) Conv2D：构建二维卷积层，其主要参数与 Conv1D 相似，只是涉及维度的参数不同，例如 kernel_size 可以是 2 个整数表示的元组或列表，指明二维卷积窗口的宽度和高度。

(4) MaxPooling1D：对一维数据的最大池化操作。语法格式如下。

```
keras.layers.MaxPooling1D(pool_size=2,strides=None,padding='valid',data_
format='channels_last')
```

主要参数说明如下。

① pool_size：整数,最大池化的窗口大小。

② strides：整数,或者是 None,作为缩小比例的因数。

(5) MaxPooling2D：对二维数据的最大池化操作,其主要参数与 MaxPooling1D 相似,只是涉及维度的参数不同,例如 pool_size 可以是 2 个整数表示的元组,表示池化窗口是二维的。

3. 激活函数

Keras 库中常用的激活函数有 softmax、sigmoid、tanh、relu。激活函数可以通过设置单独的激活层实现,也可以在构造层对象时通过传递 activation 参数实现。

4. 损失函数

损失函数(或称目标函数、优化评分函数)是编译模型时所需的参数之一。Keras 库中常用的回归损失函数有均方误差 MSE 和平均绝对误差 MAE,分类损失函数有二分类交叉熵 binary_crossentropy、多分类交叉熵 categorical_crossentropy 和 sparse_categorical_crossentropy,也可以自定义损失函数。

5. 优化器

神经网络中使用损失函数来度量模型的学习效果,通常希望在模型训练过程中将损失函数优化到最低,这里需要用到优化算法。Keras 库中常用的优化器有 SGD 随机梯度下降优化器和 Adam 优化器。

【例 9.1】 激活函数、损失函数、优化器的使用示例。代码如下。

```
from keras.models import Sequential
from keras.layers import Dense
#实例化 Sequential 对象
model=Sequential()
#使用.add() 来堆叠模型
model.add(Dense(units=64, activation='relu'))
#对于二分类问题配置训练模型
model.compile(optimizer='sgd',
              loss='binary_crossentropy',
              metrics=['accuracy'])
#对于多分类问题配置训练模型
model.compile(optimizer='sgd',
              loss='categorical_crossentropy',
              metrics=['accuracy'])
#对于回归问题配置训练模型
model.compile(optimizer='Adam', loss='mse', metrics=['mae'])
```

6. 模型的保存及可视化

模型训练完成后,可以使用 save()方法保存模型,使用 summary()和 plot_model()方法展示模型信息,包括模型有几层、每一层的数据维度、网络的参数个数等信息。

7. Keras 自带模型

Keras 已经定义了几个经典的模型,使用者可以直接调用这些模型。

(1) VGGNet 模型。Keras 库中包括 VGGNet16 和 VGGNet19 两个模型,以 VGGNet16

为例说明它的定义。语法格式如下。

```
keras.applications.vgg16.VGG16(include_top=True, weights='imagenet', input_
tensor=None, input_shape=None, pooling=None, classes=1000)
```

主要参数说明如下。

① include_top：是否包括顶层的全连接层。

② weights：None 表示随机初始化，imagenet 表示加载 ImageNet 预训练的权值。

③ input_tensor：可选，Keras tensor 作为模型的输入(即 layers.Input()输出的 tensor)。

④ input_shape：可选，仅当 include_top＝False 时，应为长为 3 的元组，指明输入图片的 shape，图片的宽高必须大于 48，如(200,200,3)。

⑤ pooling：可选，当 include_top＝False 时，该参数指定了特征提取时的池化方式。

⑥ classes：可选，图片分类的类别数，仅当 include_top ＝True 并且不加载预训练权值时可用。

(2) ResNet。

Keras 库中包括多个 ResNet 模型，以 ResNet50 为例说明它的定义，参数与 VGGNet 的参数含义一样。语法格式如下。

```
keras.applications.resnet.ResNet50(include_top=True, weights='imagenet',
input_tensor=None, input_shape=None, pooling=None, classes=1000)
```

(3) DenseNet。

Keras 库中包括多个 DenseNet 模型，以 DenseNet121 为例说明它的定义，参数与 VGGNet 的参数含义一样。语法格式如下。

```
keras.applications.densenet.DenseNet121(include_top=True,weights='imagenet',
input_tensor=None,input_shape=None,pooling=None,classes=1000)
```

【例 9.2】 构建一个简单的网络模型，对二分类数据进行分类。代码如下。

```
from keras.models import Sequential
from keras.layers import Dense
from keras.utils.vis_utils import plot_model
from sklearn.datasets import make_classification
import numpy as np

#生成模拟数据：1000 个记录，100 个特征属性，类标签有 2 类
X, y = make_classification(n_samples=1000, n_features=100, n_classes=2, random_
state=1)
X = np.array(X)
y = np.array(y).reshape(-1,1)
#搭建网络，包括两个 Dense 层
model = Sequential()
model.add(Dense(32, activation='relu', input_dim=100))
model.add(Dense(1, activation='sigmoid'))
#配置模型参数
```

```
model.compile(optimizer='rmsprop',
              loss='binary_crossentropy',
              metrics=['accuracy'])
#训练模型,以 32 个样本为一个 batch 进行迭代,迭代次数为 10 次
model.fit(X, y, epochs=10, batch_size=32)
#保存模型
model.save("model_9_2.h5")
#打印模型的概要信息
print(model.summary())
#将模型结构保存为图片
plot_model(model, show_shapes=True, to_file='model_9_2.png')
```

模型训练进度如图 9-20 所示,显示了每一个迭代(epoch)中的损失函数值和分类准确率。

```
Epoch 1/10
32/32 [==============================] - 1s 2ms/step - loss: 0.7227 - accuracy: 0.5570
Epoch 2/10
32/32 [==============================] - 0s 2ms/step - loss: 0.6056 - accuracy: 0.6830
Epoch 3/10
32/32 [==============================] - 0s 3ms/step - loss: 0.5285 - accuracy: 0.7710
Epoch 4/10
32/32 [==============================] - 0s 2ms/step - loss: 0.4655 - accuracy: 0.8130
Epoch 5/10
32/32 [==============================] - 0s 2ms/step - loss: 0.4141 - accuracy: 0.8380
Epoch 6/10
32/32 [==============================] - 0s 2ms/step - loss: 0.3716 - accuracy: 0.8610
Epoch 7/10
32/32 [==============================] - 0s 2ms/step - loss: 0.3374 - accuracy: 0.8780
Epoch 8/10
32/32 [==============================] - 0s 3ms/step - loss: 0.3079 - accuracy: 0.8910
Epoch 9/10
32/32 [==============================] - 0s 2ms/step - loss: 0.2840 - accuracy: 0.8970
Epoch 10/10
32/32 [==============================] - 0s 2ms/step - loss: 0.2638 - accuracy: 0.9010
```

图 9-20 例 9.2 的模型训练进度

代码中的 summary()方法显示了模型的概要信息,如图 9-21 所示。该图展示模型有两个 Dense 层,同时显示了每一层的输出数据的维度及该层的参数个数。

```
Model: "sequential"
_________________________________________________________________
Layer (type)                 Output Shape              Param #
=================================================================
dense (Dense)                (None, 32)                3232
_________________________________________________________________
dense_1 (Dense)              (None, 1)                 33
=================================================================
Total params: 3,265
Trainable params: 3,265
Non-trainable params: 0
```

图 9-21 例 9.2 的模型概要信息

代码中的 plot_model()方法将模型结构保存为图片,如图 9-22 所示。

【例 9.3】 构建一个复杂的多层网络,对二维图像进行分类。二维图像使用模拟数据,用于训练的数据 x_train 是 100 张 3 通道 100×100 像素图像,用于评估模型效果的数据 x_test 是 20 张 3 通道 100×100 像素图像,y_train 和 y_test 是类别标签,类别有 10 类。代码如下。

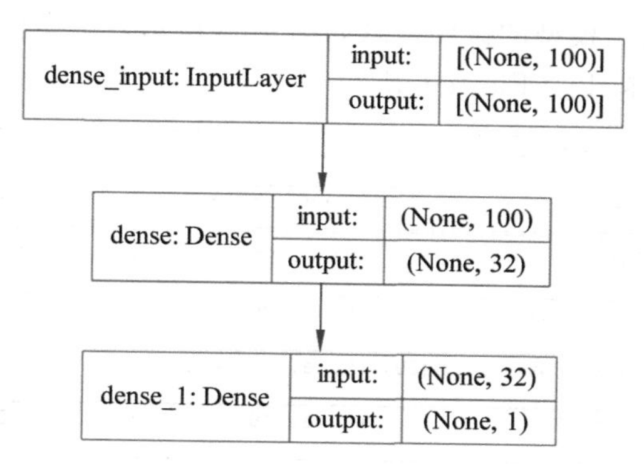

图 9-22　例 9.2 的模型结构图

```
import numpy as np
import keras
from keras.models import Sequential
from keras.layers import Dense, Flatten
from keras.layers import Conv2D, MaxPooling2D
from keras.optimizers import SGD

#生成模拟的图像数据
x_train=np.random.random((100, 100, 100, 3))
y_train=keras.utils.to_categorical(np.random.randint(10, size=(100, 1)),
num_classes=10)
x_test=np.random.random((20, 100, 100, 3))
y_test=keras.utils.to_categorical(np.random.randint(10, size=(20, 1)),
num_classes=10)
#搭建网络
model=Sequential()
#输入:3 通道 100x100 像素图像,即(100, 100, 3) 张量
#使用 32 个大小为 3x3 的卷积核
model.add(Conv2D(32, (3, 3), activation='relu', input_shape=(100, 100, 3)))
model.add(Conv2D(32, (3, 3), activation='relu'))
model.add(MaxPooling2D(pool_size=(2, 2)))
model.add(Conv2D(64, (3, 3), activation='relu'))
model.add(Conv2D(64, (3, 3), activation='relu'))
model.add(MaxPooling2D(pool_size=(2, 2)))
model.add(Flatten())
model.add(Dense(256, activation='relu'))
model.add(Dense(10, activation='softmax'))
#配置模型参数
sgd=SGD(lr=0.01, decay=1e-6, momentum=0.9, nesterov=True)
model.compile(loss='categorical_crossentropy', optimizer=sgd)
#训练模型
model.fit(x_train, y_train, batch_size=32, epochs=10)
#保存模型
model.save("model_9_3.h5")
#打印模型的概要信息
print(model.summary())
```

模型训练完成后,输出模型的概要信息如图 9-23 所示。该模型包括 4 个卷积层、2 个最大池化层、2 个全连接层和 1 个 Flatten 层。

```
Model: "sequential"
_________________________________________________________________
Layer (type)                 Output Shape              Param #
=================================================================
conv2d (Conv2D)              (None, 98, 98, 32)        896
_________________________________________________________________
conv2d_1 (Conv2D)            (None, 96, 96, 32)        9248
_________________________________________________________________
max_pooling2d (MaxPooling2D) (None, 48, 48, 32)        0
_________________________________________________________________
conv2d_2 (Conv2D)            (None, 46, 46, 64)        18496
_________________________________________________________________
conv2d_3 (Conv2D)            (None, 44, 44, 64)        36928
_________________________________________________________________
max_pooling2d_1 (MaxPooling2 (None, 22, 22, 64)        0
_________________________________________________________________
flatten (Flatten)            (None, 30976)             0
_________________________________________________________________
dense (Dense)                (None, 256)               7930112
_________________________________________________________________
dense_1 (Dense)              (None, 10)                2570
=================================================================
Total params: 7,998,250
Trainable params: 7,998,250
Non-trainable params: 0
```

图 9-23　例 9.3 的模型概要信息

9.5　案例实现

本节使用 Keras 库中的 ResNet50 模型实现 9.1 节提出的案例,即利用 ResNet50 模型对星系图片进行分类。实现过程如下。

1. 数据集说明

在本案例中,数据集存放在 image_anli 文件夹中,共有 4 类星系:圆形星系、中间星系、侧向星系和旋涡星系,每一类星系有 500 张图像,图像大小为 424×424×3。按照星系图像的类别,星系图像被放到 4 个文件夹中,类别标签为 0、1、2、3,分别代表圆形星系、中间星系、侧向星系和漩涡星系。文件夹的名称即为该星系的类别标签。数据集所在的目录结构图如图 9-24 所示。

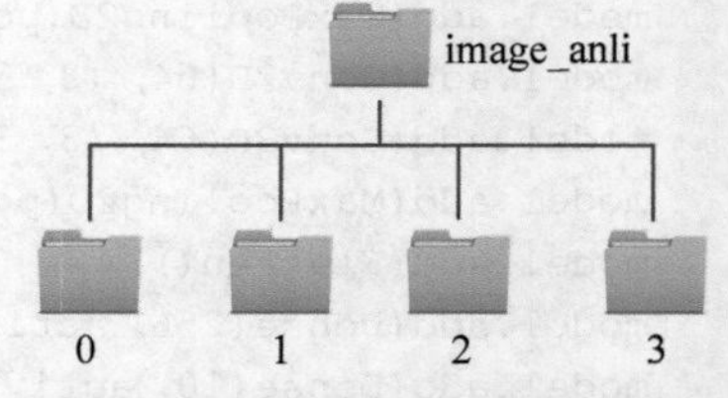

图 9-24　数据集所在的目录结构图

2. 数据集划分

扫一扫

对星系图像进行训练和测试前,首先需要划分数据集:将 2000 张星系图像按照 7∶2∶1 的比例分成训练集(train)、验证集(validation)和测试集(test),分别用于模型的训练、验证和测试。实现思路是:首先将 image_anli 文件夹按照 9∶1 的比例分成 temp 文件夹和 test 文件夹,其中 test 文件夹为测试集,存放了 4 个子文件夹,共包括 4×50=200 张星系图像;temp 文件夹中存放了 4 个子文件夹,共包括 4×450=1800 张星系图像,再将 temp 文件夹按照(7/9)∶(2/9)的比例划分成训练集和验证集。

新建一个.py 程序,命名为 split_dataset.py,用于完成数据集划分任务,具体实现过程如下。

（1）导入库。导入 os 库和 shutil 库，进行文件夹和文件的相关操作，random 库实现随机划分数据。代码如下。

```
import os
import random
import shutil
```

（2）定义函数 split()，按照指定比例将原始数据集划分为两个数据集，并将图像复制到相应文件夹里。代码如下。

```
def split(initial_path, save_dir, split_rate):
    '''
    划分数据集
    :param initial_path:字符串类型,未划分数据之前的文件路径
    :param save_dir:列表类型,划分数据之后的文件路径
    :param split_rate:浮点数,划分比例
    '''
    #获取数据集数量及类别
    file_number_list=os.listdir(initial_path)
    total_num_classes=len(file_number_list)
    #置入随机种子,使每次划分的数据集相同
    random.seed(1)
    for i in range(total_num_classes):
        class_name=file_number_list[i]
        image_dir=os.path.join(initial_path, class_name)
        #调用函数将图像从一个文件夹复制到另一个文件夹
        file_copy(image_dir, save_dir, class_name, split_rate)
        print('% s已成功划分' % class_name)
```

其中，file_copy()函数的功能将图像从 file_dir 按照比例复制到 save_dir。代码如下。

```
def file_copy(file_dir, save_dir, class_name, split_rate):
    '''
    将图像从源文件夹复制到目标文件夹
    :param file_dir:字符串类型,未划分数据之前的文件路径
    :param save_dir:列表类型,划分数据之后的文件路径
    :param class_name:字符串类型,星系类别的名称
    :param split_rate:浮点数,划分比例
    '''
    image_list=os.listdir(file_dir)          #获取图片的原始路径
    image_number=len(image_list)
    train_number=int(image_number * split_rate)
    #从 image_list 中随机选取图像
    train_sample=random.sample(image_list, train_number)
    test_sample=list(set(image_list) - set(train_sample))
    data_sample=[train_sample, test_sample]
```

```
    #复制图像到目标文件夹
    for i in range(len(save_dir)):
        if os.path.isdir(save_dir[i] + class_name):
            for data in data_sample[i]:
                shutil.copy(os.path.join(file_dir,data), os.path.join(save_
                dir[i] + class_name+'/', data))
        else:
            os.makedirs(save_dir[i] + class_name)
            for data in data_sample[i]:
                shutil.copy(os.path.join(file_dir,data), os.path.join(save_
                dir[i] + class_name+'/', data))
```

（3）主函数。在主函数中第一次调用 split()函数，将原始数据集按照 9∶1 的比例划分为 temp 文件夹和 test 文件夹，第二次调用 split()函数，将 temp 文件夹按照(7/9)∶(2/9)的比例划分成训练集和验证集。代码如下。

```
if __name__ == '__main__':
    #原始数据集路径
    initial_path=r'./image_anli'
    #保存路径
    save_list_dir=[r'./temp/', r'./test/']
    #原始数据集按 9：1 被划分为 temp 文件夹和 test 文件夹
    split_rate=0.9
    split(initial_path, save_list_dir, split_rate)
    #继续将 temp 划分成训练集和验证集
    initial_path=r'./temp'
    #保存路径
    save_list_dir=[r'./train/', r'./val/']
    #temp 数据集被划分成训练集和验证集
    split_rate=7/9
    split(initial_path, save_list_dir, split_rate)
```

3. 利用 ResNet50 模型对图像进行分类

扫一扫

划分数据集后，新建一个 classify_resnet50.py 程序，实现图像的读取与处理、模型的训练与评价等功能。具体实现过程如下。

（1）导入库。导入 Keras 已封装的 ResNet50 模型，对图像进行分类，导入 sklearn.metrics 模块的相关方法评估模型的分类准确率、召回率、精确率和 F1 度量。代码如下。

```
import numpy as np
import tensorflow as tf
from tensorflow import keras
from tensorflow.keras.applications.resnet50 import ResNet50
from tensorflow.keras import layers
from tensorflow.keras.models import Sequential
from sklearn.metrics import accuracy_score
from sklearn.metrics import precision_score
from sklearn.metrics import recall_score
from sklearn.metrics import f1_score
```

(2) 读取数据集的图像。从本地读取训练集、验证集和测试集的图像,分别放入对象 train、val、test 中。代码如下。

```
#从训练集、验证集和测试集所在文件夹里读取图像
train_dir=r'.\train'
test_dir=r'.\test'
val_dir=r'.\val'
height=224              #resnet 50 的处理的图像大小
width=224               #resnet 50 的处理的图像大小
batch_size=24
train=tf.keras.preprocessing.image_dataset_from_directory(
    train_dir,
    seed=123,
    image_size=(height, width),
    batch_size=batch_size)
test=tf.keras.preprocessing.image_dataset_from_directory(
    test_dir,
    shuffle=False,
    image_size=(height, width),
    batch_size=batch_size)
val=tf.keras.preprocessing.image_dataset_from_directory(
    val_dir,
    seed=123,
    image_size=(height, width),
    batch_size=batch_size)
```

读取测试集图像时,设置 shuffle 参数的值为 False,这样做的目的是不会打乱读取的测试集图像的顺序,便于后续评估模型的分类效果。

(3) 图像增强。大型数据集是深度神经网络成功的先决条件。如果训练数据集比较小,可以使用图像增强来提高训练集的多样性。图像增强是指在对训练图像进行一系列的随机变化之后,生成相似但不同的训练样本,神经网络在每一轮迭代训练时用到的图片不完全一样,以增强模型的健壮性。此外,随机改变训练样本可以减少模型对某些属性的依赖,从而提高模型的泛化能力。例如,随机缩放或移动图像,使目标对象出现在不同的位置,减少模型对于对象出现位置的依赖。在本案例中,训练集的星系图像的数量有限,所以使用 tensorflow.keras 的预处理层对训练集进行如下的图像增强操作。

① 随机翻转 tf.keras.layers.experimental.preprocessing.RandomFlip(mode):将输入的图片进行随机翻转。一般 mode="horizontal"表示水平翻转,mode="vertical"表示上下翻转。

② 随机旋转 tf.keras.layers.experimental.preprocessing.RandomRotation(factor):按照旋转角度(factor×2π)将输入的图片进行随机旋转。参数 factor 可以是 2 个元素的元组,也可以是单个浮点数:正值表示逆时针旋转,负值表示顺时针旋转。例如,factor=(-0.2, 0.3)表示旋转范围为[-20%×2π,30%×2π]中的随机量。factor=0.1 表示旋转范围为[-10%×2π,10%×2π]内的随机量。由于星系图片有着旋转不变性,旋转后星系图片的

类别不会发生改变,可以在一定程度上提高数据量。

③ 随机缩放 layers.experimental.preprocessing.RandomZoom(factor):将星系图像进行随机的缩小或放大。参数 factor 表示缩放比例,取值可以是 2 个元素的元组,也可以是单个浮点数。factor=(0.2,0.3)表示输出缩小范围为[+20%,+30%]的随机量,factor=(−0.3,−0.2)表示输出放大范围为[+20%,+30%]的随机量。

④ 随机高度 layers.experimental.preprocessing.RandomHeight (factor):随机改变图像的高度。参数 factor 表示比例,取值与随机缩放的 factor 参数相似。

⑤ 随机宽度 layers.experimental.preprocessing.RandomWidth(factor):将图像随机移动一段宽度。

⑥ 归一化 layers.experimental.preprocessing.Rescaling(scale):将数据进行归一化处理。scale=1./255 表示将取值范围为[0,255]的输入归一化到[0,1]范围内。

本案例中图像增强的具体代码如下。

```
#图像增强,包括随机水平翻转,随机旋转,随机缩放
data_augmentation=keras.Sequential(
    [
        layers.experimental.preprocessing.RandomFlip("horizontal",
        input_shape=(height, width, 3)),
        layers.experimental.preprocessing.RandomRotation(0.1),
        layers.experimental.preprocessing.RandomZoom(0.1),
        layers.experimental.preprocessing.RandomWidth(0.1),
        layers.experimental.preprocessing.RandomHeight(0.1),
        layers.experimental.preprocessing.Rescaling(1./255)
    ]
)
```

为了展现图像增强的效果,在数据集中随机选取的一张图片,对其进行水平翻转和随机旋转,效果如图 9-25 所示。

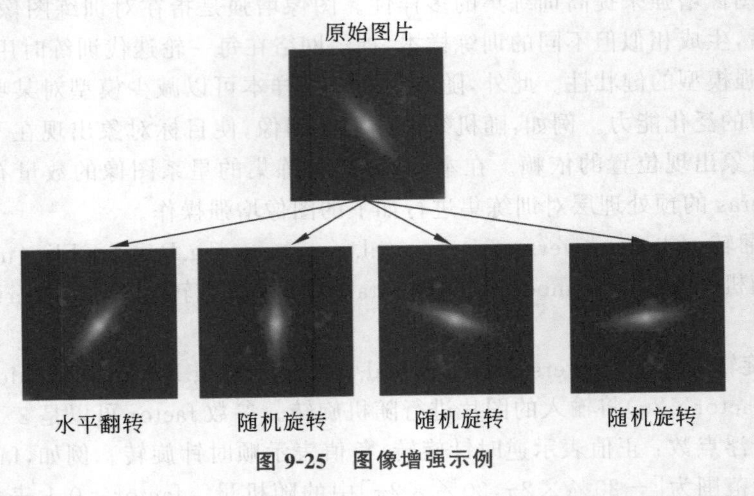

图 9-25 图像增强示例

(4) 模型构建及训练。本案例选用的网络模型是 Keras 自带的 ResNet50 模型,使用的

优化器(optimizer)为 Adam,选用的 loss 为 sparse_categorical_crossentropy,衡量标准(metrics)使用的是 accuracy,设置的 epochs 的值为 100,batch_size 的值为 32。当然,超参数的选择并不唯一,读者可以自行尝试其他超参数,并观察其训练效果。代码如下。

```
#构建模型
model=Sequential([data_augmentation,
                  ResNet50(weights=None, classes=4)])
#配置模型参数
model.compile(optimizer="Adam",
              loss='sparse_categorical_crossentropy',
              metrics=['accuracy'])
#训练模型
epochs=100
history=model.fit(train, epochs=epochs, batch_size=32,
                  validation_data=val)
#保存模型
model.save("resnet_img.h5")
```

程序运行完成后,程序所在目录下生成了名为 resnet_img.h5 的文件,即训练所得的模型。

(5) 测试模型。模型训练完成后,使用测试集对模型进行测试,查看模型的分类效果。评价模型时,使用 Scikit-learn 库中的准确率、召回率、精确率和 F1 度量评价指标。本案例将以上指标写入一个自定义函数 test_score()中,然后将模型预测的类别和真实标签值送入该函数,得到该模型的分类效率在 85%以上。代码如下。

```
def test_score(x, y):
    '''
    自定义函数对分类效果进行评估
    :param x:预测类别
    :param y:真实标签
    '''
    print("准确率:%.4f" % accuracy_score(x, y))
    print("精确率:%.4f" % precision_score(x, y, average='macro'))
    print("召回率:%.4f" % recall_score(x, y, average='macro'))
    print("F1 度量:%.4f" % f1_score(x, y, average='macro'))

#加载模型
model=tf.keras.models.load_model("resnet_img.h5")
#使用模型对测试集进行预测
predict_y=model.predict(test)
predict_class=np.argmax(predict_y, axis=1)          #选出最大概率对应的下标
labels=[0] * 50 + [1] * 50 + [2] * 50 + [3] * 50    #生成标签值
#评估预测结果
test_score(predict_class, labels)
```

输出结果为:

```
准确率:0.8550
精确率:0.8550
召回率:0.8791
F1度量:0.8571
```

通过上文可知,测试集 test 中含有 200 张星系图像,分为 4 类,每 1 类有 50 张图像。通过 model.predict(test)对测试集进行预测,返回的 data 里面的值为 200 个 array 数组,每个 array 数组里面存放着 4 个概率值,对应这一星系图像被分为这 0、1、2、3 类的概率值。然后通过 np.argmax()得到了每一个 array 数组中的最大值对应的下标,该下标的值就是这一图像的类别。

读取测试集图片的时候,并没有将测试集图片的顺序打乱,所以测试集的标签也没有被打乱。测试集里的 200 张星系图像对应的标签顺序是 50 个标签值为 0、50 个标签值为 1、50 个标签值为 2、50 个标签值为 3,而 labels 变量是一个含有 50 个 0、50 个 1、50 个 2、50 个 3 的列表,所以使用 labels 变量表示测试集的 200 张图像的真实类别。

9.6 本章知识要点

(1) 神经网络的训练使用反向传播算法,计算输出值与真实值的误差,将误差反向传播,通过计算梯度来更新权重,以训练网络,提高网络效果。

(2) 卷积神经网络在传统神经网络的基础上加入了卷积操作。卷积实际上是一种运算,即卷积窗口和输入特征图上对应位相乘再求和。卷积核一般包括核大小(kernel size)、步长(stride)以及填充(padding)。

(3) 池化操作本质上是对卷积层的输出下采样的过程。最大池化表示取窗口内的最大值,均值池化取窗口内的平均值。

(4) 常用的激活函数包括 sigmoid、tanh 和 relu。选择激活函数时,建议首选 relu 激活函数,其次考虑 tanh 激活函数,二分类任务的输出层可以考虑 sigmoid 激活函数。

(5) 回归任务的损失函数包括均方误差(MSE)、均方根误差(RMSE)、平均绝对误差(MAE)、平均绝对百分比误差(MAPE)。分类任务的损失函数包括二分类交叉熵损失函数和多分类交叉熵损失函数。

(6) 经典的卷积神经网络模型包括 LeNet、AlexNet、VGGNet、GooLeNet、ResNet 和 DenseNet 等,新的网络模型层出不穷。

(7) Keras 框架是基于深度学习框架 TensorFlow 的封装框架。安装 Keras 和 TensorFlow 框架要和 Python 的版本匹配。

(8) TensorFlow 提供了 CPU 和 GPU 两种版本。如果计算机中有显卡,安装 GPU 版本可以大大提升 TensorFlow 的运行速度。

(9) 在 Anaconda 中可以建立多个虚拟环境,虚拟环境之间互相不会影响。

(10) Sequential 顺序模型和 Model 模型有许多共同的方法和属性:compile()方法用于配置训练模型,fit()方法用于以固定数量的迭代次数训练模型,predict()方法为输入样本生成预测值。

（11）Keras 库使用 Dense()方法构建全连接层，Conv1D()方法构建一维卷积层，Conv2D()方法构建二维卷积层，MaxPooling1D()方法构建一维数据的最大池化层，MaxPooling2D()方法构建二维数据的最大池化层。

（12）对于深度神经网络而言，学习效果受数据量大小的影响。图像数据集较小时，可以使用图像增强来加强训练集的多样性。Keras 提供了图像的随机翻转、随机旋转、随机缩放、随机高度改变、随机宽度改变和归一化等图像增强方法。

9.7　习题

练习并理解本章所有代码。

附录 A 常用 Python 标准库和扩展库及其方法

（1）标准库。

标准库类型	标准库名称	函数或方法	简要介绍
文本类	string	常量名 ascii_uppercase	获取所有 ASCII 码中的大写英文字母
		常量名 ascii_letters	获取所有 ASCII 码中字母字符的字符串
		常量名 ascii_lowercase	获取所有 ASCII 码中的小写英文字母
		常量名 digits	获取所有的十进制数字字符
		常量名 octdigits	获取所有的八进制数字字符
		常量名 hexdigits	获取所有的十六进制数字字符
		常量名 printable	获取所有可以打印的字符
		常量名 whitespace	获取所有空白字符
		常量名 punctuation	获取所有的标点符号
	re	match()	从头匹配一个符合规则的字符串
		search()	浏览全部字符串，匹配第一符合规则的字符串
		findall()	浏览全部字符串，匹配所有符合规则的字符串
		split()	根据正则匹配分割字符串，返回分割后的一个列表
		sub()	替换匹配成功的指定位置字符串
		subn()	替换匹配成功的指定位置字符串，并且返回替换次数
数学类	math	sqrt(x)	计算平方根，返回的数据为浮点型数据
		log(x,y)	计算对数，其中 x 为真数，y 为底数
		ceil(x)，floor(x)	向上取整操作、向下取整操作
		sin(x)，cos(x)，tan(x)	返回 x（弧度）的三角正弦值、余弦值、正切值
		asin(x)，acos(x)，atan(x)	返回 x（弧度）的反三角正弦值、余弦值、正切值

续表

标准库类型	标准库名称	函数或方法	简要介绍
数学类	math	fabs(x)	计算一个数值的绝对值
		modf(x)	返回 x 的小数和整数
		fmod(x,y)	取余
		factorial(x)	返回 x 的阶乘
		isclose(a,b,*,rel_tol=le-09,abs_tol=0.0)	判断在误差允许范围内数字 a 和 b 是否足够接近
		degrees(x)	弧度转换成角度
		radians(x)	角度转换为弧度
		trunc(x)	返回 x 的整数部分
		gcd(x,y)	返回整数 x 和 y 的最大公约数
	random	seed()	设置初始化随机数种子
		random()	生成一个[0.0,1.0)之间的随机浮点数
		randint(a,b)	生成一个[a,b]之间的随机整数
		getrandbits(k)	生成一个 kb 长度的随机整数
		randrange(start,stop[,step])	生成一个[start,stop)之间以 step 为步数的随机整数
		uniform(a,b)	生成一个[a,b]之间的随机浮点数
		choice(seq)	从非空序列随机选择一个元素
		choices(population,weights=None,*,cum_weights=None,k=1)	从非空序列中随机选择 k 个元素(允许重复),返回包含这些元素的列表
		shuffle(x,random=None)	原地打乱列表 x 中元素的顺序
		sample(pop,k)	从 pop 类型中随机选取 k 个元素,以列表类型返回
数据类型	calendar	setfirstweekday(firstweekday)	指定一周的第一天
		firstweekday()	返回一周的第一天
		isleap(year)	判断指定是否是闰年
		leapdays(y1,y2)	返回 $y1$ 与 $y2$ 年份之间的闰年数量
		weekday(year,month,day)	获取指定日期为星期几
		prmonth(theyear,themonth,w=0,l=0)	打印一个月的日历
		prcal(year,w=0,l=0,c=6,m=3)	打印一年的日历
		calendar(year,w=2,l=1,c=6,m=3)	以多行字符串形式返回一年的日历

续表

标准库类型	标准库名称	函数或方法	简要介绍
数据类型	datetime	now()	返回当天的日期和时间
		utcnow()	获取 UTC 时间
		timedelta()	获取时间差
		strftime()	将 datetime 类转换为 string 打印
	collections	counter()	统计序列中元素的个数
		defaultdict()	定义一个默认格式的字典，他是 dict 的一个子类
		OrderedDict()	字典排序
		namedtuple()	用来定义一个有指定含义的元组
函数式编程	itertools	count(start=0,step=1)	创建一个迭代对象，生成从 start 开始的连续整数，步长为 step
		cycle(iterable)	创建一个迭代对象，对于输入的 iterable 的元素反复执行循环操作
		repeat(object[,times])	创建一个迭代器，重复生成 object
		accumulate(* iterables)	对列表或者迭代器进行累加操作
		compress(data,selectors)	按照真值表进行元素筛选
		groupby(iterable[,key])	返回一个集合的迭代器，集合内是按照 key 进行分组后的值
		product(* iterable[,repeat])	产生多个列表或者迭代器的 n 维积
		permutations(iterable[,r])	创建一个迭代器，返回 iterable 中所有长度为 r 的项目序列
	operator	lt(a,b)	相当于 $a<b$
		le(a,b)	相当于 $a<=b$
		eq(a,b)	相当于 $a==b$
		ne(a,b)	相当于 $a!=b$
		ge(a,b)	相当于 $a>=b$
		gt(a,b)	相当于 $a>b$
		concat(a,b)	对于 a,b 序列，返回 $a+b$
		countOf(a,b)	返回 b 在 a 中出现的次数
		delitem(a,b)	删除 a 中索引为 b 的值
		getitem(a,b)	返回 a 中索引为 b 的值
		IndexOf(a,b)	返回 b 在 a 中首次出现位置的索引值

续表

标准库类型	标准库名称	函数或方法	简要介绍
文件与目录	os.path	abspath(path)	返回 path 规范化的绝对路径
		split(path)	将 path 分割成目录和文件名二元组返回
		dirname(path)	返回 path 的目录
		basename(path)	返回 path 最后的文件名
		commonprefix(list)	返回 list 中,所有 path 共有的最长的路径
		exists(path)	如果 path 是一个存在的文件,返回 True。否则返回 False
		normpath(path)	规范化路径
	shutil	copy()	复制文件
		copyfileobj()	将一个文件的内容复制到另外一个文件中,参数是文件句柄
		copyfile()	将一个文件的内容复制到另外一个文件中
		copytree()	复制整个文件目录
		copystat()	复制元数据(状态)
		rmtree()	移除整个目录,无论是否空
		move()	移动文件或者文件夹
		disk_usage()	检测磁盘使用信息
		make_archive()	归档函数,归档操作
		get_archive_formats()	获取当前系统已注册的归档文件格式(后缀)
操作系统工具	os	getcwd()	获取当前的工作路径
		listdir(path)	显示当前文件夹下所有文件和目录组成的列表
		mkdir(path)	传入一个 path 路径,创建单个文件夹
		makedirs()	传入一个 path 路径,生成一个递归的文件夹
		rmdir(path)	传入一个 path 路径,删除指定路径下的文件夹
	time	gmtime()	获取格式化时间对象,返回值是当前格林尼治时间
		localtime()	获取格式化时间对象,返回值是当地时间
		strftime()	格式化时间对象转换成字符串
		strptime()	字符串转换为格式化时间对象
		mktime()	获取格式化时间对象对应的时间戳

续表

标准库类型	标准库名称	函数或方法	简要介绍
编程框架	turtle	forward(distance),fd(distance)	向当前画笔方向移动 distance 像素长度
		backward (distance), bk (distance)	向当前画笔相反方向移动 distance 像素长度
		setx()	将当前 x 轴移动到指定位置
		sety()	将当前 y 轴移动到指定位置
		undo()	撤销
		right(degree),rt(degree)	顺时针移动 degree°
		left(degree),lt(degree)	逆时针移动 degree°
		dot(size=None, * color)	绘制一个指定直径和颜色的圆点
		home()	返回原点,朝向起始方向
	cmd	cmdloop()	运行 cmd 解析器
		precmd(line)	在命令 line 解析之前调用该方法
		postloop()	在 cmdloop()退出之后调用该方法
		default(line)	当无法识别输入的 command 时,调用该方法
		onecmd(str)	读取输入,并进行处理
调试	timeit	default_timer()	执行时将返回默认时间
		timeit(stmt,setup,timer,number)	获取代码的执行时间
Tk 图形用户接口	tkinter	Tk()	生成主窗口
		geometry()	设置窗口大小
		title()	修改窗口名称
		winfo_screenwidth()	获取屏幕宽
		winfo_screenheight()	获取屏幕高
		iconbitmap()	设置窗口图标
		attributes()	设置窗口透明度
互联网协议与支持	urllib	request 模块	用于打开和读取 URL
		parse 模块	解析 URL
		error 模块	包含 urllib.request 提出的异常
		robotparser 模块	解析 robots.txt 文件
	http	client 模块	HTTP 协议客户端
		server 模块	HTTP 服务器
		cookies 模块	HTTP 状态管理
		cookiejar 模块	HTTP 客户端的 cookie 处理

续表

标准库类型	标准库名称	函数或方法	简要介绍
互联网	email	message 模块	表示一封电子邮件信息
		parser 模块	解析电子邮件信息
		generator 模块	生成 MIME 文档
		policy 模块	策略对象
		errors 模块	异常和缺陷类
	json	loads()	将 JSON 文字转换成 JSON 对象
		dumps()	将 JSON 转换成字符串
		load()	将文件内容转换成 JSON 数据
		dump()	将 JSON 数据写入到文件中
进程间通信	socket	bind(address)	将套接字绑定到地址
		listen(backlog)	开始监听 TCP 传入连接
		recv(bufsize[,flag])	接受 TCP 套接字的数据
		send(string[,flag])	发送 TCP 数据
		connect(address)	连接到 address 处的套接字
		recvfrom(bufsize[.flag])	接受 UDP 套接字的数据
并发	threading	active_count()	返回正运行的线程数量(包括主线程)
		current_thread()	返回当前线程的变量
		main_thread()	返回主线程
		enumerate()	返回一个正在运行的线程的列表
	queue	put(item[,block[,timeout]])	写入队列,timeout 为等待时间
		get([block[,timeout]])	从队列中获取,timeout 为等待时间
		qsize()	返回队列的大小
		empty()	如果队列为空,则返回 True,反之 False
		full()	如果队列满了,则返回 True,反之 False
		task_done()	向任务已经完成的队列发送一个信号

(2) 扩展库。

扩展库类型	扩展库名称	简要介绍
包管理	pip	Python 包和依赖关系管理工具
打包为可执行文件	pyInstaller	将 Python 程序转成独立的执行文件(跨平台)
	py2exe	将 Python 脚本变为独立软件包(Windows)
文本处理	python-docx	读取,查询以及修改 Word 文件
	pyexcel	用来读写,操作 Excel 文件的库
	openpyxl	处理 Excel 2007 及以上版本产生的 XLSX 文件
自然语言处理	NLTK	构建处理人类语言数据的 Python 程序
	jieba	中文分词工具
图像处理	pillow	图像处理库
计算机视觉库	OpenCV	开源计算机视觉库
音频处理	Audiolazy	数字信号处理包
HTTP	requests	HTTP 请求库
	urllib3	一个具有线程安全连接池,支持文件 post,清晰友好的 HTTP 库
数据库	pickleDB	一个简单、轻量级键值储存数据库
Web 框架	Django	Python 界最流行的 Web 框架
机器学习人工智能	TensorFlow	谷歌开源的最受欢迎的深度学习框架
	Keras	以 TensorFlow、Theano、CNTK 为后端的深度学习封装库,快速上手神经网络
	PyTorch	一个具有张量和动态神经网络,并有强大 GPU 加速能力的深度学习框架
	Scikit-learn	基于 SciPy 构建的机器学习 Python 模块
科学计算和数据分析	Numpy	科学计算库
	Pandas	提供高性能、易用的数据结构和数据分析工具
	SciPy	数学、科学和工程计算
图形用户界面	PyQt	跨平台用户界面框架
网络爬虫和 HTML 分析	Scrapy	一个快速高级的屏幕爬取及网页采集框架
	lxml	网页解析工具
	BeautifulSoup	HTML/XML 的解析器

附录B

综合实训项目参考

根据所学的知识,下面从数据挖掘的分类、回归、聚类和关联规则等4个方面给出一些综合项目的任务要求,读者可以在实习实训中使用。

1. 分类问题

(1) 豆瓣电影分类。电影与每个人的生活密不可分。对电影进行分类,无论对于平台还是用户都非常重要。影片的类别有惊悚、悬疑、搞笑、爱情、战争、文艺等。良好的分类可以使用户很快就可以寻找到想要观看的影片,从而提高观看效率。

数据获取:从相关数据集中爬取下载豆瓣评分的前500条数据。数据集中的属性分别是:电影详情链接、图片链接、影片中文名、影片外文名、评分、评价人数、概况和相关信息等。

数据分析与挖掘任务:通过分析属性对影片进行分类,类别为搞笑、惊悚、爱情、文艺、战争、冒险6个类别。

(2) 佩戴口罩情况分类。疫情的形势严峻,为了自己和别人的安全,每个人必须严格戴好口罩。生活中,部分公民防范意识薄弱,没有正确佩戴口罩,甚至不佩戴口罩。为了提醒公民时刻要正确佩戴口罩,可以对公民戴口罩的情况进行分类,对不戴口罩或者没有正确佩戴好口罩的人及时提醒。

数据获取:从相关数据集中获取数据。数据集中共包含720张人们佩戴口罩时候的黑白图片,其中正确佩戴、未正确佩戴和没有佩戴口罩的分别有240张图片。

数据分析与挖掘任务:使用多种分类算法对佩戴口罩的情况进行分类,并比较不同算法的分类效果。

2. 回归问题

(1) 成人收入预测。成年人的收入情况一直受到各个行业的关注。对于商业来说,成年人的收入高低可以反映商品的定价和数量。对于房地产商来说,能够根据收入情况合理地调整房价,避免出现价格过高或者过低的情况。

数据获取:从相关数据集中下载成人收入情况数据集。数据集中包含了人的年龄、性别、受教育情况、婚姻状况、种族、收入等信息。

数据分析与挖掘任务:分析哪些属性与收入有关系,并建立模型,对收入进行预测。

(2) 共享单车流量预测。中国人口众多,居民的出行方式一直也在发生变化。如今低碳出行成为主流,共享单车应运而生。骑共享单车成为了大多数居民出行的首选。

数据获取:从相关数据集中下载训练数据集。数据集为某城市2011年到2012年每个月前 19 天的单车租赁情况。数据集中各个属性的含义如下。datetime：每小时日期+时间戳；season：1=春季、2=夏季、3=秋季、4=冬季；holiday：是否是节日；workingday：是否是工作日；weather：1=晴朗、2=薄雾多云、3=小雨、4=大雨；temp：摄氏温度；humidity：相对湿度；windspeed：风速；casual：非注册用户租赁的数量；registered：已注册用户租赁的数量；count：总租车的数量。

数据分析与挖掘任务：根据每个月前 19 天的数据预测出每个月后 10 天的单车使用情况。

(3) 二手房房价预测。在中国，住房一直备受关注。对于大部分人来说，购房的压力非常大，购房的选择也非常多。二手房的房价可以有波动，人们可以更加优惠的价格买到好房子。其次，对于着急用房的人来说，可以根据地理位置或者交通情况等因素快速寻找二手房。

数据获取：从相关数据集中获取二手房统计数据集，共获取 307 条数据，数据属性包括户型、地理位置、房价、交通情况等。

数据分析与挖掘任务：结合数据挖掘的相关知识，对数据进行回归分析，预测不同地段的房价。

3. 聚类问题

(1) 家庭用电量分析。随着生活水平的不断提高，家庭用电量不断增加。用电量增加也会产生一些问题，如发电压力增加，电路负荷过大而引起火灾等。把家庭的用电量作为数据，对用电处于不同程度的时间状况进行分析，得到用电情况。

数据获取：下载个人家庭用电情况数据集。数据集包含 2075259 条数据，存在缺失值。数据集表明了个人家庭从 2006 年到 2010 年的用电情况。

数据分析与挖掘任务：将不同时段的用电量进行聚类分析。

(2) 信用卡使用分析。信用卡作为社会消费的一大动力，具有先买商品后付款的特点。随着国内经济形势不断向好，信用卡使用越来越频繁，因为它在娱乐、购物、服装等方面使用便捷。使用的主体是青年人，他们消费需求旺盛，且对信用卡消费有极高的满意度。

数据获取：下载信用卡使用情况数据集。数据集共有 9000 条信用卡使用数据。属性包括用户 ID、卡内余额、消费频率、消费金额等属性。

数据分析与挖掘任务：对客户进行分组聚类，对不同的客户群体采用不同的营销手段。

4. 关联规则

(1) 服装个性化推荐。随着经济的快速增长，服装市场呈现欣欣向荣的景象。年轻人的购买力与日俱增，大多数年轻人对于服装有着较高的追求。不同的年轻人，买服装的需求也不一样，有的人喜欢时尚，而有的人更加喜欢舒适。对不同的年轻人推荐不同的服装显得尤为重要。通过分析数据集，找到人与服装的内在联系成为关键。

数据获取：从相关数据集中下载数据集。数据属性包含商品 ID、商品链接、价格、月销量、收藏等属性。

数据分析与挖掘任务：进行数据预处理，包括删除缺失数据。分析月销量或价格和不同商品的联系，判断用户喜欢的服装有什么共同点。

(2) 影视演员组合分析。从影视网站爬取数据，通过对历史影视作品的收视、票房数据进行挖掘，分析哪些演员一起合作的概率更高。

参 考 文 献

[1] 董付国. Python 程序设计基础[M]. 2 版. 北京：清华大学出版社，2018.

[2] 董付国. Python 数据分析、挖掘与可视化[M]. 慕课版. 北京：人民邮电出版社，2020.

[3] 嵩天，礼欣，黄天羽. Python 语言程序设计基础[M]. 2 版. 北京：高等教育出版社，2017.

[4] 赵国生，王健. Python 网络爬虫技术与实战[M]. 北京：机械工业出版社，2021.

[5] Willett K W, Lintott C J, Bamford S P, et al. Galaxy Zoo 2: detailed morphological classifications for 304 122 galaxies from the Sloan Digital Sky Survey[J]. Monthly Notices of the Royal Astronomical Society, 2013, 435(4): 2835-2860.

[6] LeCun Y, Bottou L, Bengio Y, et al. Gradient-based learning applied to document recognition[J]. Proceedings of the IEEE, 1998, 86(11): 2278-2324.

[7] Krizhevsky A, Sutskever I, Hinton G E. Imagenet classification with deep convolutional neural networks[J]. Communications of the ACM, 2017, 60(6): 84-90.

[8] Simonyan K, Zisserman A. Very deep convolutional networks for large-scale image recognition[J/OL]. [2023-02-19]. https://doi.org/10.48550/arXiv.1409.1556.

[9] Zegedy C, Liu W, Jia Y, et al. Going Deeper with Convolutions[J/OL]. [2023-02-19]. https://doi.org/10.48550/arXiv.1409.4842.

[10] He K, Zhang X, Ren S, et al. Deep residual learning for image recognition[C]. Proceedings of the IEEE conference on computer vision and pattern recognition, 2016: 770-778.

[11] Huang G, Liu Z, Van Der Maaten L, et al. Densely connected convolutional networks[C]. Proceedings of the IEEE conference on computer vision and pattern recognition, 2017: 4700-4708.